电离辐射的植物学和微生物学效应

王　丹　陈晓明　刘明学　著

科学出版社
北　京

内 容 简 介

本书以作者及有关研究人员多年来对植物辐射诱变育种、辐射灭菌研究成果为依据，系统总结了相关研究技术体系、发生规律和理论成果。全书分为辐射的植物学效应（上篇）和微生物学效应（下篇）两大部分，上篇包括辐射对植物生长、植物形态解剖、生理生化、细胞学的影响规律，辐射诱发变异类型与特点、影响植物辐射生物效应的因素、观赏植物辐射诱变育种的方法和技术等；下篇包括快中子及γ辐照对萎缩芽孢杆菌的灭菌效应、中子及γ辐照的DNA双链断裂效应、短小芽孢杆菌E601传代和中子辐照后的菌落形态变化、SOD对γ辐照枯草芽孢杆菌的保护和修复效应、强辐射灭菌生物安全性初步研究、功能微生物辐射诱变育种技术等。

本书可供生物学、园艺学、植物学、林学、微生物学、食品科学、医学、药学、环境学和生物物理学等专业的高校师生及科研和生产部门的科技人员参考。

图书在版编目(CIP)数据

电离辐射的植物学和微生物学效应/王丹，陈晓明，刘明学著. —北京：科学出版社，2018.9

ISBN 978-7-03-058784-8

Ⅰ.①电… Ⅱ.①王… ②陈… ③刘… Ⅲ.①电离辐射-影响-植物学-研究②电离辐射-影响-微生物学-研究 Ⅳ.①Q94②Q93

中国版本图书馆CIP数据核字（2018）第209283号

责任编辑：冯 铂 黄 桥 / 责任校对：江 茂
责任印制：罗 科 / 封面设计：墨创文化

科学出版社 出版
北京东黄城根北街16号
邮政编码：100717
http://www.sciencep.com

成都锦瑞印刷有限责任公司印刷
科学出版社发行 各地新华书店经销

*

2018年9月第 一 版 开本：787×1092 1/16
2018年9月第一次印刷 印张：14
字数：330千字

定价：108.00元

（如有印装质量问题，我社负责调换）

前 言

辐射是指能量以电磁波或粒子(如α粒子、β粒子等)的形式向外扩散。根据作用物质的不同，辐射可分为两大类：一类是无线电波、微波、红外线、可见光、紫外线、X射线和γ射线等产生的电磁辐射，另一类是α粒子、β粒子、质子、中子等粒子产生的粒子辐射，粒子辐射是这些高速运动的粒子通过消耗自己的动能把能量传递给其他物质。依其能量的高低及电离物质的能力分类为电离辐射或非电离辐射。高速的带电粒子，如α粒子、β粒子、质子等，能直接引起物质的电离，属于直接电离粒子；X射线和γ射线及中子等不带电粒子，是通过与物质作用时产生的带电的次级粒子引起物质电离的，属于间接粒子。由直接或间接电离粒子或两者混合组成的任何射线所致的辐射统称电离辐射。

当电离辐射作用于生物体时，可以引发一些生物学上的效应，称之为辐射生物学效应。因此辐射生物学效应即指电离辐射作用于生物有机体后，其传递的能量对生物的分子、细胞、组织、器官和个体所造成的形态和功能方面的后果。由于各种辐射的品质不同，在相同吸收剂量下，不同辐射的生物效应是不同的，反映这种差异的量称为相对生物效应(relative biological effectiveness，RBE)。

电离辐射在人类的生活中无处不在，如天然的本底辐射，包括来自宇宙空间的宇宙射线，由宇宙射线与大气中的原子核相互作用产生的宇生核素以及存在于地壳中的天然放射性元素(如放射性元素U、Th和Ra等)。还有来自人工的辐射源，如核试验产生的放射性核素；为满足工农业生产及国防需求而产生的原子能反应堆、加速器、原子能电站、核动力舰艇、γ圃等产生的电离辐射；工农业、医学、科研等部门的排放废物中含有的放射性元素产生的电离辐射，以及稀土金属和其他共生金属矿开采、提炼的过程中，其三废排放物中含有的U、Th、Ra等放射性核素等等。

研究电离辐射的生物学效应对人类的生存和发展具有重大意义，目前由于医学的飞速发展，电离辐射对人体的生物效应研究非常深入、细致，而电离辐射对植物、微生物的效应研究相对薄弱。植物是人类赖以生存和发展的重要物质，在为人类提供食物的同时，还能够调节碳氧平衡、吸收有毒气体及净化大自然。同时植物也生活在有天然辐射的环境中，为促进农业及食品工业的发展，人工辐射也被应用于植物诱变育种、刺激植物生长发育、食品消毒灭菌及使危害植物的昆虫雄性不育等，其中无论是电离辐射在植物诱变育种还是刺激植物生长发育的应用中均需掌握电离辐射对植物生长发育、生理生化、细胞遗传及其分子机理和规律，电离辐射植物学效应的研究具有重要的意义和作用。

微生物广泛存在于各种环境中，在工业、农业、环境、能源、健康等领域发挥着重要的作用。同时，微生物的污染也给医疗用品、食品等行业带来困扰。电离辐照消毒与灭菌已有百年历史，但目前大量的研究和应用报道主要是关于γ射线和电子束灭菌，中子作为一种强辐照源也有望用于微生物的辐照消毒灭菌中。在电离辐射所致 DNA 分子的损伤中，DNA 双链断裂被认为是细胞杀伤效应的最重要的损伤。因此，研究电离辐射的微生物损伤效应及 DNA 分子的损伤，有利于开展辐射诱发的后期生物学效应。总之，深入研究辐射植物和微生物效应对农业、食品业和环境保护业发展具有重要意义。

本书以作者及有关研究人员从 2003 年开始在中国工程物理研究院军民两用技术开发项目、国家自然科学基金项目、四川省科技厅重点项目资助下多年来对植物辐射诱变育种、辐射灭菌等研究成果为依据，系统总结了相关研究技术体系、发生规律和理论成果，研究成果得到中国工程物理研究院核物理与化学研究所、流体物理研究所、化工材料研究所、四川九远科技股份有限公司、四川省科技厅、四川省原子能研究院、四川省农业科学研究院生物与核技术研究所等单位在项目经费、提供辐照装备和技术、合作研究等方面的大力帮助和支持，中国工程物理研究院胡思得院士、孙颖研究员、楚士晋研究员和四川省原子能研究院陈浩研究员给予了本研究长期指导与支持；我们可爱的硕士研究生张志伟、张冬雪、黄海涛、柳芳、周莉薇等也以本书相关研究内容为题开展硕士学位论文研究工作；硕士研究生张祥辉、戚鑫、肖诗琦、田甲、刘玲、黎熠睿、崔正旭等在文字编辑、校对等方面也做了大量工作；西南科技大学生物学博士点建设专著出版经费给予了资助。在此，作者向这些为本书出版发行做出贡献的单位及相关人员表示最诚挚的感谢。作者也期待通过本书的出版发行进一步推动辐射植物学和微生物学效应的研究和应用。

本书分为上下两篇，上篇为电离辐射的植物学效应，共 8 章，由王丹教授撰写；下篇为电离辐射的微生物学效应，共 6 章，其中第 9～13 章由陈晓明教授撰写，第 14 章由陈晓明教授、刘明学教授撰写，全书由王丹教授统稿。由于作者学识水平有限，本书不免存在不足之处，敬请读者批评指正，使之日臻完善。

目　录

上篇　电离辐射的植物学效应

下篇　电离辐射的微生物学效应

上篇　电离辐射的植物学效应

第1章　电离辐射植物效应研究进展

快中子和γ射线产生致密电离辐射，能使生物染色体断裂而发生基因易位、倒位或缺失等结构变化，并对各种生物大分子造成不可修复的损伤，常用于诱变育种研究，其中γ射线是应用最多的辐射源。近年来，随着离子束研究的深入，离子束的辐射诱变育种研究及其应用在我国开展得十分广泛。对于产量性状的诱变育种，凡在提高诱变率的基础上，既能扩大变异幅度，又能促使变异向有用性状变异的剂量和方式，被认为是合适的诱变育种处理手段。

研究植物辐射生物学效应，掌握外源辐射对植物生长发育状况、植物形态解剖特征、植物生理生化变化、植物性状变异、植物遗传特性等的影响规律及机理是开展植物辐射诱变育种的基础，只有在掌握电离辐射植物效应规律的基础上才能保证植物辐射诱变育种的高效利用。

花卉辐射诱变育种在我国始于20世纪50年代，经历时间虽然不长，但在理论研究和生产实践中已取得了一批成果和较好的经济效益。近年来人们迫切需要更多的观赏期长、色彩丰富、花型和株型美观、瓶插寿命长、抗性强的观赏植物新品种。利用辐射诱变，培育出符合人们需要的新品种，已成为当前观赏植物育种的一个重要手段。

本研究团队多年来从事花卉辐射诱变育种研究工作，对相关研究积累了较多的经验，本书电离辐射的植物学效应主要基于多年研究的积累。本书上篇是对本课题组多年来在植物特别是花卉辐射诱变育种过程中开展的辐射植物效应研究的阶段性总结。现将辐射诱变育种研究进展概述于本书前。

1.1　辐射诱变育种在观赏植物上的应用及特点

1.1.1　应用电离辐射诱变育种的观赏植物种类

观赏植物育种选育目标要求千姿百态、绚丽多彩、缤纷斑斓的特异性状，而非强调果实、种子产量，同时对于常用无性繁殖观赏植物来说，因辐射诱变多诱发植株产生体细胞变异，再经无性繁殖将变异遗传给后代，采用诱变育种较易满足育种目标的要求，现在电离辐射诱变育种已是观赏植物育种的最重要方法之一。有关观赏植物应用电离辐射诱变育种的情况概括于表1-1。从表1-1可见，20世纪80年代以来，激光、离子束也用于观赏植物品种培育，但^{60}Co-γ射线仍然是最常用的辐射诱变源。

据报道，采用电离辐射诱变育种技术已在全世界营养繁殖植物中育出465个突变品种，其中大多数是花卉植物，包括菊花、大丽花、杜鹃花、秋海棠、石竹、月季等花卉种类(Aloowaila and Maluszynski，2001)。辐照处理材料，包括球茎、鳞茎、插条、种子、丛芽、原球茎、植株、盆栽苗等，经组织培养产生的愈伤组织、胚状体、组培苗也可用于辐射处理育种。经核技术辐照处理后植株产生植株变矮、器官肥大、叶片增宽增厚、叶片黄化、花叶及叶缘黄化以及花色、花型、花径、花数、花期、花序、花瓣、花味等众多性状的变异，对于求异、求新的观赏植物来说就提供了较多的选择机会，选出符合育种目标要求的新品种就有了极大可能。

我国通过电离辐射进行观赏植物诱变育种已育出许多新品种。菊花诱变育种在所有观赏植物中首屈一指。如四川省原子核应用研究所利用诱变与杂交育种相结合，选育出从 4 月到 10 月开花的早花菊花 20 多个品种(景士西，2000)；河南农业大学采用 ^{60}Co-γ 射线辐射与组培相结合育成‘金光四射’等 14 个菊花新品种(杨保安等，1996)；南京农业大学利用菊花叶柄组培产生单细胞植株，用 ^{60}Co-γ 射线对切花菊进行单细胞辐射突诱变育种，选育出 11 个新品种(王彭伟和李鸿渐，1996)；仲恺农业技术学院利用 ^{60}Co-γ 射线辐射选育得出菊花 4 个诱变系(李宏彬等，2002)；烟台市农科院应用电子束辐射菊花组培苗诱变，获得花色、花型、花瓣变异的后代，且能稳定遗传(林祖军等，2000)。中国农业科学院、江苏农业科学院等单位先后用辐射方法培育出近 40 个月季新品种。此外国内研究单位对水仙(张建伟等，2002)、梅花(牛传堂等，1995)、美人蕉(牛传堂等，1995)、百合(陆长旬等，2002)、兰花(林芬和邓国础，1997)、唐菖蒲(孙纪霞等，2001)、非洲菊(牛传堂等，1995)、香石竹(郑秀芳，2000)、绿帝王(吴楚彬等，1997)、花叶芋(吴楚彬和周碧燕，1997)、瓜叶菊、莲花等花卉及观赏植物也进行了辐射诱变育种的研究。如彭镇华首次用辐射诱变育种培育出浓香型水仙(张建伟等，2002)；烟台市农科院应用电子束辐照唐菖蒲获得 4 个性状稳定的优变系(孙纪霞等，2001)；中国农业科学院培育成 5 个瓜叶菊雄性不育系(蓝色花和玫瑰红花)，并配制了优势杂交种(黄善武等，1994)；上海农科院育成观赏性好、抗病性强的‘小苍兰’新品种(孙振雷，1999)；周利斌等报道利用中能重离子束辐照矮牵牛干种子筛选到花瓣由单瓣变为双瓣的花型突变株以及花色由浅红变为深红的花色变异株；2004 年，万寿菊干种子经低能 N、C 离子辐照后，出现了花盘增大的变异株；2005 年，将大丽花花芽经 C 离子辐照后，筛选出矮化、花期提前以及花色变化的变异单株，经过稳定性试验后获得了‘新兴红’和‘新兴白’两个大丽花新品种(周利斌等，2008)；总之，我国观赏植物辐射诱变育种主要在花卉上进行，特别是菊花。此外也在杂交狗牙根、扁穗钝叶草、假俭草、草地早熟禾、狗牙根、高羊茅等草坪草育种中得到应用(程金水，2000)。

表 1-1 观赏植物电离辐射诱变育种状况

种类	品种	处理材料	辐射源	产生结果	研究者
菊花 *Dendranthema morifolium* (Ramat) Tzvel.		营养器官	^{60}Co-γ 射线	每年 9～15 个芽变新品种	美国鲍尔花卉公司
				‘金光四射’等 6 个新品种	郭安熙等 (1991)
	150 个品种	植株、愈伤组织、枝条、根芽	^{60}Co-γ 射线	14 个新品种	Kazuhiko 等 (2001)
				‘霞光’等 14 个新品种	杨保安等 (1996)
		盆菊	^{60}Co-γ 射线	新品种 13 个，突变率达 30%以上	马光恕等 (2001)
	秋粉白、秋粉黄、秋粉紫	组培苗	电子束	花色、花朵数、开花期变异	林祖军等 (2000)
		菊花组织辐射后再离体培养	^{60}Co-γ 射线	花色、花型、瓣形单一变异及几者兼具的复合变异	郭安熙等 (1997)
			^{60}Co-γ 射线	冬菊新品种 8 个	李宏彬等 (2002)
		叶柄组培的单细胞植株	^{60}Co-γ 射线	11 个切花菊新品种	王彭伟等 (1996)
	牡丹红	插条	^{60}Co-γ 射线	枝、叶、花变异，4 个优变系	李宏彬等 (2002)
		生根插条	^{60}Co-γ 射线	3 个花色突变体	Banerji 和 Datta (1991)
	上海黄、上海白	叶柄为外植体，试管内辐照	^{60}Co-γ 射线	植株诱变率 5%，11 个新品种	景士西等 (2000)
	粉红色品种	未成熟带梗花蕾	^{60}Co-γ 射线	出现 46 个花色变异的变异株	Aloowaila (2001)
百日菊 *Zinnia elegans* Jacq.	橙粉色品种		^{60}Co-γ 射线	橙粉色中出现洋红、黄、红、红底白点等花色突变体	Venkataehalam 和 Jaybalan (1991)
	绯红色品种	种子	^{60}Co-γ 射线	株高、分枝数、花朵数、花朵直径、花瓣数明显增加，出现 2 种花的结构变异和 4 种色泽变异	Venkataehalam 和 Jaybalan (1991)
月季 *Rosa chinensis* Jacq.	‘萨曼沙’		^{60}Co-γ 射线	新品种‘霞辉’	Broertjes (1976)
杜鹃 *Rhododendron simsii* & R. spp.	50 个品种	插条	软 X 射线	31%植株产生嵌合体变异	Aloowaila 和 Malaszynski (2001)
梅花 *Prums mume* Sieb et. Zucc	‘送春’	夏枝	^{60}Co-γ 射线	出现一个节间缩短、叶片披针形的突变体	牛传堂等 (1995)
春兰 *Cymbidium* spp.		原球茎	紫外线	植株变矮，叶片增宽增厚	林芬和邓国础 (1997)

续表

种类	品种	处理材料	辐射源	产生结果	研究者
兰花 *Cymbidium* ssp.	*Spathoglottis plicata*	原球茎	^{60}Co-γ 射线和甲磺酸乙酯（EMS）	获得 8 个叶绿素突变体	Misra（1998）
墨兰 *Cymbidium sinense*		根状茎	^{60}Co-γ 射线	1krad[①]为墨兰根状茎诱变育种适宜剂量	高健等（2000）
水仙 *Narcissus*				浓香型矮化水仙	高健等（2000）
兰州百合 *LiLum davidi*		鳞片	^{60}Co-γ 射线	器官肥大	陆长旬等（2002）
亚洲百合 *Lilium Asiatica Hybrida*	‘Pollyana’	磷茎	^{60}Co-γ 射线	花粉母细胞染色体畸变和花粉败育	陆长旬等（2002）
绿帝王 *Philodendron*		丛芽、假植苗	^{60}Co-γ 射线	叶片黄化、花叶及叶缘黄化	吴楚彬和周碧燕（1997）
花叶芋 *Caladium hortulanum*		胚状体	^{60}Co-γ 射线	叶片黄化、花叶及叶缘黄化	郑秀芳（2000）
唐昌蒲 *Gladiolus gandavensis* Vaniot Houtt	唐黄、唐红、唐白	开花球	电子束	4 个优变系，变异率为 8.7%～30.8%	孙纪霞等（2001）
		球茎	^{60}Co-γ 射线	在 M_1 代出现的变异在以后各世代（至 M_8 代）中变异性状逐渐消失恢复正常	Misra（1998）
豆瓣绿 *Peperomia magnolifolia*		愈伤组织	^{60}Co-γ 射线	花叶	马燕和程金水（1987）
		愈伤组织	^{60}Co-γ 射线	生长量、叶绿素含量变异	
香石竹 *Dianthus carryophyllus*		分生组织	X 射线	花色、花数、花期、株高变异	郑秀芳（2000）
莲花 *Medinilla magnifica* Lindl.	湘莲	莲子	^{60}Co-γ 射线	育成‘点额妆’	武汉东湖风景区，1981 年
	‘湘白莲 06 号’	莲子	^{60}Co-γ 射线	育成‘丹顶玉阁’	湖南省农业科学院蔬菜研究所，1986 年
草坪植物狗牙根 *C. dactylon*（L.）Pers	‘Tifgreen’ ‘Tifdwaf’		^{60}Co-γ 射线	诱导出精细质地突变体	Banerji 和 Datta（1991）
草坪植物假俭草 *Eremochloa ophiuroides*	20 个选系	种子	^{60}Co-γ 射线	7%植株矮化，数个株系抗寒性超过对照	Banerji 和 Datta（1991）
草坪植物扁穗钝叶草 *Hemarthria compressa*		匍匐茎	^{127}Ce-γ 射线	50%材料生长速度降低，出现匍匐茎色泽为绿色的变异体	Venkataehalam 和 Jaybalan（1991）
荷兰水仙 *Narcissus pseudo-narcissus*	‘Pinza’ ‘Sovereign’ ‘Salone’ ‘Prof. Einstein’	鳞茎	^{60}Co-γ 射线	3 个品种盛花期推迟，4 个品种出芽率下降、株高降低、枯叶时间提前	吕晓会（2010）

① 1rad=10^{-2}Gy。

续表

种类	品种	处理材料	辐射源	产生结果	研究者
水仙 *Narcissus tazetta* L. var. *chinensis* Roem.	三年生单瓣品系	鳞茎	^{60}Co-γ 射线	染色体畸变率随剂量增加而增加，呈现线性正相关	高健和彭镇华(2006)
百合 *Lilium brownii* var. *viridulum* Baker	‘Starfighter’ ‘Tiber’	鳞茎	电子束	‘Tiber’ 15Gy 第 2 代中发现花朵颜色变深、花瓣斑点长突起变短的变异株	王阳等(2013)
唐菖蒲 *Gladiolus gandavensis* Vaniot Houtt	‘江山美人’‘超级玫瑰’	球茎	电子束	叶片表皮毛与气孔结构均发生改变，叶表面组织特征明显排列杂乱不规则；M_1 代花粉活力比对照有所下降	张志伟和王丹(2008)
	‘江山美人’‘超级玫瑰’	球茎	快中子	植株生长发育受到明显的抑制，蛋白表达数量显著减少	任少雄等(2006)
	‘江山美人’	鳞茎	^{60}Co-γ 射线	植株变矮，单株叶片数减少，开花延迟，每花序小花数减少，辐照对开花性状的影响大于对生长的影响	任少雄等(2006)
彩色马蹄莲 *Zantedeschia aethiopica*	‘Parfait’	丛生芽	^{60}Co-γ 射线	60Gy、40Gy 的剂量分别为诱导彩色马蹄莲形态和抗性变异较为适宜的剂量	陆波等(2014)
			$^{12}C^{6+}$重离子	辐射的适宜剂量为 10～20Gy，发现 22 条 ISSR 引物能扩增出 121 条谱带，其中 55 条为多态性谱带，多态性比率为 45%	陈臻等(2013)
风信子 *Hyacinthus orientalis* L.	‘Anna maria’ ‘Blue jacket’ ‘Janbos’ ‘Fondant’	球茎	^{60}Co-γ 射线	植株变矮、鳞茎增长率降低、繁殖系数降低，储藏后损失系数变高、产量损失率变高	张成成等(2010)
朱顶红 *Hippeastrum rutilum*(Ker-Gawl.) Herb.		鳞茎	^{60}Co-γ 射线	成活率、叶长、叶宽随辐射剂量的增加呈递减趋势	纵方等(2008)
花叶芋 *Caladium bicolor* (Ait.) Vent.		胚状体	^{60}Co-γ 射线	分化能力受到明显的抑制，部分苗的叶片黄化、形状改变，变异率达到 3%～5%	吴楚彬和周碧燕(1997)
球根海棠 *Begonia tuberhybrida* Voss.		根茎	^{60}Co-γ 射线	提高了球根海棠超氧化物歧化酶(SOD)、过氧化氢酶(CAT)酶活性，但高剂量(40Gy,50Gy)的急性辐射导致了球根海棠丙二醛(MDA)增加，均可增加类黄酮含量，其中尤以较低剂量处理的增幅较大	丁金玲等(2004)
番红花 *Crocus sativus* L.		球茎	^{60}Co-γ 射线	球茎的发芽数一般随其鲜重增加而增多，小球的辐射敏感性高于大球；经 25Gy 辐照的种球后代中筛选出 1 株具良好耐热生长特性的突变体	张巧生等(2009)
荷兰鸢尾 *Iris hollandica* Hort.	‘展翅’	球茎	^{60}Co-γ 射线	在 3～10Gy 内，随着剂量的加大，植株的辐照损伤效应也逐渐加强；且大种球耐辐照能力大于小种球；辐照对 M_2 代植株开花仍有很大的影响，其中 7Gy 处理的 M_2 代植株变异率相对最高，成活率也较高，并能得到优变单株	林兵等(2010)

续表

种类	品种	处理材料	辐射源	产生结果	研究者
耧斗菜 *Aquilegia viridiflora* Pall.		干种子	H 离子	蓝紫耧斗菜中出现 2 株叶绿素缺失变异的植株，观赏效果好，且变异率达到了 1.3%	朱蕊蕊等(2009)
大花美人蕉 *Canna generalis* L. H. Bailey & E. Z. Bailey		种子	^{60}Co-γ 射线	美人蕉根茎辐照处理变异率相对较小，花色、花型没有出现变异，只有花期延迟和株高矮化的变化，且不能遗传	张福翠等(2011)
石蒜 *Lycoris radiata* (L' Her.) Herb	石蒜、中国石蒜、换锦花	种子	Ti 离子	一定剂量的 Ti 离子注入能激活细胞合成自由基清除酶的能力，3 种石蒜属植物的种子发芽率、电解质外渗率(REC)、MDA、SOD、过氧化物酶(POD)以及 CAT 间存在不同程度的相关性，酶类物质通过相互协调作用用减低自由基造成的伤害	刘志高等(2013)
大丽花 *Dahlia pinnata* Cav.		幼枝	^{12}C^{6+}离子束	对照和突变体各扩增条带 92 条；在所有随机引物中有 18 条引物扩增出现多态性，引物多态率 72%，扩增得到特异性条带 36 条，对照和处理共有条带 60 条，扩增条带多态率 19.57%	余丽霞等(2008)
晚香玉 *Polianthes tuberosa*	单、重瓣	球茎	^{60}Co-γ 射线	出苗率降低，植株变矮，开花延迟，花期延长。初步筛选出 2 个晚香玉品种的适宜辐射剂量为 20Gy	魏国等(2009)
紫萼玉簪 *Hosta ventricosa*		组培苗	^{60}Co-γ 射线	紫萼玉簪组培苗的半致死剂量为 5Gy；辐射对紫萼玉簪的生长有明显的抑制作用	李黎等(2014)
卷丹百合 *Lilium lancifolium* Thunb.	湖南龙山卷丹百合	鳞茎	^{60}Co-γ 射线	用 ^{60}Co-γ 射线辐射诱变卷丹百合有明显效果，适宜诱变剂量为 2Gy ^{60}Co-γ；选择获得 1 株优良卷丹百合变异株	朱校奇等(2012)
百合 *Lilium lancifolium* Thunb.	东方百合‘索邦’(‘Sorbonne’)	不定芽	^{60}Co-γ 射线	不定芽生长的两个阶段 POD 酶谱颜色与对照比较差异明显，6.0Gy、8.0Gy 处理的 POD 同工酶均出现了一条低分子量酶带	黄海涛等(2008a)
一串红 *Salvia splendens* Ker-Gawl.		种子	^{12}C^{6+}重离子	一串红嵌合体分析表明花色和真叶的突变体发生了很大变化，而且在此基础上获得了个新的相关序列	吴大利(2008)
紫松果菊 *Echinacea purpurea* Moench		种子	^{7}Li 离子束	在 ^{7}Li 离子束处理的 M_1 代植株中出现花期、花径、花色、瓣形或瓣数的变异	王晶等(2003)
切花菊 *Dendranthema morifolium* (Ramat.) Tzvel.	‘神马’	组培苗	^{60}Co-γ 射线	辐射剂量为 20Gy 接近半致死剂量(LD_{50})时，组培苗的移栽成活率是 53.85%；继代培养可提高辐射后代的成活率，增加变异群体的数目	葛维亚等(2008)
薰衣草 *Lavandula angustifolia* Mill.	‘薰衣草 701’ ‘薰衣草 702’	干种子	^{12}C^{6+}重离子	发芽率表现为先增大后减小的趋势，重离子的辐照效果优于电子束	刘瑞媛等(2014)
		干种子	电子束	发芽率随着剂量的升高而降低，电子束辐照后的发芽率要低于 ^{12}C^{6+}离子束	
八宝景天 *Hylotelephium erythrostictum* (Miq.) H. Ohba		扦插苗	^{60}Co-γ 射线	23 条 ISSR 引物能在 6 个植株间扩增出 175 条谱带，其中 127 条是多态性谱带，多态率高达 72.57%，表现出了较高的多态性	王欢欢(2010)

续表

种类	品种	处理材料	辐射源	产生结果	研究者
牡丹 *Paeonia suffruticosa* Andr.	‘凤丹白’	种子	^{60}Co-γ 射线	γ 射线对牡丹种子和芍药种子出苗率的半致死辐射剂量 (LD_{50}) 分别为 4.97Gy 和 22.93Gy	施江等(2010)
芍药 *Paeonia lactiflora* Pall	‘粉玉奴’	种子	^{60}Co-γ 射线	γ 射线对牡丹种子和芍药种子出苗率的半致死辐射剂量 (LD_{50}) 分别为 4.97Gy 和 22.93Gy	施江等(2010)
木槿 *Hibiscus syriacus* L.		种子	^{60}Co-γ 射线	适宜辐射剂量分别为 128.2Gy 和 104.7Gy；海滨木槿最敏感，其次是木槿，最不敏感的是矛叶锦葵	李秀芬等(2010)
矛叶锦葵 *Malva cathayensis* M. G. Gilbert，Y. Tang & Dorr		种子	^{60}Co-γ 射线	矛叶锦葵的适宜剂量大于 250Gy；海滨木槿最敏感，其次是木槿，最不敏感的是矛叶锦葵	李秀芬等(2010)
海滨木槿 *Hibiscus hamabo*		种子	^{60}Co-γ 射线	适宜辐射剂量分别为 128.2Gy 和 104.7Gy；海滨木槿最敏感，其次是木槿，最不敏感的是矛叶锦葵	李秀芬等(2010)
君子兰 *Clivia miniata*	‘圆头短叶’‘缟兰•哈达’‘黄技师’‘金香炉’‘铁北’‘孟屯和尚’‘黄岛大叶’‘腊膜’‘大富贵’‘小薛短叶’‘隔覆兰’‘佛光’	种子	^{60}Co-γ 射线	君子兰种子辐射诱变的适宜剂量为 4～6Gy。通过电离辐射筛选君子兰突变体，培育了君子兰新种质 4 个	包建忠等(2010a)
切花月季 *Rosa cvs*	红色、粉色、复色、白色、黄色 5 个色系 10 个品种	嫁接苗	^{60}Co-γ 射线	4 个品种产生了可成活的变异，品种变异率高达 3.06%～8.82%；选育出了 1 个切花月季变异新品种	李树发等(2011)
芍药 *Paeonia lactiflora* Pall.	‘种生粉’‘大富贵’‘沙金贯顶’‘奇花露霜’	植株和种子	^{60}Co-γ 射线	芍药植株的辐照适宜剂量为 10～20Gy，种子的适宜剂量为 20～30Gy，各品种之间辐射适宜剂量存在一定差异	包建忠等(2013b)
仙客来 *Cyclamen persicum* Mill.		籽粒	^{60}Co-γ 射线	10Gy 处理对仙客来生长起到了明显的刺激作用，同时显著提高叶片的叶绿素 a、叶绿素 b、叶绿素总含量与净光合速率、蒸腾速率、气孔导度和细胞间隙 CO_2 浓度	于虹漫等(2003)
孔雀草 *Tagetes patula* L.		种子	^{60}Co-γ 射线	发芽率和辐射剂量呈负相关；芽长和辐射剂量呈正相关，而根长和辐射剂量呈微相关	周振春等(2006)
勿忘我 *Latouchea fokiensis* Franch		种子	^{60}Co-γ 射线	发芽率与辐射剂量呈负相关，但辐射剂量与勿忘我种子芽长呈正相关	徐德钦等(2005)
风铃花 *Abutilon striatum* Dickson		种子	^{60}Co-γ 射线	80Gy、40Gy、20Gy 的辐射剂量对风铃花种子出芽和幼苗生长有促进作用，而 10Gy 的辐射剂量使风铃花种子的发芽和幼苗生长受到抑制	徐德钦等(2005)
万寿菊 *Tagetes erecta* L.		种子	^{60}Co-γ 射线	提高万寿菊发芽率最佳的辐射剂量为 80Gy 和 160Gy，而 20Gy 和 320Gy 辐射处理则抑制了芽和根的生长	王慧娟等(2009)

续表

种类	品种	处理材料	辐射源	产生结果	研究者
春兰 *Cymbidium goeringii* (Rchb. f.) Rchb. f.		根状茎	^{60}Co-γ 射线	春兰诱变育种的适宜剂量应为 20～30Gy，且最合适的诱变部位是根状茎的顶段	刘璐璐等 (2008)
墨兰 *Cymbidium sinense* (Jackson ex Andr.) Willd.		根状茎	^{60}Co-γ 射线	低剂量(2Gy、5Gy、8Gy)辐照能促进根状茎旺盛生长，一定水平的低剂量可诱导根状茎 POD 酶活性增强，从而增强抗辐照损伤的能力	傅雪琳等 (2000)
日日春 *Catharanthus roseus* (L.) G. Don		种子	^{60}Co-γ 射线	发芽率、根长、芽长与辐射剂量都呈负相关。在辐射剂量为 10Gy、30Gy 处有利于提高种子的发芽率及其幼苗的生长，其中辐射剂量为 10Gy 的更为突出	罗以贵等 (2007)
非洲菊 *Gerbera jamesonii* Bolus	‘妃子’	愈伤组织、茎尖及组培苗	^{60}Co-γ 射线	非洲菊‘妃子’的愈伤组织、茎尖和组培苗的最适辐射剂量分别为 10～20Gy、20～30Gy 和 20～30Gy	罗海燕等 (2013)
红掌 *Anthurium andraeanum* Linden		植株	^{60}Co-γ 射线	辐射后 MDA 含量、SOD、POD 酶活性与对照相比均有增加，且最大值均出现于 50 Gy 处理时	闫芳芳和强继业(2006)
观赏海棠 *Malus* × *scheideckeri*	‘印第安魔力’	组培苗	^{60}Co-γ 射线	30Gy ^{60}Co-γ 射线辐射处理后，组培苗可以维持正常生长，且诱导的变异性状明显，诱变效果稳定，是较为合适的辐射剂量	刘丽强等 (2010)
美女樱 *Verbena hybrida* Voss		种子	^{60}Co-γ 射线	80Gy 辐射剂量对美女樱的出芽率、芽长、根长较适宜	吴光升等 (2005)
石斛兰 *Dendrobium nobile*	*D. sonia*‘166’	组培苗	^{60}Co-γ 射线	多态性带 41 条，多态率为 19.0%，石斛兰 *D. sonia*‘166’品种组培苗的最佳辐射诱变剂量为 20 Gy	任羽等(2016)
Hebe	‘Oratia Beauty’ ‘Wiri Mist’	枝条	^{60}Co-γ 射线	‘Oratia Beauty’的 LSD_{50} 为 33Gy，‘Wiri Mist’的 LSD_{50} 为 56Gy；‘Oratia Beauty’突变率更高	Gallone 等 (2012)

1.1.2 诱变的辐射剂量

核技术辐射诱变育种成败的关键是采取适当的辐射剂量，达到既有较高的变异率和较宽的变异谱，又不致过大地损伤植株的目的。一般采用半致死剂量或临界剂量。半致死剂量是指辐射后指植株成活率为 50%的剂量；临界剂量指辐射后植株成活率为 40%的剂量。部分观赏植物辐射诱变适宜剂量见表 1-2。

从表 1-2 可见，不同繁殖器官诱变的适宜剂量，一般是干种子最高，休眠球茎、胚状体、插条等其次，芽、叶最低。

表 1-2 部分观赏植物辐射诱变参考剂量

观赏植物种类	处理材料	诱变源	剂量范围	剂量率	参考文献
菊花 *Dendranthema orifolium*	脚芽	γ、X 射线	10～40Gy	1Gy/min	郭安熙等(1997)
	插条	γ 射线	15～35Gy	1. 46Gy/min	李宏彬等(2002)
	发根的插条	γ 射线	10～30Gy	1～2Gy/min	李宏彬等(2002)
	组培苗	电子束	30～50Gy	1～2Gy/min	林祖军等(2000)
	盆菊	γ 射线	40～50Gy	1～2Gy/min	马光恕等(2001)
	发根的插条	中子	6×10^{12}～12×10^{12} 中子/cm^2		林祖军等(2000)
	组培苗	γ 射线	5～30Gy	0.98Gy/min	王晶等(2006)
	植株、枝条、根芽	γ 射线	1～4Gy	0.1Gy/min	王柏楠(2007)
	种子	γ 射线	15Gy	10Gy/min	蒋甲福等(2002)
水仙 *Narcissus tazeta* var. *chimensis*	鳞茎	γ 射线	50～300Gy	1～5Gy/min	高健(2000)
	芽、叶	γ 射线	5～30Gy	1～5Gy/min	
	鳞茎	γ 射线	5～200Gy	4.4Gy/min、8.7Gy/min、12.6Gy/min	秦华等(2005)
	鳞茎	γ 射线	20～60Gy	4.16Gy/min	秦华(2005)
	鳞茎	γ 射线	5～20Gy	1.59Gy/min	吕晓会(2010)
	鳞茎	γ 射线	10～50Gy	0.5Gy/min	邹伟权等(2002)
	鳞茎	γ 射线	700～1000rad	88.6rad/min	周迪英(1992)
梅花 *Armeniaca mume* Sieb.	枝条	γ 射线	10～30Gy	0. 273Gy/min	牛传堂等(1995)
绿帝王 *Philodendron* cv. Wendimbe、花叶芋 *Caladium bicolor*	胚状体	γ 射线	30～40Gy	0. 49Gy/min	吴楚彬和周碧燕(1997)
春兰 *Cymbidium goeringii*	原球茎	紫外光	波长 254nm，功率 10W，距离 15cm		林芬和邓国础(1997)
蝴蝶兰 *Phalaenopsis amabilis*	植株	γ 射线	15～30Gy		章宁等(2005)
	植株	γ 射线	5～40Gy		张相锋(2007)
	球茎	γ 射线	15～120Gy		张相锋(2007)
美人蕉 *Canna indica* L.	根茎芽	γ 射线	27.58～36.77Gy		邓红和刘绍德(1987)
	种子、根茎	γ 射线	20～100Gy		张福翠等(2011)
风信子 *Hyacinthus orientalis* L.	种子	γ 射线	20～100Gy	1.21Gy/min	张成成等(2010)
	种球	γ 射线	5～20Gy	1.59Gy/min	张成成等(2010)
百合 *Lilium brownii* L.	鳞茎	γ 射线	2～3Gy	0.5Gy/min	张冬雪等(2007)
	种球	γ 射线	1～10000Gy	1～50Gy/min	吴雷等(1996)
	中层鳞片	γ 射线	2～10Gy	0.5Gy/min	孙利娜和施季森(2011)
	种球	γ 射线	3～10Gy	0.1Gy/min	林兵等(2010)
	鳞茎	γ 射线	3～9Gy		赵兴华等(2015)

续表

观赏植物种类	处理材料	诱变源	剂量范围	剂量率	参考文献
百合 *Lilium brownii* L.	组培不定芽	γ射线	0.5～8Gy	0.5Gy/min	黄海涛等(2008b)
	鳞片	γ射线	2～10Gy	0.5Gy/min	孙利娜(2009)
	鳞片薄切片	γ射线	0.5～2.5Gy	0.5Gy/min	孙利娜(2009)
	组培鳞片	γ射线	0.5～8Gy	0.799Gy/min	张冬雪等(2007)
	鳞茎	γ射线	1～3Gy	0.16Gy/min	朱校奇等(2012)
	鳞茎盘	γ射线	1.5～3.5Gy	0.87Gy/min	周斯建等(2005)
	种球	γ射线	1～5Gy		张克中等(2003)
	组培不定芽	X射线	5～24.63Gy		黄海涛等(2011)
	种球	γ射线	4～6Gy		赵兴华等(2015)
	鳞茎	γ射线	2～3Gy	1.59Gy/min	赵兴华等(2002)
鸢尾 *Iris tectorum* Maxim.	新收获鳞茎	γ射线	10Gy		林兵等(2010)
	种球	γ射线	0～10Gy	0.1Gy/min	林兵等(2010)
仙客来 *Cyclamen persicum* Mill.	鳞茎	γ射线	100Gy		于虹漫等(2003)
	籽粒	γ射线	10～50Gy		于虹漫等(2003)
	种子	γ射线	200～400Gy		赵进红等(2009)
百日菊 *Zinnia elegans* Jacq.	种子	γ射线	75Gy		Venkataehalam和Jaybalan(1997)
杜鹃 *Rhododendron simsii*	籽粒	γ射线	50～200Gy	1.52Gy/min	刘晓青等(2014)
	成熟植株的芽	γ射线	25～65Gy	1.78Gy/min	陈睿等(2015)
翠菊 *Callistephus chinensis*	干种子	中子	5×10^{11}～5×10^{12}个/cm^2		
	枝条	中子	1×10^{10}～5×10^{11}个/cm^2		
蔷薇 *Rosa* L.	夏芽	X、γ射线	20～40Gy		李惠芬等(1997)
假俭草 *Eremochloa ophiuroides*	种子	γ射线	400Gy		周小梅等(2005)
牡丹 *Paeonia suffruticosa* Andr.	种子	γ射线	40Gy		李奎等(2010)
	种子	γ射线	10～50Gy		施江等(2010)
	种子	γ射线	0～715Gy	0.5Gy/min	林仙淋(2015)
	植株带盆	γ射线	0～87.6Gy	5Gy/min	李玲(2014)
	种子	γ射线	10～500Gy	5Gy/min	李奎等(2010)
月季 *Rosa chinensis* Jacq.	生长状态的植株、枝芽	γ射线	20～30Gy		瞿素萍等(2009)
	休眠状态的植株、枝芽	γ射线	30～40Gy		
	组培苗	γ射线	5～25Gy		李黎等(2010)
	组培苗	γ射线	40～120Gy	0.5Gy/min	瞿素萍等(2009)
	接穗	γ射线	20～60Gy	0.5Gy/min	李树发等(2011)
	植株带盆	γ射线	19.4～48.5Gy		苏重娣(1995)
	成熟枝条	γ射线	40～50Gy	0.8Gy/min	许肇梅等(1986)

观赏植物种类	处理材料	诱变源	剂量范围	剂量率	参考文献
月季 *Rosa chinensis* Jacq.	一年生嫁接苗	γ射线	2850～7600rad		李惠芬等(1997)
	休眠状态的一年生充实枝、一年生嫁接幼苗	γ射线	19～57Gy	0.71Gy/min	周迪英等(1991)
睡莲 *Nymphaea tetragona* Georgi	植株	电子束	5～50Gy	1Gy/s	张启明等(2015)
	莲子、种藕	γ射线	0～200Gy(莲子适宜剂量为30～60Gy)		陈秀兰等(2004)
海棠 *Chaenomeles*	组培苗	γ射线	0～110Gy(30Gy为较为适宜剂量)	5Gy/min	刘丽强等(2010)
春剑 *Cymbidium goeringii*	组培苗	γ射线	0～60Gy	1Gy/min	蒋彧等(2013)
石斛兰 *Dendrobium nobile*	组培瓶苗	γ射线	0～30Gy	0.52Gy/min	任羽等(2016)
红掌 *Anthurium andraeanum* Linden	整株	γ射线	10～90Gy		闫芳芳等(2006)
美女樱 *Verbena hybrida* Voss	种子	γ射线	10～80Gy		吴光升等(2005)
菠萝菊 *Carthamus tinctorius*	种子	γ射线	10～80Gy		吴光升等(2005)
兰花 *Cymbidium* ssp.	植株	γ射线	0～20Gy		包建忠等(2010)
	组培苗	γ射线	0～70Gy		彭绿春等(2007)
向日葵 *Helianthus annuus* L.	种子	γ射线	0～250Gy		包建忠等(2006)
彩色马蹄莲 *Zantedeschia hybrida* Spr.	球茎	$^{12}C^{6+}$重离子	10～40Gy	20Gy/min	陈臻等(2013)
	组培苗	γ射线	0～80Gy		陆波等(2014)
甜菊 *Stevia rebaudiana*	种子	γ射线	15Gy	0.5Gy/min	杨敬敏等(2013)
	种子	离子束	$2.6\times10^{16}N^+/cm^2$		
芍药 *Paeonia lactiflora* Pall.	种子	γ射线	10～50Gy		施江等(2010)
	种子	γ射线	10～40Gy(适宜剂量为20～30Gy)		包建忠等(2013b)
	植株	γ射线	10～40Gy(适宜剂量为10～20Gy)		包建忠等(2013b)
君子兰 *Clivia miniata*	种子	γ射线	2～8Gy		包建忠等(2013a)
	杂交种子	γ射线	3～9Gy		陈秀兰等(2006)
除虫菊 *Pyrethrum cinerariifolium*	种子	γ射线	10～80Gy	1Gy/min	李振芳(2007)
晚香玉 *Polianthes tuberosa* L.	种球	γ射线	15～35Gy	2.08Gy/min	魏国等(2009)
	种球	γ射线	10～50Gy	2.08Gy/min	史燕山等(2003)
玉簪 *Hosta plantaginea* (Lam.) Aschers.	组培苗	γ射线	5～20Gy	5Gy/min	李黎等(2014)
番红花 *Crocus sativus* L.	球茎	γ射线	5～35Gy	2.5Gy/min	苏重娣(1995)

续表

观赏植物种类	处理材料	诱变源	剂量范围	剂量率	参考文献
孤挺花 *Lycoris radiata* (L'Her.) Herb.	鳞茎	γ射线	5～20Gy		纵方等(2008)
小苍兰 *freesia hybrida klatt*	种球	γ射线	2000～5000R[①]	300R/min	李晓林(2005)
唐菖蒲 *Gladiolus gandavensis*	种球	γ射线	25～100Gy		乔勇等(2008)
	芽殖的二年生球茎	γ射线	4～15kGy		张立富和王学慧(2001)
	休眠种球	中子	40～240Gy	6.67Gy/min	张志伟和王丹(2008)
	球茎	γ射线	1～3krad		李淑华和哀增玉(1989)
	休眠的球茎	γ射线	50～200Gy	5Gy/min	孙纪霞等(2001)
	种球	γ射线	60Gy		Misra(1998)
	种球	电子束	60～80Gy	1～2Gy/min	孙纪霞等(2001)
	开花球	γ射线	7.5～0.8Gy		
薰衣草 *Lavandula angustifolia* Mill.	干种子	电子束	200～2000Gy		刘瑞媛等(2014)
	干种子	离子束	40～300Gy		
球根海棠 *Begonia tuberhybrida* Voss.	球根	γ射线	10～50Gy		强继业等(2004)
紫罗兰 *Saintpaulia ionantha*	种子	γ射线	250～1000Gy		陈宗瑜和强继业(2004)
一串红 *Salvia splendens*	种子	γ射线	250～1000Gy		陈宗瑜和强继业(2004)
紫花苜蓿 *Medicago sativa* L.	种子	γ射线	1～10Gy		伏毅等(2015)
	干种子	γ射线	1000～2000Gy		杨茹冰等(2007)
	愈伤组织	电子束	5～100Gy	4Gy/min	曲颖等(2009)

1.1.3 辐射诱变方法与技术的发展

在辐射育种的研究与实践中，以提高诱发突变频率和选择效率为中心，不断改进辐射育种的方法技术，如诱变因素、诱变对象、诱变条件和筛选方法，取得了明显进展。

照射材料的选择是辐射育种的重要环节之一。原始材料的遗传背景对突变性状的表现和诱变效率有重要作用。早期的辐射诱变一般以种子为处理对象，近几年来几乎所有植物器官和繁殖体都有用于诱变的，如休眠种子、萌动种子、杂合种子、种胚、花粉、多倍体、不定芽、根芽、枝条、球茎、愈伤组织等。而对于常以无性繁殖的花卉来说，因辐射诱变多诱发植物产生体细胞变异，再经无性繁殖将变异遗传给后代，形成无性繁殖系，故而花卉上辐射诱变应用前景十分广阔。20 世纪 90 年代以来，我国对一些名花，如水仙、梅花、菊花等辐射诱变获得了一些突变品种。

① $1R=2.58\times10^{-4}C/kg$。

诱变育种的局限性在于如何以有效的手段鉴定和选择优良突变体。20 世纪 70 年代以前只是用常规的农艺形状判断，20 世纪 70 年代到 80 年代则采用染色体压片观察其细胞水平上的变异及亚分子水平上的同工酶检测，20 世纪 90 年代以来分子标记技术不断发展，Caetano-Anolles 等在农作物上利用分子标记，对一些突变体进行分析，区别真伪突变体，利用与分子标记连续的关系对突变基因加以挂标。

1.2　植物突变遗传资源分析与鉴定研究进展

近年来，随着植物种质资源的重要性逐渐被人们所认识，种质资源成为各国普遍争夺和保护的对象，突变种质资源也广泛被人们所认识。广义的植物突变遗传资源是指自发或人为地诱发植物遗传物质改变，所形成的以前所没有的新基因或新的基因组合，并且这种新的种质资源对人类有现实或潜在的利用价值。狭义的植物突变遗传资源是指人为地利用物理的、化学的、生物的诱变剂或它们的组合利用，诱发形成新基因或新基因组合，进而改进植物的遗传特性，所获得的有现实或潜在利用价值的新的种质资源。由于利用理化等诱变因素产生的诱变频率比自发突变频率高几百倍甚至上千倍，而且突变谱也更广，能得到大量的突变遗传资源，所以理化等诱变因素所产生的突变遗传资源利用显得尤为重要。

随着生物学及相关技术的进步与发展，突变遗传资源的分析与鉴定方法也一直在改进和提高，相继应用了各时期出现的相关新技术，形成了包括形态学标记、细胞学标记、生化标记和 DNA 分子标记在内的一系列技术方法，使植物突变遗传资源的分析与鉴定技术得到了前所未有的发展。

1.2.1　植物突变遗传资源的分析与鉴定技术的内容

1. 形态学标记技术

形态学标记是指能明确显示遗传多态性的遗传上稳定的外观特征，传统的形态标记指用肉眼即可识别和观察到的外部特征。现在的形态标记还包括借助仪器及简单测试即可识别的某些形态特征。形态学标记是遗传与环境相互作用的结果，但通过有效的采样、合理的数学统计方法，以及采用遗传较为稳定、受环境影响小的性状，可以揭示植物样品的遗传变异等特征。

形态学标记技术包括比较形态学标记、形态解剖学标记和孢粉学指纹标记等。比较形态学标记是最早使用的鉴定和分析标记。该标记是以植物学形态或农艺性状等为依据，并且还包括人的其他感官所能直接感受到的植物特性，如口感和香味等。借助简单的测试手段，比较形态学标记还可应用于突变遗传资源的抗性耐性的鉴定与分析。形态解剖学标记是借助光学显微镜观测植物组织或器官内肉眼不能分辨的形态结构，如借助石蜡切片等手段可观察样本内部维管束结构等。孢粉学指纹标记是借助于高倍显微镜，观测花粉的大小和性状，萌发孔类型，萌发孔特征(包括萌发孔沟端沟沿特征、沟长沟宽、极面区萌发孔延伸程度等)，外壁特征(包括穿孔类型、穿孔大小和频度、外壁表面特征、刺长刺间距刺基宽)等细微特征。

形态学标记数量不多，可全面考察形态学标记特征，得出较为全面系统的数据。如曹雪芸等(2000)分别观察比较了小麦 M_1 代的种子发芽指数、种子活力指数、田间出苗率、苗高、根长、分蘖、有效穗数、穗粒数、成株率、育性；幼苗形态畸形，M_2 代的矮丛、育性、穗型、芒性、穗长、高秆、矮秆、蜡质深浅、熟性早晚、总突变、有益突变株高，穗长、有效穗型、穗粒数、小花数、抽穗期等形态性状特征。近年来，形态学标记技术在植物突变遗传资源分析鉴定中得到了广泛的应用(表 1-3)。

表 1-3 形态学标记技术在植物突变遗传资源分析鉴定中的应用

诱变材料	诱变部位	诱变源	研究对象	研究内容与方法	研究者
‘粳稻 9522’	种子	^{60}Co-γ 射线	雄性不育突变体	杂交、自交、石蜡切片等方法进行群体分离分析，连锁分析	刘海生等(2005)
玉米		^{60}Co-γ 射线	突变系	自交测交实验，抗性及农艺性状观察，综合性状分析	周柱华等(1995)
‘浙 102’和‘浙棉 9 号’	花粉	^{137}Cs -γ 射线	M_1 代	植物学形态、农艺性状评价	朱乾浩(1998)
陆地棉品种(系)	花粉	^{60}Co-γ 射线	M_1 代	农艺性状评价鉴定，包括棉铃重、衣分及纤维品质	唐灿明等(2005)
寒菊品种		^{60}Co-γ 射线	花粉	扫描电镜下观察花粉的极轴长、赤轴长，花粉粒的大小形状；刺长，刺间距，刺基宽；穿孔频度	傅玉兰(1998)
小麦品种‘鉴 54’等	风干种子	离子注入	幼苗	出苗率(7d)，苗高(14d)，第一叶长，形态畸形和主叶脉失绿等变异	王卫东等(2005)
大麦	风干种子	电子束	M_1 代和 M_2 代	形态学特征，存活率，突变频率，叶绿素缺陷突变	芮静宜等(1995)
矮牵牛等	种子	离子注入	M_1 代	出苗率，株高等形态变异	毛培宏等(2003)
拟南芥	经春化的种子	EMS	拟南芥幼苗	根弯曲法为指标，4～10mol/L H_2O_2 为选择剂，筛选活性氧不敏感突变体	何金环等(2004)
‘粳稻 9522’		同位素诱变	白化苗突变体与籼稻杂交 F_1 自交	野生型和突变体的叶绿体透射电镜显微观察	余庆波等(2005)
冬小麦	种子	^{60}Co-γ 射线和同步辐射	M_1 代和 M_2 代	M_1 代辐射生物学损伤，代性状突变频率及数量性状和变异系数	曹雪芸等(2000)
‘Isabgol’(车前草属)	种子	^{60}Co-γ 射线和溴化乙锭(EB)	诱变后代	M_1 代花的形状和大小，M_2 代种子产量，花梗重，干花重，花期，畸变分枝	Lal 和 Sharma 等(2000)
小黑麦	种子	^{60}Co-γ 射线和 EMS	诱变后代	株高，产量	Reddy(2001)
豌豆		γ 射线，快中子，EMS		诱变率，最高效率系数	Mehandjiev 等(2001)
棉花	种子	^{60}Co-γ 射线和 EMS	M_1 代	棉花的特征性性状	Valkova 和 Mehandjev(2000)
黑色鹰嘴豆	种子	^{60}Co-γ 射线和 EMS	M_3 代	形态学和农艺性状观察，雄性不育，高产早熟突变体观察比较	Gautam 和 Mittal(1998)

续表

诱变材料	诱变部位	诱变源	研究对象	研究内容与方法	研究者
绿豆	种子	^{60}Co-γ 射线和 EMS	M_2 代，M_3 代，M_4 代	产量，尾孢菌叶瓣病和白粉病抗性	Wongpiyasatid 等(1998)
大豆	种子	^{60}Co-γ 射线和 EMS	M_1 代和 M_2 代	百粒重，产量，成熟期	Geetha 和 Vaidyanathan (1998)
鹰嘴豆	种子	γ 射线，快中子，亚硝基甲基脲烷 (NMU)，EMS		叶绿素突变	Kharkwal (1998)
杜鹃	植株	γ 射线	当代植株	新芽成活率、新梢长度、新叶形状、开花数量、特性等	陈睿等 (2015)
薰衣草	干种子	电子束	M_1 代	发芽率、胚根、胚轴长度、幼苗鲜重等	刘瑞媛等 (2014)

2. 细胞学标记技术

细胞学标记指能明确显示遗传多态性的细胞学特征。一般包括染色体的大小数量以及形态结构(核型)等特征。染色体的大小和数量特征的观察由于方法简便成熟，已广泛地应用于突变体的鉴定与识别当中(表 1-4)。它可较直观地鉴定染色体的数量变异(非整倍体，多倍体或双二倍体和混倍体)。

核型是指某一物种所特有的一套染色体的形态结构。常规核型是依据染色体的形态和长度等结构特征进行区分的。然而，仅仅依靠形态特征将染色体区分开比较困难，1938 年显带技术的形成对核型分析起到了非常大的推动作用，并相继出现了面积核型、光谱核型(SKY)和分子核型等一系列新技术。

通过对染色体的长度、着丝点的位置和随体有无等的观察可以鉴定染色体的缺失、重复、倒位和易位等遗传变异。染色体分带技术的差示染色带具有种属特异性，并且这些显带图型在发育过程中以及不同组织的细胞间是恒定的。主要的显带技术可能发现染色体 DNA 一级序列特性(Q 显带、R 显带和 T 显带)、染色质结构(G 显带和 R 显带)和 DNA 复制时间(复制显带技术)。如 C 显带技术可以快速、准确地对植物附加系、代换系和易位系进行鉴定。Kawa-Hara 等对 15 个先前报道为 2A • 2B 易位系的 Ethiopi-an 四倍体小麦进行了观察，发现了两个新的易位系：1B(6B)和 5B(6B)，还发现一个 5A 臂内倒位染色体。C 显带技术在某种程度上也可帮助测定易位断裂点，在分子标记的帮助下可以更准确地测定一次断裂点或二次断裂点。

表 1-4　细胞学标记技术在植物突变遗传资源分析鉴定中的应用

诱变材料	诱变部位	诱变源	研究对象	研究内容与方法	研究者
‘皖麦 31’	萌动种子和干种子	离子注入	诱变后植株	核畸变率，染色体畸变率，有丝分裂总畸变率	顾月华等 (2000)
水稻	干种子	空间诱变、离子束等	根尖	染色体畸变率，微核率，染色体桥	王彩莲等 (2000)

续表

诱变材料	诱变部位	诱变源	研究对象	研究内容与方法	研究者
大豆	种子	^{60}Co-γ 射线	花蕾	花粉母细胞减数分裂染色体行为变化	于天江等 (1995)
水稻	休眠种子	空间诱变、离子束等	根尖分生组织	染色体结构变异的细胞率和有丝分裂指数	王彩莲 (1995)
早籼品种	风干种子	质子和 ^{60}CO-γ 射线	M_1 代幼苗	染色体观察，包括微核，单桥，多桥，断片，落后染色体，多极	王彩莲等 (1998)
凤仙花	种子	太空诱变	花蕾期花药	小孢子母细胞减数分裂以及四分孢子期内的小孢子数目、形状	赵燕等 (2004)
紫花苜蓿	种子	^{60}Co-γ 射线	根尖分生组织	有丝分裂指数、细胞核畸变率等	杨茹冰等 (2007)
牡丹	种子	^{60}Co-γ 射线	根尖分生组织	染色体结构	李玲 (2014)

3. 生化标记技术

生化标记是一种利用植物代谢过程中的具有特殊意义的生化成分或产物进行鉴定和分析的技术。生化标记一般是一些化合物稳定，容易快速鉴定的成分，包括蛋白质、碳水化合物、脂类、甙类、树脂和生物碱物质(表 1-5)。

蛋白质数量上较丰富，受环境影响小，能够更好地反映遗传多样性。因此，蛋白质标记成为一种较好的遗传多样性标记。在酶指纹标记中，同工酶是应用最为广泛的。同工酶结构的差异来自基因类型的差异，每一种酶的不同电泳酶谱表现型可能是由不同基因引起的，也可能是同一基因座上的不同等位基因引起的。生物碱等生理活性成分，受环境影响较小，这类化合物的分离鉴定对某些植物具有特殊意义。如茶叶品种中的儿茶素组成及含量与制茶品质关系十分密切，对其的高效分离便具特殊意义。近些年发展起来的高压液相色谱法能够对水溶性化合物进行精确高效分离，根据样品与对照由大小不同的主要色谱峰组成的“指纹”图谱，便可将特定生化标记分离。生物碱等化合物的指纹标记技术将会广泛地应用在特种植物诱变遗传资源分析鉴定中。

表 1-5 生化标记技术在植物突变遗传资源分析鉴定中的应用

诱变材料	诱变部位	诱变源	研究对象	研究内容与方法	研究者
花魔芋	球茎	^{60}Co-γ 射线	鲜芋及其幼叶	酯酶和多酚氧化酶同工酶电泳，干物质含量、葡甘聚糖含量、葡甘聚糖黏度、总生物碱含量	黄训端等 (2005)
寒菊	花瓣的愈伤组织	^{60}Co-γ 射线	辐射材料	叶绿素 a、b 及总叶绿素含量，类胡萝卜素含量，光合色素含量和光合速率，POD 同工酶	胡超等 (2003)
桑品种‘鸡桑’	休眠桑条	离子束	冬芽	聚丙烯酰胺凝胶电泳法进行 POD 同工酶分析	徐家萍等 (2002)
烟草‘沙姆逊’	干种子	He-Ne 激光	幼苗	POD 同工酶、根系活力等分析	廖映芬 (1996)
甜菜	干种子	N^+离子注入	M_1 代	含糖度，POD 同工酶	曾宪贤等 (1998)

续表

诱变材料	诱变部位	诱变源	研究对象	研究内容与方法	研究者
康乃馨	体外诱变	γ 射线，EMS 等	诱变后代	可溶性蛋白电泳分析	Singh 等 (2002)
香茅	秧苗	^{60}Co-γ 射线	M_2 代	香精油的产量和品质	Lal 等 (1998)
东方百合	不定芽	X 射线慢性辐照	辐照后组培苗	脂质过氧化及酶活性	黄海涛等 (2011)
风信子	种球	^{60}Co-γ 射线	叶片	内含物、MDA 含量、POD 酶活性及其相互关系	张成成等 (2010)
多花野牡丹	种子	^{60}Co-γ 射线	叶片	叶绿素、可溶性蛋白、可溶性糖、蔗糖、淀粉、黄酮含量、叶片表面气孔和表皮毛等	林仙淋 (2015)

4. DNA 分子标记技术

分子标记是基于 DNA 的多态性而发展起来的遗传标记。由于突变体和亲本是近等基因系，只有几个或一个基因的差别，通过不同的分子杂交技术可分离出突变基因。随着分子生物学的发展，DNA 分子标记已得到了较广泛的应用，并显示出其巨大潜力。

目前在各种植物上的应用广泛的有限制性片段长度多态性标记，随机扩增多态性 DNA，微卫星、小卫星标记等标记(表 1-6)。

表 1-6　分子标记技术在植物突变遗传资源分析鉴定中的应用

诱变材料	诱变部位	诱变源	研究对象	研究内容与方法	研究者
大麦‘浙农大 3 号’	种子	^{60}Co-γ 射线	诱变后的种胚细胞	核分离-滤膜洗脱技术研究 DNA 的单链断裂(SSB)与双链断裂(DSB)	刘晓等 (2000)
籼型三系保持系‘协青早 B’		γ 射线	水稻长穗颈高秆突变体	确定 *eui*1 (*t*) 基因的分子定位，基因的表型分析，基因的鉴定	马洪丽等 (2004)
甜菜		离子注入	早熟突变体	随机扩增多态 DNA(RAPD)分子标记进行带型统计分析	曲延英等 (2005)
小麦‘新克旱 9’	种子	^{60}Co-γ 射线	抗赤霉病突变体	RAPD 分子标记扩增与赤霉病抗性有关的片段	孙光祖等 (1999)
小麦‘濮农 3665’‘百农 3039F1’	花药培养	EMS 诱变	耐盐突变体	RAPD 分子标记验证耐盐突变体的真实性；5 个耐盐突变体为近似等位基因系	秘彩莉等 (1999)
香菇		空间诱变	农艺性状明显改变的突变菌株	RAPD 及扩增片段长度多态性(AFLP)指出 DNA 多态性，分子水平证明遗传物质变化	贾建航等 (1999)
蓝粒小麦异代换系‘蓝 58’		^{60}Co-γ 射线	蓝粒小麦‘蓝 58’及其诱变后代	基因组原位杂交技术检测染色体易位、缺失和端着丝点染色体	杨国华等 (2002)
水稻	种子	EMS	亲本和极度分蘖突变体	突变体与亲本的基因表达模式差异研究，基因表达谱差异显示分析	王永胜等 (2002)
‘粳稻 9522’		同位素诱变	白化苗突变体与籼稻杂交 F_1 后自交获得	自行开发的水稻 InDel 分子标记进行白化基因初定位	余庆波等 (2005)
玉米		太空诱变	雄性不育自交系 F_2 代	微卫星标记定位核不育基因	刘福霞等 (2005)
睡莲	成熟植株	电子束辐照	辐照后连续 3 年观察植株形态	叶和花瓣基因组 RAPD 分析	张启明等 (2015)

续表

诱变材料	诱变部位	诱变源	研究对象	研究内容与方法	研究者
兰花春剑	根状茎	^{60}Co-γ 射线	根状茎辐照后组培分化苗	变异植株简单重复序列区间扩增多态性(ISSR)分子标记	蒋彧等(2013)
石斛兰	组培苗	^{60}Co-γ 射线	辐照后组培苗嫩叶	不同剂量辐照处理的序列相关扩增多态性(SRAP)分析	任羽等(2016)

1.2.2 突变遗传资源分析鉴定的各标记技术的比较

各标记技术的应用使突变遗传资源的分析鉴定更加准确与快捷，但它们各有优缺点，特别是由于生产要求和育种目标的不同，在实际的应用中应对各标记加以适当的选择应用。

外部形态标记直观快捷，是人们最早使用的标记，但形态标记的数量有限，而且它不仅取决于遗传物质，还易受外界环境的影响，不及植物体组织器官内部解剖结构稳定，而花粉的形态特征主要由基因型控制，比植物解剖结构更少受环境影响。

染色体研究的实验条件相对简单，而且方便快捷，尤其结合分带技术可揭示出大量染色体结构的变异，细胞学标记技术受环境影响较小，但标记性状不很丰富，本身缺乏稳定性。

生化标记技术与形态性状、细胞学特征相比，标记更加丰富，受环境影响较小，能够更好地反映遗传多样性。但同工酶等标记在数量上也是有限的，它的表达经常被限制在一定发育时期和特定的组织中，极大地限制了它的广泛利用。

分子标记在数量上几乎是无限的，直接以 DNA 的形式表现，遍及整个基因组，数量众多，多态性高，能稳定遗传，不受组织类别、发育时期影响，不受环境因素影响，其鉴别不需要基因表达，不受基因显隐性影响，不受基因间的互作影响，检测迅速。在鉴定一些多基因控制的数量性状、隐性基因控制的性状等的诱变资源中，采用常规方法难以奏效，而分子标记能在短时间内准确地鉴别出来。因此逐渐应用于区别真伪突变体，定位突变体的相关基因，对不同染色体片段的功能分析提供方法等。但 DNA 分子标记投入成本较高，并且较为繁杂。

由于获取突变遗传资源的目的不同，各标记在具体应用中的重要程度也不同。如在花卉上，由于主要是为了得到花型花色花味等突变遗传资源，形态学标记便尤为重要。又如在果蔬等入口植物中，由于人们的目的是要获得所需养分，便主要使用生化标记技术(表 1-7)。

表 1-7 用于突变遗传资源分析鉴定的各标记技术的比较

内容	形态学标记技术			细胞学标记技术	生化标记技术	DNA 分子标记技术
	比较形态学标记	形态解剖学标记	孢粉学指纹标记			
性状表达时期影响	+++	++	+	++	+++	++++
显隐性表达影响	+	+++	+++	++++	++++	++++

续表

内容	形态学标记技术			细胞学标记技术	生化标记技术	DNA 分子标记技术
	比较形态学标记	形态解剖学标记	孢粉学指纹标记			
基因表达与否影响	+	+	+	+++	+	++++
基因互作影响	+	+++	+++	+++	+++	++++
诱变材料适用范围	++	+++	++++	++++	+++	++++
环境影响	+	++	+++	+++	+++	++++
标记性状丰富程度	++	++	++	++	+++	++++
投入成本	++++	+++	++	++	++	+
精准性	++	+++	++++	+++	+++	++++
繁杂程度	++++	+++	++	+	++	+

注：+越多表示该标记越优，其中++++表示最优。

1.2.3　突变遗传资源分析鉴定的各标记技术存在问题及应用前景

当形态差异明显时，形态标记具有明显的简单直观的优点，且在描述语言规范化和引入统计学方法后，精准性得到一定程度的提高。形态学标记技术是其他突变鉴定标记技术的基础，并最终会回归到形态学鉴定上来加以判断。并且随着孢粉学标记等一系列新技术的发展，形态学标记技术将会得到更广泛的应用。

细胞学标记技术在突变遗传资源中的应用主要还停留在对简单染色体制片的观察，如微核、单桥、多桥、断片等，而植物分带等技术的研究还只是在摸索阶段，应用较少。并且染色体数目、结构变异有限，染色体内部基因变化细节难以观察，对染色体形态特征相似的突变遗传资源难以分辨，染色体技术有待进一步改进。但染色体显带技术的分辨率可达到非常高的水平。G 显带技术在动物方面较为成熟，如在人类核型模式图中，从早中期到中期中途有 400～500 条 G 带，前中期有 850 条或 1250 条 G 带，前期后期有 2000 条 G 带。因此其潜力几乎是无限的。利用植物 G 显带结合原位杂交技术可以把植物基因或特定的分子标记定位于特定染色体臂的特定带区，做出与人类细胞学图一样的、能反映出基因或分子标记在染色体上真实位置的细胞学图。染色体分带技术可以揭示出大量染色体结构的变异，随着各种分带技术、染色体原位杂交技术等的发展，细胞学标记技术将会成为一个重要的分析鉴定方法。

生化标记技术较广泛地应用于突变遗传资源的分析鉴定中。同工酶不仅被用于抗旱耐盐等重要的质量性状的遗传多态性标记，还被用于一些复杂的数量性状中。但其标记的数量有限，并且每一种同工酶标记都需特殊的显色方法，某些蛋白的存在和活性具有发育和组织特异性，局限于反映基因编码区的表达信息。随着化学分析、仪器分析技术的迅速发展和广泛普及，生化标记技术将会得到广泛的应用。

有关诱变相关的分子遗传学研究，过去是以细菌和酵母为研究材料，近几年来植物方面的研究逐渐增多，并已应用在区别真伪突变体及对突变基因加以初步定位中。诱变与分子生物学相结合已应用于筛选生化突变体，并利用这些突变体克隆特异基因以研究突变的分子机理。通过诱变产生的缺失已经作为一种有用的工具进行精细遗传图谱构建，并使传统遗传图与分子标记的遗传图加以整合(Vizir et al.，1994)。

由于一种标记方法很难进行全面的分析鉴定，各种标记技术相互结合将会是一个趋势，并且已经出现了标记技术相交叉的新技术。如分子核型是分子生物学技术与传统的细胞生物学技术相结合产生的。它既有基因组成的依据，也有形态的依据。与常规的核型分析相比，具有快速、安全、经济、灵敏度高、特异性强，并且不受染色体大小影响的特点，识别水平显著提高。积极创造和应用新技术，将会更有效地获得有价值的突变遗传资源，造福于人类。

1.3 观赏植物组培与辐射结合育种研究进展

电离辐射与离体培养结合育种方式以其独特的优势，受到广大育种工作者的青睐，从20世纪80年代就已应用到小麦、甘蔗等农作物的育种工作中，在观赏植物中的广泛应用开始于20世纪90年代末，至今已经成功培育出许多优良的种质资源，其中在菊花种质资源创新方面的成就更是令人瞩目。本节以前人的试验方式与结果为依据，探讨组培与辐射相结合的两种方式及其特点，以及影响辐射敏感性和辐射效果的多种因素。

1.3.1 组培与辐射诱变结合育种优点

(1)可以节约人力和物力，短时间内得到大量群体，扩大选择范围。

(2)常规育种中，嵌合是发现和筛选突变体的主要障碍，而离体技术可克服这一难题，有效地克服“二倍体选择”，提高突变细胞的显现率；减少嵌合突变体产生的频率。能使诱变、选择、快繁同时进行，使诱变技术更为有效。

(3)离体组织对辐射的敏感性高，可以大大提高突变频率，扩大变异幅度和变异范围，加速变异稳定，缩短育种周期。

(4)组织培养阶段既可改变遗传重组事件的频率，也可改变其分布，有异于常规育种和诱变育种，即有可能产生崭新的变异。因此组培与辐射两种不同变异来源的复合效应有望育成新型种质资源。

(5)应用组培技术已经基本实现了在细胞水平进行抗性育种的定向选择。组培与辐射结合的复合育种体系有望实现单细胞的定向诱变。

1.3.2 电离辐射诱变育种结合离体培养的方式及特点

通过分析电离辐射诱变育种结合离体培养的方式及特点，核诱变技术与离体培养相结合的育种方式大致可以分为两大类：第一类，先离体培养(组培)后辐射，即以离体培养物为辐射材料；第二类，先辐射后组培，即诱变处理植物的某一部分，再从辐射材料中直接或间接获得外植体离体培养。

1. 先组培后辐射

以离体培养物为辐射材料，取材广泛，愈伤组织、不定芽、悬浮细胞、原生质体等离体培养物都是良好的辐射材料。基本技术路线：外植体—组培（二次组培）—辐射—继代—分化、生根—移栽。

以愈伤组织为辐射材料的育种方式在观赏植物育种中的应用，如表 1-8 所示。王彭伟和李鸿渐（1996）利用 ^{60}Co-γ 射线辐射由菊花叶柄诱导的愈伤组织，发现再生植株中花、叶性状的一般变异率为 5%左右，并利用突变体选育出 11 个新品种已在切花生产中应用。姜长阳等（2002）利用 γ 射线 2.475×10^{-10}C/kg 辐射玉兰由茎尖生长点诱导的愈伤组织，并从再生植株中选育出具有一年两次开花、生长速度快而旺盛、抗逆性强等多种优良性状的玉兰新品系。

表 1-8　以愈伤组织为辐射材料的诱变育种

种类	外植体	辐照组织	辐照方法	研究结果	研究者
小花型夏菊	花基部	愈伤组织	^{60}Co-γ 射线，0～20Gy，1Gy/min	在组织培养辐射育种中，基因型的选择极为关键，只有选择合适的基因型，才能获得较大规模的处理后代，提高辐射育种效果	陈发棣等(2003)
寒菊	花瓣	愈伤组织	^{60}Co-γ 射线，10～30Gy	辐射变异后代的性状发生明显变化，获得变异后代经过不同辐射剂量处理获得的变异菊花在 DNA 水平上存在多态性差异	洪亚辉等(2003)
菊花		愈伤组织	^{60}Co-γ 射线，0.8～1.6krad	在 0.4～1.6krad 范围内，花变异率随剂量的增大而提高，1.6krad 组的花变异率高达 63.6%，明显高于辐照枝条、植株和根芽的诱变率	郭安熙等(1997)
菊花	花瓣	愈伤组织	^{60}Co-γ 射线，10～35Gy	菊花性状和染色体发生明显变异。10～25Gy 均有突变体出现，分别为花型、花色、花期变异株	洪亚辉等(2003)
菊花	组培植株叶柄	愈伤组织	^{60}Co-γ 射线，8～15Gy	花性、花色、花期及叶的性状的一般变异率在 5% 左右，利用突变体选育出 11 个新品种已在鲜切花生产中应用	王彭伟(1996)
向日葵	无菌苗茎段	愈伤组织	^{60}Co-γ 射线，5～20Gy，0.95Gy/min	发现在所选定的范围内辐射对愈伤组织对生长都只有促进作用。高剂量（1000～2000R）辐射延缓褐变	阎洁坤(1990)
玉兰	茎尖生长点	愈伤组织	γ 射线，1.237×10^{-10}～12.37×10^{-10}C/kg	用 2.475×10^{-10}C/kg 处理愈伤组织，能分化出多种变异型，对玉兰的愈伤组织进行辐射诱变为宜。选育出玉兰新品系	姜长阳等(2002)
安祖花	叶片	愈伤组织	^{60}Co-γ 射线，5～90Gy	品种 H1 的半致死剂量约为 24Gy，品种 H2 的半致死剂量约为 36Gy	闫茂林(2011)

从表 1-8 可以看出，不同外植体诱导的愈伤组织的辐射敏感性也存在较大的差异。关于菊花愈伤组织辐射的研究表明，花瓣、花基部的愈伤组织最适辐射剂量最高，为 10～30Gy；而叶片、叶柄愈伤组织的辐射剂量为 4～16Gy；幼胚愈伤组织辐射剂量只有 10Gy 左右。这种差异在小麦的愈伤组织辐射中也有同样的结论，小麦未成熟胚、幼胚的愈伤组织的适宜辐射范围为 10～12Gy；而花药、幼穗外植体辐射最适剂量约为 15Gy。

不定芽辐射研究，Wang 等（2001）利用 γ 射线辐射香石竹不定芽分别筛选出耐 NaCl 浓度 0.5%、0.7%、1%的变异株系。蒋丽娟等（2003）利用 ^{60}Co-γ 射线辐照绿玉树的丛芽块，筛选出抗羟脯氨酸(HYP)突变体小苗，并确定15kR为绿玉树丛芽辐射诱变比较适宜的剂量。不同植物种类离体培养材料的辐射敏感性有一定差异，一般来说，以γ射线为诱变源，不定芽或组培苗的适宜辐射剂量为20～50Gy，愈伤组织的适宜辐射剂量为10～30Gy(表1-9)。

表1-9 以其他离体培养物为辐射材料诱变育种

植物	外植体	辐射材料	诱变源及剂量	结果	研究者
香石竹	叶片	不定芽	γ射线	分别筛选出耐NaCl浓度0.5%、0.7%、1%的变种	Wang (2001)
香石竹		离体培养物	γ射线，5~50Gy	在≥30Gy的处理中发现花色突变体，暗红突变体50Gy处理中占4.44%	Singh (1999)
口红花	叶片	幼芽	γ射线，25～45Gy，1.72Gy/min	辐射总剂量为40～45Gy较佳，变异率可达5%～6%	郑维鹏等 (1999)
杜鹃	叶片	不定芽	^{60}Co-γ射线	得到了耐0.5%、0.7%和1% NaCl的变异株系	王长泉和宋恒(2003)
绿玉树		无菌丛芽块	^{60}Co-γ射线，10～25kR	筛选出抗HYP突变体小苗，15kR为绿玉树丛芽辐射诱变比较适宜的剂量	蒋丽娟等 (2003)
菊花		离体培养苗	电子束，30～70Gy	适宜剂量为30～50Gy，不同花色品种变异率有较大差异	林祖军等 (2000)
菊花	花瓣、花蕾	试管苗	^{60}Co-γ射线，3000～4000R为宜	至6000R时，移栽苗无成活，辐射对试管苗生根培养有显著影响，故以先行生根培养处理为宜，或对试管苗基部进行铅屏保护	王海燕等 (2003)
菊花	伞状花序小花	多发苗	γ射线，10～14Gy	诱变组植株中的花特异性变异比未诱变组更多，且新花色(淡黄)仅在诱变组获得	Lamseejan (2000)
春兰	种子、茎尖	原球茎	紫外线	出现部分植株变矮，叶片增宽增厚，少数叶片出现艺兰的形状	林芬 (1997)
丰花月季	叶片	组培苗	^{60}Co-γ射线	确定了月季组培苗的适宜辐射剂量为50～110Gy，M_1代的性状变异早期主要表现在叶型、株型、抗病性上；辐射后月季再生苗的基因组变异程度与辐射剂量成正相关	王磊 (2007)
蝴蝶兰	花梗腋芽	丛生芽		随着辐射剂量的加大丛生芽萌发时间稍有推迟，新植株长势较对照材料弱小；组培苗叶片g-DNA与诱变苗g-DNA进行RAPD聚类分析	马丽娅 (2011)

2. 先辐射后组培方法

第二类处理方法指的是诱变处理植物的某一部分，再从诱变材料中直接或间接获得外植体组培。基本技术路线：材料—辐射—取外植体(或外植体接种后马上辐射)—诱导—继代—分化、生根—移栽；材料—辐射—种植(当代或几代)—突变嵌合体或其他外植体—诱导—分化、生根—移栽。

相对来说这种处理方法辐射材料的种类要比第一类多，因为离体培养物的种类毕竟有限，而据植物细胞全能性理论，植物的任何组织、器官均可以作为外植体进行组培，如植物的球茎、根、茎、叶、花、芽、胚以及实生苗、幼苗、组培苗、试管苗等等都可以作为辐射材料然后直接取外植体进行组培；另外以种子或营养繁殖体等作为辐射材料，再以间接方式从辐射当代或后代的实生苗、幼苗、组培苗、试管苗中获得各种类型的外植体进行组培。

从表 1-10 看，直接从诱变材料中获得外植体组培：Kasumi(2001)用 γ 射线辐射唐菖蒲小球茎后组培，研究表明以愈伤形成率和体细胞胚发生率为标准的 LD_{50} 为 100～200Gy，辐射与组培结合使花色突变体的频率增加，导致深色花和形态突变体出现。间接从诱变材料中获得外植体组培：Chu 等(2000)用 γ 射线辐射五彩芋块茎，然后以块茎长出的叶片为外植体，并将叶片按长出的先后顺序分类，结果显示最先长出的叶片的突变率相对较高。也许是受到损伤的细胞更急于修复自己的创伤，加速分裂，因此最先长出的叶片的突变率相对较高。据此推测材料辐射后作为外植体组培更容易得到突变株，需进一步研究论证。

表 1-10　从诱变材料中获得外植体组培

分类	植物	外植体	辐射材料	诱变源及剂量	结果	研究者
直接从诱变材料中获得外植体	唐菖蒲	小球茎	小球茎	γ 射线，10Gy/h，100~200Gy	辐射与组培结合使花色突变体的频率增加，导致深色花和形态突变体出现	Kasumi 等(2001)
	喜林芋	离体繁殖芽的茎节	茎节	γ 射线，20～40Gy	仅在‘Red Princess’品种中观察到形态变种	Chen 等(1999)
	香茅	休眠营养芽	休眠营养芽	γ 射线	5 个诱变克隆显示出在必需脂肪酸质量或数量方面的变异	Kak 等(2000)
间接从诱变材料中获得外植体	五彩芋	块茎	叶片	γ 射线，15Gy	来自块茎最先长出的叶片的突变率高。辐射与叶片组培结合可成功增加五彩芋的突变率	Chu 等(2000)
	菊花	花梗叶片花瓣	花梗叶片花瓣	8～10Gy	获得突变体的数量以花梗外植体为最多，其突变率达 21%	Broteijes 等(1976)
	菊花	生根的插条	嵌合突变体	γ 射线，1.5～2.5Gy	再生植株生长旺盛，花色/花型与母本一致，可无性繁殖保留	Datta 等(2001)
	菊花	生根插条	嵌合黄色花	γ 射线，1.0～2.0kR	再生植株的花色与外植体的相同	Dwivedi 等(2000)
	菊花	生根插条	嵌合体的突变组织	γ 射线	叶片带有叶绿素彩斑和 2 个新花色(浅紫和白色)突变株纯化率分别为 64%和 100%	Mandal 等(2000)
	菊花	生根插条	突变黄色小花	γ 射线	再生苗的花色与其外植体相同，分离的黄色突变体无性繁殖保留	Mandal 等(2000)

从表 1-10 可以看出，与直接从诱变材料中获得外植体组培相比较，间接从诱变材料中获得外植体组培的方法有时具有较强的针对性，比如像嵌合突变体的分离等，因而组培育种成功率相对较高。但相对直接从诱变材料中获得外植体组培的方法来说要花费相当多的时间、物力和财力去培养辐射材料。总体看来，直接从诱变材料中获得外植体组培的处理方法的前景更为广阔，但对于大多数种类植物来说，这种辐射与组培相结合的处理方法还处在对于辐射源、适宜辐射剂量、最佳外植体等的摸索阶段。

1.3.3　诱变育种与组织培养结合应用前景

在植物营养繁殖尤其是观赏植物育种中，诱变育种与组织培养结合的复合育种方式是一种很有发展前景的领域。

(1)新诱变源的开发和应用。目前辐射育种与组培技术相结合的育种方式普遍应用γ射线作为诱变源，而对于近些年新发展起来的新兴诱变源，如离子注入、激光、电子束等应用极少。日本学者用碳离子束 $^{12}C^{2+}$和γ射线照射花瓣和叶片的培养物，结果离子束获得了以前用γ射线照射不能获得的独特的突变体(徐刚，2001)。可见不同诱变源的使用会带来不同的诱变效果，因此在今后的试验中应注重新兴诱变源的应用。

(2)组合方式的选择。组培与辐射结合的复合育种方式，比常规辐射育种方式更灵活，两种不同的结合方式与不同外植体类型及诱导不同培养物类型相结合可以使组合方式更加多样。据目前研究看，不同植物组培辐射育种的最佳组合方式有一定差异，对小麦等种子繁殖植物，倾向于利用幼胚诱导愈伤组织与两类辐射方式结合育种；而对于菊花等营养繁殖植物，倾向于利用营养器官诱导不定芽与两类辐射方式结合育种。

(3)选择适宜的离体诱变材料及其来源。先组培后辐射方法中，以离体培养材料作为诱变材料，在离体培养物种类中以愈伤组织的应用最为广泛，其次是离体芽、试管苗。而对辐射最敏感的悬浮细胞、原生质体等应用的报道鲜见。王玉萍等(2005)用0～100Gy碳离子束和0～200Gy氮离子束分别照射甘薯胚性悬浮细胞团，碳和氮离子束辐射胚性细胞团适宜剂量分别为30～50Gy和50～70Gy，并获得了一批叶形、薯皮色等的突变体。因此应该尝试多种离体培养材料，比较辐射效果，选出适宜某种植物辐射育种的最佳离体诱变材料；另外，在某一植物中，来源于不同外植体的相同离体培养物的辐射敏感性也有差异。菊花愈伤组织辐射研究中，以花瓣为外植体的适宜辐射剂量要高于以叶片为外植体的适宜辐射剂量(徐刚，2001)。

(4)辐射后组培外植体类型的选择。在先辐射后组培的结合方法中，外植体来源不同辐射效果差异很大，如：在菊花开花苗急性照射处理中，花瓣外植体再生植株花色突变率高于花蕾和叶片外植体再生的植株的花色突变率(徐刚，2001)。Broteijes等(1976)分别以花梗、叶片、花瓣为外植体，以花梗外植体获得突变体的数量为最多，其突变率达21%。

近几年组培辐射育种方式在观赏植物育种中的应用有逐渐增加的趋势。花卉主要以观赏性状为育种目标，且多数以无性繁殖方法为主，诱变与离体培养相结合育种技术的应用将会给花卉市场带来新的生机。

1.4 植物理化复合诱变育种技术研究进展

至今用于诱发植物遗传变异的物理因素主要包括γ射线、X射线、中子、β射线、紫外线、激光、离子注入、空间环境等，其中γ射线是应用最为广泛，也最为有效的诱变源；激光、离子注入、空间环境诱变则是近年来发展起来的新的诱变技术。化学诱变剂主要包括烷化剂类［主要有EMS、硫酸二乙酯(DES)、N-亚硝基-N-乙基脲烷(NEU)、乙烯亚胺(EI)、NMU、亚硝基乙基脲(NEH)等］、核酸碱基类似物［5-溴尿嘧啶(5-BU)、2-氨基嘌呤(2-AP)等］、吖啶类(吖啶橙等)、无机类化合物(H_2O_2、NaN_3、NH_2OH、HNO_2等)、抗生素类(抗生素、链霉素、平阳霉素等)、生物碱(秋水仙碱等)几类，但其中以石蜡油-EMS应用最广泛。纵观植物诱变育种历史，单纯利用某一种物理或化学诱变剂进行诱变处理是最为盛行的方式，但也有许多利用理化复合诱变技术进行植物诱变育种的实践，丰富了植物诱变育种技术，并取得较大的成绩，虽然多数已有报道都主要是在农作物中应用，但其方法和技术也可借鉴用于花卉诱变育种。现将近年来世界范围内植物复合诱变育种研究做如下综述。

1.4.1　复合诱变育种概念和类型

狭义来说，复合诱变育种是指在一个植物育种项目内，同时利用两种或两种以上的物理、化学因子或不同理化因子共同处理植物材料进行诱变育种的技术。在利用两种或两种以上理化因子进行诱变育种时，其目的是为了进一步提高诱变频率，扩大诱变谱。因此两种因子中必然有一种为诱变剂，另一种或依然为加强诱变效果的诱变剂，或为减轻辐射损伤的辐射保护剂，或为本身没有诱变效果，但能促进其他诱变剂作用的敏化剂。广义来说，复合诱变也可包括诱变育种技术与其他育种技术如杂交育种、选择育种、分子育种等结合使用的情况。但理化复合诱变应指其狭义的概念，它主要包括以下类型。

(1) 重复处理——利用同种物理或化学因子重复处理植物材料进行诱变。顾佳清等(2005)用 0.5% EMS 处理粳稻品种‘中花 11’种子，再经 0.5%和 0.7% EMS 溶液复合处理，发生的突变率为 12.4%，诱变效果优于一次性处理。

(2) 同类型处理——利用不同的物理或化学因素处理植物材料进行诱变，但仅利用物理因素或化学因素，而不是两者的结合。吴关庭等(1997)将经空间诱变的水稻种子进行愈伤组织诱导，并将诱导的愈伤组织用 40Gy ^{137}Cs-γ 射线辐照，其绿点分化率与绿苗分化率大大下降，试验证实二种诱变因素能使 M_2 代变异谱扩大、变异频率提高，同时也导致 M_1 代生理损伤加重。部分植物通过该种类型处理的适宜方法和技术见表 1-11。

表 1-11　同类型处理部分植物材料进行诱变技术

植物种类	处理植物部位	处理方法和剂量	处理结果	研究者
籼稻	种子+愈伤组织	空间诱变+^{137}Cs-γ 射线 100～300Gy	空间诱变种子的愈伤组织经辐照处理后，绿点分化率和绿苗分化率下降，M_2 的叶绿素缺失、株高及抽穗期突变频率超过空间诱变与离体诱变单独处理之和	吴关庭等(1997)
籼稻	干种子	γ 射线 288Gy+Ar^+激光 80J/cm^2，功率 20～60mW；或远红外激光，输出电压 2～9V，30～60min	两种激光对当代的几个性状均表现为刺激效应，有减轻 γ 射线辐射损伤的作用，复合处理 M_2 代的变异频率和变异类型明显高于相应的单一处理，先后育成 2 个新品种和 1 个矮秆突变体	庞伯良和万贤国(1998)
花生	干种子	激光 425～2160mJ+γ 射线 150～350Gy	激光 720mJ+γ 射线 250Gy 和激光 2160mJ+γ 射线 350Gy 处理效果最好，育成 2 个品系	邱庆树等(1999)
玉米	种子	γ 射线 280Gy+微波 780Hz，功率 1mW，30min	微波对 γ 射线造成的 M_1 损伤具有修复作用，M_2 优株入选率明显高于 γ 射线单独处理	单成钢等(1997)
落花生	种子	γ 射线 200Gy+快中子 15Gy	M_1 众多经济性状发生变异，至 M_9 选出 8 个优良突变系	Busolo 等(1986)
小麦	种子	γ 射线 288Gy+Ar^+激光	复合处理后代的变异大于 γ 射线合激光单一处理	李成佐等(1999)

续表

植物种类	处理植物部位	处理方法和剂量	处理结果	研究者
晚香玉	块茎	功率 20～60mW 或磁场有减轻 γ 射线辐射损伤的作用，γ 射线 5～20Gy+快中子 2.84Gy	复合处理产生的突变体不如快中子辐射产生的多	Abraham 和 Desai(1976)
莲	种子	空间处理+离子注入 P^+、C^+、N^+，3×10^{11}～$3\times10^{12}/cm^2$	获得由常规育种方法少见的诸多经济性状变异后代	谢克强等(2004)

(3)理化复合处理——利用两种或两种以上物理、化学因子依不同处理顺序处理植物材料进行诱变。这是应用最普遍的类型。其中最常用的方式为先辐照植物种子，然后用含有化学诱变剂的溶液浸泡。该种方式被称为复合诱变的"标准型"。其中又以 γ 射线+EMS 复合处理为最常用的组合方式。此外也有 γ 射线+EB、γ 射线+NaN_3、γ 射线+EI、γ 射线+NMU、γ 射线+水杨酸(SA)、γ 射线+甲基亚硝基脲(MNU)、γ 射线+NEU、γ 射线+DES、γ 射线+秋水仙、γ 射线+乙烯利、γ 射线+平阳霉素、γ 射线+硼，以及快中子+EMS、快中子+EB、快中子+EI、快中子+DES、快中子+NMU、快中子+乙酰基亚硝基脲(MNU)、快中子+NEU、热中子+硼、磁场+MNU 等方式。熊大胜等(2001)用 γ 射线及 EMS 诱变三叶木通种芽，发现二者复合处理能产生早实变异，童期 13 个月，比对照缩短 12 个月以上；也能产生早熟变异，比对照缩短 2 个月以上。部分植物通过该种类型处理的适宜方法和技术见表 1-12。

表 1-12 理化复合处理植物材料技术

植物种类	处理植物部位	处理方法和剂量	处理结果	研究者
小麦	种子	①γ 射线 150～350Gy+EMS 0.5%～1.5%；②γ 射线 150～350Gy+平阳霉素 0.125～0.5mg/kg	M_2 不同程度地存在生理损伤，它与 M_1 生理损伤无显著相关	徐海斌和柳学余(1998)
罂粟	种子	γ 射线 40～60Gy+EMS 0.4%	获得 8 个高产微突变体和 3 个大突变体	Patra 等(1998)
荞麦	种子	γ 射线 50～400Gy+EMS 20mmol/L	提高花粉败育率	Mittal 等(2000)
棉花	种子	γ 射线 150～200Gy+EMS 0.2%	能提高后代群体的平均纤维长度和强度	Deskmukh 等(2000)
'Rajmash'	种子	γ 射线 50Gy+EMS 20mmol/L	比单一处理诱变效果好	Gautam 和 Mittal(1998)
'Urdbean'	种子	γ 射线 100～400Gy+EMS 0.02%	复合处理比单一处理突变频率高，突变谱更宽	Singh 等(1999)
芥子	种子	γ 射线 100～500Gy+EMS 0.2%～1.2%	复合处理比单一处理更能诱发花粉变异	Arun 等(1998)
大豆	种子	γ 射线 250～2000Gy+EMS 0.3%～0.6%	群体出现经济性状分离，一些为有利，一些为不利	Rathod 等(2002)
'Blackgram'	种子	γ 射线 50～400Gy+EMS 20mmol/L	获得 10 个大突变体和 4 个微突变体	Gautam 和 Mittal(1998)
大麦	种子	γ 射线 100～300Gy+EMS 0.5%	M_1 减少萌芽率、成活率、苗高，增加苗期伤害	Arumugam 等(1997)

续表

植物种类	处理植物部位	处理方法和剂量	处理结果	研究者
‘Cowpea’	种子	γ射线 50Gy+EMS 0.25%	M_4 具抗锈病的植株百分比高	Saber 和 Hussein(1998)
‘Fababean’	种子	γ射线 100Gy+EMS 0.1%	明显降低种子酚的含量	Kumari 和 Srivastava (1996)
鹰嘴豆	种子	γ射线 300Gy+EMS 0.1%	获得对根结线虫抗性最好、产量最高的突变体	Bhatnagar 等 (1988)
晚香玉	种子	①γ射线 100～1000Gy+EMS 1%；②快中子 20Gy+EMS 1%	M_2 获得 25 个可存活突变体，重果型突变体产量突出	Abraham (1976)
水稻	种子	γ射线 150～300Gy+NaN_3 2.0mol/L	M_1 育性恢复突变体的突变率增高；NaN_3 二次处理可以加强辐射处理效果	张再君等 (2000)
‘Isabgol’	种子	γ射线 150～1000Gy+EB 0.2%	M_2 获得花形状和大小变异突变体	Lal 和 Sharma (2000)
唐菖蒲	种子	γ射线 150～350Gy+DES 0.5%	比单一处理更易诱导花粉和种子败育及降低成活率	Kumar (2002)
香茅	种子	γ射线 150～350Gy+EB 0.2%	诱变后代经济性状出现分离	Lal (1998)
葫芦巴	种子	γ射线 150～350Gy+EMS 0.45%～0.8%+SA 0.8～2.5mmol/L	M_2 获得单株产量和株高具有高的遗传力的突变体	Koli (2002)
水稻	种子	γ射线 100～300Gy+SA 0.5～5mmol/L	复合处理比单一处理更具破坏性，特别是对苗高和 M_1 花的育性	Ando (2001)
蔷薇花‘Roseus’	种子	γ射线 50～100Gy+NMU 0.25%～0.5%	单一处理比复合处理更有效	Bhattcharjee (1998)
水稻	种子	γ射线 100～200Gy+SA 0.5mmol/L	复合诱变的杆长产生更大的变异，但不能提高至开花日数和分蘖数的变异	Montalvan 和 Ando(1998)
冬黑麦	种子	快中子 40Gy+ENU 0.04%	获得具有短而坚硬杆及长穗突变体	Muszynski (1988)
棉花	种子	中子 4×10^{11} 个+NEU 0.05%～0.07%	复合处理有更宽的突变谱	Kuliev 等 (1981)
豌豆	种子	①γ射线 150Gy+ NMU 0.01%；②γ射线 150Gy+ EMS 0.2%	处理①产生超加性突变频率；处理②复合处理的突变率主要与 EMS 浓度相关	Mehandjiev 等 (2001)
八宝景天	种子	γ射线 30～300Gy+ EMS 0.1%～1%	EMS 处理半致死浓度为 0.7%；γ射线处理半致死剂量为 70Gy	李洲 (2014)
黄麻	种子	γ射线 6kGy+ EMS 2.0%	EMS 主要导致叶片卷曲，辐照主要导致叶片分叉	温岚等 (2014)

(4)辐射强效处理——物理、化学因素处理植物材料的先后用辐射敏化剂或辐射保护剂进行处理，从而提高诱变效率。辐射敏化剂主要指能阻止 DNA 修复的修复抑制剂，如咖啡因、乙二胺四乙酸(EDTA)、博来霉素、溴化乙啶、硼等；辐射保护剂主要指能减轻辐射损伤的化学药剂，如半胱氨酸、吲哚乙酸、赤霉素、激动素、乙烯、芥子碱、对苯二酚等，以及部分物理因子，如微波、激光、磁场等，但辐射保护剂在处理浓度或剂量不同时对辐射也有不同的作用。李梦等(2010)利用咖啡因、苯甲酰胺与 ^{137}Cs-γ 射线复合处理

大豆后认为三者复合处理明显增强 M_1 代损伤效应，并明显提高 M_2 代的突变频率。通过 ^{3}H-Tdr 掺入试验进一步证实，咖啡因能抑制辐射损伤的修复，因而加重了 M_1 代损伤。部分植物通过该种类型处理的适宜方法和技术见表 1-13。

表 1-13 辐射强效处理部分植物技术

植物种类	处理植物部位	处理方法和剂量	处理结果	作者(年份)
番木瓜	种子	γ 射线 10～40Gy+赤霉素(GA)10～50mg/L	GA_3 能减轻辐射损伤	黄建昌和肖艳(2003)
小麦	种子	γ 射线 200～400Gy+GA 2000～4000ppm	育成矮秆抗倒、抗条锈病的新品种‘西辐 9 号’	贾林贵等(1999)
辣椒	种子	γ 射线 30～110Gy+HNO_2 0.05mol/L	M_1 代的损伤效应随复合处理剂量的增加而增大；发芽势、根长表现累加效应，成株率表现协合效应。	琚淑敏等(2003)
大麦	种子	①快中子 5Gy+三磷酸腺苷(ATP) 0.01%；②快中子 5Gy+半胱氨酸 0.01%	处理①有效减少中子诱导的 M_2 遗传变异；处理②效果较差	Dishler 等(1971)
牡丹	种子	γ 射线 8.76～87.6Gy+GA 200mg/L	GA 的辐射防护作用使牡丹种子的最佳辐射剂量变大	李玲(2014)

1.4.2 复合诱变育种研究特点及趋势

(1) 至今理化复合诱变主要用于经济价值高、种子繁殖为主的经济作物，特别是禾谷类及豆类，处理的对象也主要是种子、花粉、枝条及植物离体培养产生的愈伤组织等，但以处理种子最为常见。处理种子又包括休眠的干种子和萌动种子。而干种子用于诱变有许多优点，如适于长距离运输；操作方便，可以大量处理；处理后可在较长时间内持续保持诱变效应；可通过改变材料的内外环境条件提高诱变频率。萌动种子也可用于诱变，较干种子辐射敏感性增强，诱变效率提高。此外理化复合诱变与离体培养相结合的进行也是越来越明显的发展趋势。

(2) 理化复合处理植物材料获得的突变体种类繁多，但以叶绿素缺失体最为常见。也有部分植物从诱变后代中选出经济性状优良的株系，育成了新品种。

(3) 由于物理诱变和化学诱变有各自的特异性，这就为利用理化复合诱变技术提高诱变效果奠定了基础。物理诱变和化学诱变的特点见表 1-14。

表 1-14 物理诱变和化学诱变的特点比较

项目	物理诱变	化学诱变
穿透性	具有较强的穿透力	穿透性差
遗传变异特点	出现较多染色体结构变异	能诱发更多的基因点突变
对植物的伤害程度	较多地破坏染色体	较少地破坏染色体
作用位点	造成染色体断裂是随机分布的	有一定专一性
处理成本	需一定的专门设施，成本较高	使用方便，成本低
突变谱	不同于化学诱变	不同于物理诱变
试验重演性	试验重演性较高	试验重演性较低
试验安全性	试验安全性较高	许多化学试剂可致癌，防护较难

为提高诱变育种效果，特别是提高变异率及扩大变异谱，最典型的是在应用 γ 射线、中子等处理之后，再用化学诱变剂处理，由于射线改变了生物膜的完整性和渗透性，从而有助于化学诱变剂的吸收。理论上理化复合诱变结合能发挥各自的特性并起到相互配合、相互促进的作用，即理化复合诱变能产生单纯物理、化学诱变所不能达到的效果，也包括两种单纯物理、化学诱变之和所不能达到的效果，理想的效果包括更快地获得有益突变，工作量更少及不降低植物材料的成活率和可育性。已有许多试验证明，适宜的复合诱变及其剂量组合具有明显的累加效应或超累加效应(协合效应)。Patra 等(1998)用 50Gy γ 射线+0.2% EMS 处理罂粟种子，其诱变效果是单纯用 150Gy γ 射线处理的 20 倍，是单用 0.4% EMS 处理的 4 倍。但也有试验表明某些复合诱变效果尚不如单一诱变因素处理。Bhattacharjee 等(1998)用 50～100Gy γ 射线、0.25%～0.5% EMS 和 NMU 处理'Roseus'干种子，研究 M_2 代突变频率后认为，化学诱变剂比 γ 射线处理更有效，它们单独应用比复合应用效果更好，但在剂量与诱变效果间未发现明显的关系。其机理尚不明确，但肯定与诱变材料的选择，诱变源、剂量的组合，诱变处理的先后顺序、处理条件及处理方法等有密切关系。

(4) 不同植物种类、或相同植物种类的不同组织或器官与单一因素诱变一样对复合诱变的敏感性不同。琚淑敏等(2003)以 γ 射线与 HNO_2 复合处理三个品种的辣椒种子后认为从 M_2 代叶绿素缺失、开花期、株高、单株果数和侧枝数等突变频率看，品种'2034'敏感性最强，其次为品种'2032'，品种'2017'最不敏感。Arumugam 等(1997)以 γ 射线与 EMS 复合处理大麦种子，得出类型 SMV-2HK-168 对复合处理更敏感。但也有试验表明，不同植物类型对单一处理和复合处理的敏感性不同。Arun 等(1998)以 γ 射线和 EMS 单独或复合处理花椰菜两个品种的种子，认为 BR40 对 γ 射线辐射更敏感，而'Varna'对复合处理更敏感。

1.4.3　复合诱变育种存在问题及建议

理化因素复合处理提高诱变效率早在 20 世纪 40 年代就开始研究，但时至今日仍然存在诸多问题。

(1) 处理植物种类和处理材料局限性。复合诱变处理还主要应用于经济价值高、种子繁殖为主的经济作物。对其他以营养器官繁殖为主的果树、茶叶、观赏植物等类型由于处理材料相对较大、处理因素深入作用到细胞核内较难等原因在处理技术和方法上还没有大的突破，使复合处理的应用范围严重受限。

(2) 机理研究不足。不同诱变因素的各种组合方式及适宜剂量对不同植物的生物学效应研究较多，但多集中在对经济性状的形态学研究，对复合处理对植物细胞水平、分子水平的影响、对数量性状微突变的诱变效应及复合诱变机理研究极少。

(3) 辐射敏化剂和保护剂的研究和利用还不够，种类及与辐射的组合方式和剂量(浓度)尚需进一步深入研究。

(4) 处理剂量组合少，难以分析复合处理的剂量效应与互作效应。因此建议在今后植物复合诱变育种研究中要针对营养繁殖植物研究应用复合诱变育种的技术体系；加强对复合诱变机理的研究，特别是应用现代生物技术深入分子水平的研究；进一步探索寻找和扩大辐射敏化剂和保护剂的种类和应用范围，使复合诱变处理的作用得到进一步的发挥。

1.5 观赏植物电离辐射诱变育种存在问题及发展展望

从观赏植物电离辐射诱变育种发展现状可知，我国虽然在诱变育种上取得了一定成绩，但整个研究发展水平仍然滞后于其他农作物的诱变育种。主要表现在以下方面。

(1) 对辐照后观赏植物生物学效应研究主要侧重于分析研究照射后植物的发芽率、成活率、生长量、目标性状变异情况等，而探索适宜的照射剂量及辐射敏感性，深入探讨辐照后植物形态解剖、生理生化、分子水平，以及对损伤生理、诱变机理等研究报道极少。仅见林芬等(1997)用紫外光照射春兰原球茎后进行了原球茎超微结构变化的研究；国外Jackson(1987)等对百合、矮牵牛花粉辐照后DNA单链断裂方式、修复体系等分子机理的研究；陆长旬等(2002)以 ^{60}Co-γ 射线辐照亚洲百合鳞茎对当代植株花粉母细胞减数分裂和花粉育性进行了镜检分析，发现其染色体数目和结构发生了变异。

(2) 利用电离辐射诱变育种的观赏植物种类有限，主要集中在菊花、月季、梅花、水仙等我国名花及部分草坪植物，对多数花草、观叶植物等种类尚未开展诱变育种研究工作。

(3) 应用电离辐射的研究手段较为有限。目前我国观赏植物育种应用的辐射诱变源仍然以 ^{60}Co-γ 射线为主，电子束、中子、紫外光应用较少。而对新的诱变手段，如低能重离子注入、激光等在观赏植物上应用报道较少。而我国激光诱变育种从1972年四川大学生物系率先进行油菜育种研究开始，之后相继育成油菜、番茄、黄瓜、菜豆、蚕豆等新品种(郝丽珍等，2002)。20世纪80年代中期中国科学院等离子体物理研究所率先开展了离子注入生物学研究，目前离子注入已成功地应用于水稻、棉花、小麦、大豆、番茄、微生物、家蚕等遗传改良，并在植物转基因及远缘杂交上得到应用(陈慧选等，1998)。国外也有利用碳离子注入及电子束处理对烟草根尖细胞染色体畸变情况的研究(Kazuhiko，2001)。

(4) 诱变育种与其他育种方法结合较差，模式单一。目前观赏植物辐射诱变育种主要开展了与组织培养方法相结合的复合育种方法，郭安熙等(1997)提出了菊花无性繁殖的“辐射诱变与组织培养复合育种技术路线”，应用组培方法对枝间嵌合变异和花瓣嵌合变异进行分离纯化，并以叶片经组培诱导愈伤组织，直接对愈伤组织进行辐照诱变(Kazuhiko et al.，2001)；吴楚彬(1997)等也以花叶芋的胚状体在培养基中进行 ^{60}Co-γ 射线辐射处理；林祖军等以电子束辐照菊花组培苗进行诱变育种研究(林祖军等，2000)；林芬等(1997)以春兰种子和茎尖为外植体进行组织培养，形成原球茎后用紫外光进行人工诱变。而在农作物上应用较多的“辐射诱变+杂交选育”“辐射诱变+远缘杂交”“辐射诱变+杂种优势利用”等组合育种技术在观赏植物上应用较少见。

针对观赏植物诱变育种存在问题，应继续发挥诱变育种的创新优势，并与现代育种新技术相结合，广泛深入地开展研究，使其在以下几方面具有更广阔的发展前景。

(1) 进一步深入研究观赏植物诱变育种的生物学效应，加强细胞水平、分子水平的研究，深入探讨诱变育种机理，进一步提高诱变效率，扩大变异谱，提高诱变育种效率，特别要重视和加强极有希望成为定向诱变育种技术的低能重离子注入技术在观赏植物上的应用研究，提高观赏植物诱变育种整体水平。

(2) 辐射诱变育种技术进一步广泛应用到各类观赏植物诱变育种上，扩大其应用范围。要特别重视辐射诱变技术在观叶植物和草本花卉上的应用，创造、创新更多观叶、观花植物类型。

(3) 继续开展以诱变为核心，与现代育种技术相结合的复合育种技术应用研究，包括与现代生物技术、航天技术、杂交育种、远缘杂交育种、杂种优势利用等多种方法间的相互渗透、融合。

第2章　辐射对植物生长的影响

植物生长离不开光照、温度、土壤(或其他介质)、营养等诸多环境因素，同时在其生长发育的不同阶段和时期，当外界给予一定的电离辐射条件时也使植物产生不同的生长反应，表现出不同的生物效应。辐射作用于植物后也会将其能量传递给植物，影响植物的生长发育，通过对植物形态解剖、生理生化及分子结构的影响，导致植物的组织和器官、细胞、分子等水平上发生系列的改变，并可能改变植物的遗传特性。这些变化在很大程度上取决于辐射能量在植物体中沉积的数量和分布，即辐射对植物的辐射效应一方面取决于辐射条件，包括辐射源种类、辐射剂量、剂量率、辐照时间、辐照方式及辐照部位等，另一方面植物种类、辐射植物器官或组织、辐射前后植物培养方式等也会影响植物辐射敏感性，从而使植物产生不同的效应。

2.1　辐射对植物种子发芽的影响

外源辐照植物种子是应用辐射进行植物诱变育种的重要手段之一，由于其具有处理量大、便于运输、操作简便的优点，特别是辐射植物种子能有效引起生长点细胞的突变而容易获得诱变后代，故在植物诱变育种中得以广泛应用。由于植物种子对不同辐射源的辐射敏感性不同，在种子辐照后辐射对其影响的第一个效应便是种子发芽率，在此基础上植物的生长发育才表现出不同的生长效应。

同时，直接或间接致电离辐射以很低的剂量，一次或多次照射植物细胞、组织、器官或机体后，不但不会改变遗传基础，影响后代，而且这种辐照犹如激素那样会刺激生物生长发育，能对植物当代的生命力、形态和生理生化等产生有益的影响。这种作用称为低剂量“刺激效应”。用适宜低剂量的辐射照射播种前的作物种子，能提早打破休眠，提高种子发芽率，促进生长发育，枝芽增生，改善品质，增强抗病性和生命力，增加绿色体和籽粒的产量。此外，有时还能发生有益的形态学变化。

典型的种子由种皮、胚及胚乳等三部分构成，也有没有胚乳的种子，干种子含水量一般为12%～13%。种子萌发是指种子从吸胀开始的一系列有序的生理过程和形态发生过程，是种子的胚从相对静止状态变为生理活跃状态，并长成营自养生活的幼苗的过程。生产上往往以幼苗出土标志种子发芽结束。种子萌发的前提是种子具有生活力，解除了休眠，部分植物的种子还需完成后熟过程，同时种子萌发需要一定的环境条件，主要是充足的水分、适宜的温度和足够的氧气。种子生活力(viability)是指种子的发芽潜在能力和种胚所具有的生命力，一般用一批种子中具有生命力的(即活的)种子数占种子总数的百分率来表示。

种子发芽率也用百分率表示，它是发芽的种子数占种子总数的百分率。人工外源辐照植物种子使种子吸收辐射能量，从而改变其种子生命力，在同样的萌发条件下使种子发芽受到影响。辐射剂量和剂量率对种子生活力及种子发芽率的影响一般表现为低剂量刺激发芽，高剂量抑制发芽甚至导致植物种子丧失生活力而不能发芽，或者推迟发芽时间。

2.1.1　电子束辐照鸡冠花对种子发芽的影响

鸡冠花(*Celosia cristata* L.)花期长，花色鲜艳、丰富，栽培容易，是园林中常见的盆栽和花坛花卉，同时也是食用、药用植物。采用 3MeV 的静电高压倍加加速器对普通鸡冠花干种子进行电子束辐射处理，处理剂量为 1.5kGy、1.75kGy、2.0kGy、2.25kGy、2.5kGy，不辐照为对照，辐照后立即播种，播种后 2 周统计发芽率。同时进行普通鸡冠花种子离子注入处理，处理剂量为 N^+、H^+各 1.6×10^{16} 个/cm^2 和 1.6×10^{17} 个/cm^2，以不辐照为对照，辐照后立即播种，对离子注入处理后的鸡冠花播种后 18d 发芽率、55d 的成活率进行调查统计得表 2-1。

表 2-1　电子束、离子注入处理鸡冠花种子对其发芽率及成活率的影响

	注量/(个/cm^2)		对照	N^+		H^+	
				1.6×10^{16}	1.6×10^{17}	1.6×10^{16}	1.6×10^{17}
离子注入处理	发芽率/%		72.97a	35.71b	29.52c	35.16b	27.84c
	发芽率为对照的百分比/%		100	48.94	40.45	48.18	38.15
	成活率/%		38.22a	27.98b	19.82c	14.45c	9.66d
	成活率为对照的百分比/%		100	73.21	51.86	37.81	25.27
电子束辐射处理	剂量/kGy	对照	1.5	1.75	2.0	2.25	2.5
	发芽率/%	46.7a	17.9b	14.3b	9.8c	9.7c	4.6c
	发芽率为对照的百分比/%	100	38.33	30.62	20.98	20.77	9.9
	成活率/%	41.3a	14.8b	11.8b	6.7bc	7.2bc	3.3c
	成活率为对照的百分比/%	100	35.84	28.57	16.22	17.43	7.99

注：同行中不同小写字母代表 0.05 水平差异显著性。

从表 2-1 可见，不同剂量电子束辐照处理的发芽率及成活率均显著低于对照，而且表现随剂量的增加，发芽率、成活率也随之下降，试验中的较低剂量处理(1.5kGy 和 1.75kGy)的成活率分别仅为对照的 35.84%和 28.57%，其余三个较高剂量处理的成活率则均低于对照的 20%。说明高剂量电子束辐照处理对鸡冠花种子发芽有显著的抑制作用。

离子注入处理的发芽率也均显著低于对照，其发芽率最高的处理(N^+ 1.6×10^{16} 个/cm^2)的发芽率也不到对照的 50%。说明离子注入处理对鸡冠花种子发芽率有显著的抑制作用；同时注入 N^+和注入 H^+表现一致，均表现注入量高 1 个数量级的发芽率显著低于低 1 个数量级的处理。说明两种离子种类对鸡冠花发芽率的影响无显著差异，但不同量级的注入量对鸡冠花种子发芽有显著影响。离子注入对鸡冠花植株成活率的影响与其对发芽

率的影响有相似趋势，也表现对照成活率显著高于各离子注入处理，但 N^+注入处理的成活率显著高于 H^+注入处理的成活率，同时不同注入量级的成活率也表现为注入量级越高，成活率越低。

2.1.2 电子束辐照羽衣甘蓝对种子发芽的影响

羽衣甘蓝(*Brassica oleracea* var. *acephala* f. *tricolor*)为十字花科芸薹属甘蓝类的一个变种，接近甘蓝野生种，原产西欧，有紫红、粉红、淡黄、蓝绿等色，鲜艳美丽，由于其较强的耐寒性，且叶色鲜艳，是南方早春和冬季重要的观叶植物，一般用种子繁殖。采用不同辐照源辐射及其剂量不同会使其发芽效应不同。

将羽衣甘蓝(品种为‘白鸥’)干种子采用 3MeV 的静电高压倍加加速器进行电子束辐射处理，处理剂量为：25.87Gy、55.00Gy、85.00Gy、115.00Gy、145.00Gy，以不辐照为对照，种子辐照后立即播种，播种后 40d 测定羽衣甘蓝种子发芽率；再以羽衣甘蓝‘红鸥’品种的种子为研究对象，用中国工程物理研究院核物理与化学研究所的 CFBR-II 快中子脉冲堆(China fast brust reactor-Ⅱ)进行中子辐照处理。辐射剂量分别为 50.00Gy、100.00Gy、200.00Gy、300.00Gy 和 400.00Gy，以不辐照为对照，剂量率为 4.5Gy/min。种子辐照后立即播种，播种后于 15d 测定羽衣甘蓝种子发芽率。两种辐照处理后得表 2-2。

表 2-2 电子束、快中子辐射羽衣甘蓝种子对其发芽的影响

电子束处理	剂量/Gy	对照	25.87	55.00	85.00	115.00	145.00
	发芽率/%	72.22a	56.05b	57.59b	59.95b	58.05b	56.47b
	发芽率为对照的百分比/%	100	77.61	79.74	83.01	80.38	78.19
快中子处理	剂量/Gy	对照	50.00	100.00	200.00	300.00	400.00
	发芽率/%	83.3a	45.0b	24.6c	6.8d	0	0
	发芽率为对照的百分比/%	100	54.0	29.5	8.2	0	0

注：同行中不同小写字母代表 0.05 水平差异显著性。

从表 2-2 可以看出，在所设剂量范围内电子束处理羽衣甘蓝后的发芽率均显著低于对照，其发芽率为对照的 77.61%～83.01%，说明电子束辐照抑制羽衣甘蓝种子发芽。但在该试验不同剂量处理间发芽率没有显著差异，由此可见 25.87～145.00Gy 剂量的电子束辐照对羽衣甘蓝种子发芽率影响没有显著差异。快中子辐照对羽衣甘蓝种子发芽率有显著影响，均表现为抑制种子发芽，并随辐射剂量的增加种子发芽率逐渐降低，其抑制作用更加明显，200.00Gy 处理其发芽率已不足 10%，300.00Gy 以上剂量处理则使种子完全不能萌发。因此 300.00Gy 甚至更低(200.00Gy 以上)的剂量应为羽衣甘蓝的致死剂量。

2.2　辐射对植物生长发育的影响

辐射不仅对植物种子发芽产生影响，也会对其发芽后的植株生长发育产生长期、持续的影响，主要表现在不足以使其遗传基础发生改变的低剂量电离辐射作用下，较低剂量辐照能刺激植物生长发育，使当代在生长、发育、生命力、形态和生理等方面表现出有益的变化，如提早打破休眠、提高种子发芽率、促进生长发育、枝芽增生、改善品质、增强抗病性和生命力、增加籽粒产量等。而较高剂量辐照则抑制植物生长，使植株变矮，叶片数、根数减少，叶片、根长减小，植株生长缓慢，发育退迟，或不能开花结实。

2.2.1　辐照鸡冠花种子对植株生长的影响

对前述辐照普通鸡冠花干种子后发芽生长的植株进一步研究电子束、离子注入处理对鸡冠花生长发育状况得表 2-3。

表 2-3　电子束、离子注入处理鸡冠花种子对其生长发育的影响

<table>
<tr><td rowspan="5">离子注入处理</td><td colspan="2" rowspan="2">注量/(个/cm^2)</td><td rowspan="2">对照</td><td colspan="2">N$^+$</td><td colspan="2">H$^+$</td></tr>
<tr><td>1.6×10^{16}</td><td>1.6×10^{17}</td><td>1.6×10^{16}</td><td>1.6×10^{17}</td></tr>
<tr><td colspan="2">株高/cm</td><td>19.91a</td><td>15.82b</td><td>14.6</td><td>16.9b</td><td>14.62b</td></tr>
<tr><td colspan="2">株高变幅/cm</td><td>10～30.9</td><td>5～31.6</td><td>4.5～35.8</td><td>5～50.9</td><td>4～22.4</td></tr>
<tr><td colspan="2">开花株率/%</td><td>88.89a</td><td>89.9a</td><td>84.4a</td><td>86.49a</td><td>76.49b</td></tr>
<tr><td rowspan="4">电子束辐射处理</td><td>剂量/kGy</td><td>对照</td><td>1.50</td><td>1.75</td><td>2.00</td><td>2.25</td><td>2.50</td></tr>
<tr><td>株高/cm</td><td>4.98a</td><td>2.78b</td><td>2.46b</td><td>2.53b</td><td>2.36b</td><td>1.81c</td></tr>
<tr><td>叶片数</td><td>11.15a</td><td>6.63b</td><td>5.52b</td><td>4.98b</td><td>4.97b</td><td>3.56c</td></tr>
<tr><td>开花株率/%</td><td>58.6a</td><td>50.0a</td><td>34.7b</td><td>26.9c</td><td>22.2c</td><td>21.2c</td></tr>
</table>

注：同行中不同小写字母代表 0.05 水平差异显著性。

从表 2-3 可见，各剂量电子束处理对鸡冠花植株生长发育有较明显的抑制作用，表现为各处理的株高、叶片数和开花株率均显著低于对照，同时也表现为随剂量的增加，株高、叶片数和开花株率均随之下降，电子束辐照处理抑制鸡冠花植株的株高生长，减少其单株叶片数，也抑制其开花。

不同注入量的离子注入处理对成活的鸡冠花植株开花，即开花株率与对照无显著差异，同时各处理间也表现开花株率无显著差异。不同种类、不同注入量的离子注入处理对鸡冠花植株高度的影响也表现其显著低于对照，但不同处理间则无显著差异。说明离子注入处理能显著抑制鸡冠花植株的株高。同时经离子注入处理后各处理株高的下限均较对照低 5cm 左右，也说明离子注入处理能降低鸡冠花植株的株高。

电子束和离子注入辐照均会显著抑制鸡冠花植株的生长和发育，致使种子发芽率和成活率降低，植株变矮，叶片数减少，开花株率降低。

2.2.2 辐照羽衣甘蓝种子对植物生长发育的影响

对前述羽衣甘蓝种子辐照处理后发芽生长的植株进一步研究辐照处理对羽衣甘蓝植株生长发育的影响得表 2-4。

表 2-4 电子束、快中子辐射羽衣甘蓝种子对其植株生长的影响

电子束处理	剂量/Gy	对照	25.87	55.00	85.00	115.00	145.00
	株高/cm	14.37a	13.87a	13.69a	13.66a	13.44a	13.38a
	叶片数	12.20a	11.16a	11.34a	11.13a	10.99a	11.06a
	冠径/cm	9.78b	11.48a	11.58a	12.85a	11.57a	11.57a
	叶面积/cm^2	27.97a	27.39a	28.09a	27.55a	28.12a	29.49a
快中子处理	剂量/Gy	对照	50.00	100.00	200.00	300.00	400.00
	苗高/cm(播种后 25d)	5.96a	5.57a	5.06a	4.81a	—	—
	株高/cm(播种后 50d)	17.22a	17.00a	16.9a	19.25a	—	—
	叶片数	22.8a	26.2a	25.8a	23.5a	—	—
	冠径/cm	34.6a	32.6a	30.4a	33.2a	—	—

注：同行中不同小写字母代表 0.05 水平差异显著性。“—”表示因植株全部死亡，无法测定数据。

从表 2-4 可以看出，羽衣甘蓝植株叶片数、叶长、叶宽和叶面积与对照及其处理间均无显著差异。植株高度则随着辐射剂量的增加而逐渐降低，表明电子束对其株高有一定抑制作用，剂量越高，抑制作用越强；不同剂量处理对冠径的影响最为明显，表现为所有辐射剂量处理冠径显著大于对照，表明辐射处理能刺激其冠径的增加，但本试验所设剂量范围内各处理间冠径无显著差异。

电子束、快中子不同剂量处理对苗高、株高、叶片数和冠径等影响差异不明显，说明不同剂量中辐照对成活后的植株生长影响不明显，其他植物种类以苗高或株高等生长指标作为适宜辐射剂量判断的依据在羽衣甘蓝上则不能应用。羽衣甘蓝半致死剂量确定的因素应是发芽率。

2.3 辐照鳞茎或球茎对植物生长发育的影响

鳞茎和球茎均为地下变态茎的一种。鳞茎变态茎非常短缩，呈盘状，其上着生肥厚多肉的鳞叶，内贮藏极为丰富的营养物质和水分，能适应干旱炎热的环境条件。鳞茎也具顶芽和腋芽，可从其上发育出地上的花茎，开花结实。从鳞茎盘的下部可生出不定根，每年可从腋芽中形成一个或数个新的鳞茎，称为子鳞茎，可供繁殖用。鳞叶的宽窄不一，洋葱

的鳞叶较宽，百合的鳞叶较窄。随着鳞茎的生长，外鳞叶变得薄而干，有时呈纤维状，可保护内鳞叶不致枯萎。百合科、石蒜科的植物，如洋葱、百合、水仙花等都具有鳞茎。

球茎则为节间短缩膨大呈球状或扁球状的地下茎。一些球茎是由地下茎的顶端发育而成的，球茎的顶端有粗壮、显著的顶芽，节及节间明显，节上常见干膜状鳞片叶和腋芽。球茎贮藏大量的营养物质，可做营养繁殖，球茎基部常生有不定根，也有些球茎是由茎基部膨大发育而成的，如唐菖蒲，其球茎由数片棕色纤维质的鞘状鳞叶包被着，将鳞叶剥去，可见数个围绕着球茎周围的圆形鳞叶痕和大型腋芽。腋芽展开后长出营养叶和花枝，形成新苗，在新苗主茎的基部可以继续形成一膨大的新球茎。随着新球茎的发育，老球茎逐渐萎缩。

百合、唐菖蒲的繁殖主要用鳞茎和球茎作为繁殖器官，由于鳞茎和球茎体积较大，含水量较高，辐照处理鳞茎和球茎的剂量及剂量率及辐照处理技术也就不同于辐照处理植物种子。但依然表现辐射鳞茎和球茎后对植物的生长发育具有双重影响，低剂量可以促进生长，提高产量，较高剂量则抑制生长甚至导致植物死亡。

2.3.1　^{60}Co-γ 射线辐照对唐菖蒲生长发育的影响

唐菖蒲（*Gladiolus hybridus* Hort.）属鸢尾科唐菖蒲属多年生草本球根花卉，原产于非洲及欧亚以及地中海沿岸，在我国已有100多年的栽培历史。唐菖蒲花梗挺长、多花朵、花期长、花型变化多、花色艳丽多彩。在商品用花中主要用于瓶插或制作花束、花篮，还可用于布置花坛、花地等园林绿地，属于世界四大切花之一。但在我国唐菖蒲生产中使用的品种绝大多数是从荷兰等国进口，选育有自主知识产权的唐菖蒲新品种是促进我国鲜切花生产的重要措施。但我国的唐菖蒲品种质量还很不稳定，大部分需要从国外进口，与国内品种相比，国外进口品种有较多优点：一是新引进品种在栽培头两年，植株长势良好，花穗较长，一般在60cm以上，花穗粗壮，直径可达0.87～0.97cm，着花量较多，一般有18～22朵；二是颜色纯正，除复色系的外，很少有杂色；三是花朵排列整齐，花瓣边缘多为皱瓣型；四是品种纯度高混杂现象极少。

目前生产上主要通过分球方式进行繁殖，杂交育种中也采用种子繁殖，但增殖率低，长期无性繁殖易感染病毒而造成退化，使植株变弱，花朵变小，用组织培养方式可弥补这些不足。采用组织培养技术可以提高唐菖蒲的繁殖率，脱毒、恢复原品种特性，并且不受季节限制，便于研究，易于实现大规模工厂化育苗，加速唐菖蒲种苗的繁育速度。唐菖蒲品种更新慢，加强新品种的选育，保持品种领先已成为发展唐菖蒲生产的重要保障。而辐照育种是重要途径之一。

可见，正是由于我国的唐菖蒲品种质量尚不稳定，进口球茎又易发生严重的退化现象，费用也非常高，还有可能带有病毒，并且其花色花形并不一定符合中国人的审美观，唐菖蒲的优质育种工作成为我国目前花卉行业的一项迫切任务。

目前，唐菖蒲已由原始的一、二个品种发展到今天一万多个品种，在世界各地广为栽培。从20世纪50年代开始，我国就着手进行唐菖蒲新品种的选育工作。到20世纪80年代，我国已育成品种上百个，目前国内引种栽培的品种有200多个，但目前唐菖蒲品种仍旧更新慢。加强新品种的选育，保持品种领先是发展唐菖蒲生产的重要保障。

在辐照育种方面，从1904年De Vrise提出辐照诱发突变体的利用至今，已有一百多年的历史，国内外学者做了大量的研究并取得了卓越成就，据国际原子能机构1984年的统计显示，已有四十个国家育成845个突变新品种，其中辐照育成的占90%以上(赵孔南等，1990)。特别是采用 ^{60}Co-γ 射线诱发变异为辐照诱变育种积累了经验，但仍需探讨电子束、中子、离子束等新的辐照源，进一步提高诱变效率，加速变异性状稳定性，缩短育种年限。

在唐菖蒲辐照诱变方面，Bazzocchi 等(1980)研究了不同剂量激光对唐菖蒲鳞茎的影响。Cantor 等(2003)研究了γ射线与磁场共同作用于唐菖蒲球茎的诱变作用，并得到γ射线为 1Gy 与磁场为 3×10^{-4}T 复合作用时最佳。而在电子束对唐菖蒲辐照诱变方面，Hayashi(1998)等报道了唐菖蒲对电子束的耐受性达400～600Gy。孙纪霞等(2001)用电子束辐照唐菖蒲球茎，得出适宜辐射剂量为60～80Gy，在此范围内，后代的花色、花型、花序、开花期等性状均发生较大程度的变异，其变异率为8.7%～30.8%，开花期可提前21d。品种间差异较大，黄色品种诱发变异的频率低，红色品种较易诱发变异，且变异幅度广，并育成了4个性状较稳定的优变系。林祖军等(2002)在40～80Gy剂量辐照唐菖蒲球茎，得到以60Gy处理的后代变异率最高，在此剂量下红色品种为35.7%，白色和黄色品种分别为19.0%和10.0%；红色品种其颜色可变为紫红、橘红或粉红。

在唐菖蒲组培方面，众多学者做过大量的研究工作。Liu 等(1998)开展诱导唐菖蒲不定芽的研究。Choi 等(2000)研究发现唐菖蒲愈伤组织分化再生能力与继代培养中愈伤组织内2,4-D的积累量相关，并且建立了唐菖蒲组培与2,4-D的关系体系：不定根和不定芽在2,4-D浓度为0～0. 046mg/L时适宜形成，而在2,4-D为0. 054～0. 2mg/L时只有不定根适宜形成，而在2,4-D浓度大于等于0. 215mg/L时，并没有观察到器官的形成，只有愈伤组织的增殖扩散，并建议根据唐菖蒲的组培目的不同从中选择适宜的2,4-D浓度。Ziv 和 Lilien-Kipnis(2000)报道了利用唐菖蒲花序取代球茎做外植体诱导丛生芽形成。Park(2001)等研究了唐菖蒲苗直接诱导球茎形成，在固体培养中，球茎的形成被ABA所抑制，在液体摇瓶培养中，生长延缓剂能促进球茎的形成，在MS培养基中加入10mg/L CCC，球茎的产量和大小分别比对照增加了23.1%和25.5%。Eum 等(2001)报道了用器官-愈伤组织混合物产生丛生苗的最佳培养过程，当液体摇瓶培养中包含0. 05mg/L BA时，能有效地从愈伤组织获得器官-愈伤组织混合物，器官-愈伤组织混合物转移到含0. 1mg/L BA、30℃下16h日照长度的固体培养基中便开始苗再生。Kumar 等(2002)报道了热激与蔗糖浓度诱导愈伤组织分化的作用，指出高蔗糖浓度(大于174mol/L)下易诱导体细胞胚发生，低蔗糖浓度(小于116mol/L)则诱导丛生芽分化，并指出腐胺也有诱导胚性愈伤或丛生芽的作用，而使用琼脂比植物凝胶形成更多的体细胞胚。Nagaraju 等(2002)对唐菖蒲6个不同品种的离体苗组培研究表明，多效唑提高新生小球茎早期的形成和发育，多效唑与蔗糖之间的作用则对新生小球茎的形状有重要作用。各品种对外源蔗糖的反应差异很大，而缺少多效唑时则产生了更长的叶片和根以及更小的新生小球茎。Gupta 和 Datta(2003)研究发现像谷胱甘肽和AA等外源抗氧化剂的应用能阻止体细胞胚的发生，提高芽的发生，而添加 H_2O_2 将提高体细胞胚发生的频率，但阻止芽的形成。Nhut 等(2004)研究了外植体来源在唐菖蒲液体摇瓶培养快繁中的重要性。

组培与辐照相结合的研究中，王彭伟和李鸿渐(1996)利用 ^{60}Co-γ 射线辐照由菊花叶柄诱导的愈伤组织，发现再生植株中花、叶性状的一般变异率为 5%左右，并利用突变体选育出 11 个已在切花生产中应用的新品种。Singh(1999)用 γ 射线辐照香石竹离体培养物，在≥30Gy 的处理中发现花色突变体，50Gy 处理后暗红突变体占 4.44%。叶春海等(2000)以香蕉组培分化芽和生根苗为试材用不同剂量 γ 射线辐照处理，研究发现在 3～4kR 辐射剂量下，可获 22.9%～68.8%的植株成活率和 14.5%～33.7%的变异率，3～5kR 辐射剂量下，可获 0.6%～2.4%的有益性状突变。Kasumi(2001)研究了 γ 射线辐照唐菖蒲新生小球茎对愈伤组织、体细胞胚形成及再生植株的花色变异方面的影响。林祖军等(2000)用电子束处理菊花组培苗进行诱变育种研究表明，电子束辐照组培苗的适宜剂量为 30～50Gy，并得到了花色、花型、花期等多种变异。Wang(2001)用 γ 射线辐照香石竹不定芽分别筛选出耐 NaCl 浓度为 0.5%、0.7%、1%的变种。姜长阳等(2002)利用 γ 射线在 2.475×10^{-10}C/kg 辐射剂量下辐照玉兰由茎尖生长点诱导的愈伤组织，并从再生植株中选育出具有一年两次开花、生长速度快而旺盛、抗逆性强等多种优良性状的玉兰新品系。据报道，不同外植体诱导的愈伤组织的辐射敏感性也存在较大的差异。菊花愈伤组织辐照的研究表明，花瓣、花基部的愈伤组织适宜辐射剂量最高，为 10～30Gy；而叶片、叶柄愈伤组织的辐射剂量为 4～16Gy；幼胚愈伤组织辐射剂量只有 10Gy 左右。这种差异在小麦的愈伤辐照中也有同样的结论，小麦未成熟胚、幼胚的愈伤组织的适宜辐照范围为 10～15Gy；而以花药、幼穗为外植体辐照适宜剂量为 15Gy。王长泉和宋恒(2003)用 ^{60}Co-γ 射线辐照杜鹃不定芽得到了耐 0.5%、0.7%和 1.0% NaCl 的变异株系。蒋丽娟等(2003)利用 ^{60}Co-γ 射线辐照绿玉树的丛芽块，筛选出抗 HYP 突变体小苗，并确定 15kR 为绿玉树丛芽辐照诱变比较适宜的剂量。吴关庭等(2004)证明用低剂量 γ 射线处理可促进高羊茅成熟种子的愈伤形成，而且诱导愈伤中胚性愈伤的比例有一定提高。

组培技术与辐照育种的结合，为充分利用体细胞突变开辟了广阔前景，克服了辐照诱发突变的随机性、嵌合性和单细胞突变缺陷，育种效率高、周期短，组培与诱变结合的复合育种技术已在我国被提出并加以应用。而国内外研究人员在唐菖蒲的组培方面已经做了大量工作，且组培体系相对比较成熟，但唐菖蒲的适宜培养基随品种不同而存在差异，至于在唐菖蒲辐照诱变与组培技术结合方面的研究还未见报道。

1. ^{60}Co-γ 射线辐照对唐菖蒲植株生长发育的影响

以 ^{60}Co-γ 射线进行唐菖蒲鳞茎辐照处理，辐照品种为‘江山美人’(‘Beauty Queen’)，辐射剂量为 20Gy、30Gy、40Gy、50Gy、60Gy 等 5 个处理，不辐照作为对照，剂量率为 1.59Gy/min，处理时鳞茎直径为 3～5cm，辐照后立即种植鳞茎，并对其生长发育状况进行统计分析得表 2-5。

表 2-5　唐菖蒲 ^{60}Co-γ 射线辐照试验当代(M_0)植株生长发育状况

处理	对照	20Gy	30Gy	40Gy	50Gy	60Gy
总株数	173	45	51	51	22	65
成活率/%	96.3a	95.6a	96.2a	93.1a	90.7a	91.4a
株高/cm	101.28ab	95.25b	89.86b	86.23b	83.50b	73.55c

续表

处理	对照	20Gy	30Gy	40Gy	50Gy	60Gy
叶片数	5.22a	4.62b	4.71b	4.67b	4.55b	4.99b
花蕾数	8.89a	7.38b	7.86b	7.50b	6.05c	6.45c
抽花株率/%	100	100	100	100	100	100

注：表中小写字母代表 0.05 差异显著性水平，具有相同字母代表差异不显著，具有不同字母表示差异显著。

从表 2-5 可见，^{60}Co-γ 射线辐照对唐菖蒲植株成活率无显著影响，但对植株生长有一定影响，株高、叶片数均表现对照显著高于各处理，株高性状表现 20～50Gy 处理间无显著差异，而 60Gy 处理的株高则显著低于其余各处理，比对照低 27.73cm，表明 ^{60}Co-γ 射线辐照对唐菖蒲植株高度有明显的抑制作用；但在 30Gy 处理中也发现有比对照最高株还高出 13cm 的单株。叶片数则表现对照均显著高于各处理，而各处理间无显著差异。由此可见，^{60}Co-γ 射线辐照对植株高度的影响高于对叶片数的影响。

^{60}Co-γ 射线辐照对唐菖蒲植株开花的影响表现对照开花比各处理早 7d 左右，但最终开花株率均能达 100%，与对照无显著差异，辐照处理能使植株开花延迟。但开花朵数则表现出 ^{60}Co-γ 射线辐照有较强的抑制作用，对照开花数显著高于各处理，而各处理间又表现出高剂量与低剂量间有显著差异。即 20Gy、30Gy、40Gy 处理间花朵数无显著差异，50Gy、60Gy 间无显著差异，但 20～40Gy 与 50～60Gy 之间则有显著差异，表明剂量越高，对开花的抑制作用越强。

将处理所得的唐菖蒲鳞茎子球(M_1 代)再次分级种植，按常规进行栽培管理，以大球(直径 3cm 左右)繁殖成的植株作为 M_1 代植株代表进行生长发育状况的统计，对 ^{60}Co-γ 射线辐照处理后唐菖蒲各处理 M_1 代盛花期植株生长情况进行调查统计得表 2-6。

表 2-6 唐菖蒲各处理 M_1 代盛花期植株生长情况

处理	株高/cm	叶片数	花蕾数	花蕾数变幅	抽花株率/%	株数	抽花时间
对照	111.72a	7.80a	12.51a	8%～22%	100	39	4 月 24 日
20Gy	106.43a	7.71a	11.10a	8%～18%	100	19	4 月 30 日
30Gy	105.92a	7.77a	10.08a	6%～13%	100	26	4 月 30 日
40Gy	91.52ab	7.97a	7.84b	2%～18%	100	32	5 月 1 日
50Gy	88.38b	7.68a	6.35b	6%～13%	100	21	5 月 2 日
60Gy	75.67c	7.73a	6.26b	3%～12%	100	65	5 月 2 日

注：表中小写字母代表 0.05 差异显著性水平，具有相同字母代表差异不显著，具有不同字母表示差异显著。

从表 2-6 可见，^{60}Co-γ 射线辐照处理后唐菖蒲各处理 M_1 代盛花期株高、花蕾数表现低剂量处理(20Gy、30Gy)与对照差异不显著，但随剂量的提高，株高受到抑制的作用越显著，辐射处理对株高、花蕾数的抑制作用持续表现；叶片数则表现各处理及各处理与对照间差异均不显著；而抽花株数与 M_0 代表现一致，均不受辐照影响。同时，未经 ^{60}Co-γ 射线辐照的对照抽花时间较辐照处理得早，且有处理剂量越大，开花时间越推迟的趋势，表明辐照处理会导致延迟开花。

试验中辐照处理均对唐菖蒲的生长有显著的抑制作用，主要表现为植株变矮、叶片数、花蕾数减少，开花延迟。但本试验的 20～60Gy 处理对株高、叶片数的影响除 60Gy 对株高影响显著外，其余不同处理的影响均未达到显著水平，单从植株生长看，‘江山美人’唐菖蒲还能忍受更高剂量的 ^{60}Co-γ 射线辐照。

试验中不同处理对开花的影响较对生长的影响更为明显，主要表现为开花延迟，每花序的花朵数减少，而且这种趋势随剂量增加而更加明显，但对能否开花影响不大。

试验结果表明 M_1 代生长发育状况与 M_0 代相似，说明 ^{60}Co-γ 射线辐照效应在 M_1 代仍然起抑制作用。

2. 电子束辐照对唐菖蒲花粉活力的影响

以唐菖蒲品种‘超级玫瑰’休眠球茎为供试材料，周径为 10～12cm，以机器电压为 3MeV 的 EPS 电子加速器对材料进行电子束辐照处理，剂量率为 4Gy/s，辐射剂量分别为 40Gy、80Gy、120Gy、160Gy、200Gy 和 240Gy。每剂量设 3 次重复，每次重复照射 20 个唐菖蒲球茎；对照样品为未照射(0Gy)。对辐照后生长植株开花后采取花粉，采用 I-KI 染色法、TTC(2,3,5-氯化三苯基四氮唑)染色法和发芽法(琼脂 1%，蔗糖 15%或 10%，硼酸 0.05%，pH 5～8)分别测定各处理的花粉活力和花粉发芽率得表 2-7。

由表 2-7 可见，3 种方法均测得花粉活力随辐射剂量的增加而降低。但 I-KI 和 TTC 染色法的结果偏高，且随剂量增加下降的幅度较小；而发芽法的测定结果随剂量的增加下降明显，所得花粉活力数值更接近实际值，表明用发芽法较好，而发芽法中，不同蔗糖浓度的 4 种固体或液体培养基中，以 10%蔗糖浓度的固体琼脂培养基的发芽率较高，是 4 种培养基中较佳的培养基。对各方法所得数值分别进行方差分析，结果显示除 I-KI 方法外，其他方法在高剂量(200Gy 或 240Gy)时花粉活力均达到显著水平，说明高剂量电子束辐照对花粉活力具有明显的抑制作用。

表 2-7　电子束辐照对唐菖蒲花粉活力的影响

剂量/Gy	花粉染色率/%		花粉萌发率/%			
	I-KI 染色	TTC 染色	液体培养基中萌发		琼脂中萌发	
			10%蔗糖	15%蔗糖	10%蔗糖	15%蔗糖
0	81.7a	79.0a	32.2a	33.8a	44.7a	37.2a
40	80.5a	77.8ab	31.5a	32.7ab	44.2a	37.2a
80	78.5a	76.3abc	32.0a	31.2abc	42.3ab	37.2a
120	74.3a	77.2ab	28.5ab	31.3abc	38.3bc	34.3ab
160	77.0a	69.3bc	30.7a	30.2abc	34.2c	36.7a
200	73.7a	68.0c	28.2ab	28.0bc	33.5c	30.3b
240	74.5a	68.2c	25.7b	27.2c	34.7c	31.0b

注：表中小写字母代表 0.05 差异显著性水平，具有相同字母代表差异不显著，具有不同字母表示差异显著。

诱变育种的选育工作是一个相对漫长的过程，而花粉的遗传物质将完全传给下一代植株，花粉活力的统计结果可以反映辐照对植株直至花期的损伤与变异情况。本试验结果表明，花粉活力的测定应用发芽法较 I-IK 和 TTC 染色法更可靠，结果更接近实际，在发芽法中，采用 10%蔗糖浓度的固体琼脂培养基较其他处理更适宜。由于辐射对植株染色体序列的诱变同样具有随机性，使得植株的损伤及变异成为一个随基因的程序性表达而逐渐表现的过程，而 M_1 代花粉是承接 M_1 和 M_2 的桥梁，通过对 M_1 代花粉研究，可以提早了解后代的变异趋势，特别是对于 M_1 代未表现变异的植株的后代变异情况进行提早把握。

2.3.2 辐照对百合生长发育的影响

百合是世界上重要的球根类花卉。国内外对百合育种研究十分重视。我国百合育种起步较晚，发展较为缓慢，生产上大量使用的百合品种是从国外引进的，研究和培育百合新品种具有很好的应用价值。

百合花大，色彩丰富，花期较长，栽培管理相对容易，是世界上著名的观赏花卉之一，可做切花、盆花或花境应用。百合花还有百年好合之寓意，因此备受群众喜爱。百合花许多种类的鳞茎也是很好的食用和药用佳品。因此，世界上很多国家都投入了大量的人力物力研究新品种，不断有新品种投放市场。但我国百合育种进展缓慢，种球繁育体系不健全，百合种球长期依赖进口，品种单一，花色不全，最新品种进不来，无病毒品种进不来，种球价格、数量、时间受限制，品种种植一两年后退化严重。因此，我国百合产业发展必须摆脱依赖种球进口的局面，发展具有中国特色的百合新品种。

百合育种工作至今有 100 年左右的历史，从目前百合育种情况来看，大部分工作是以提高观赏性状为主要育种目标，而定向诱变提高抗病、抗寒、耐低光照、耐热、耐盐等的抗性育种工作报道较少。

关于百合诱变育种的研究进展，目前国内外百合辐射育种研究并不多，且辐射的材料主要是鳞茎，辐射多采用 ^{60}Co-γ 射线作为诱变源，^{60}Co-γ 射线辐射百合鳞茎的最适剂量为 1～3Gy，辐射鉴定技术方面已经深入到分子水平。Jackson 等(1987)对百合花粉辐照后 DNA 单链断裂方式、修复体系等分子机理进行了研究。陆长旬等(2002)以 ^{60}Co-γ 射线辐照亚洲百合‘Pollyana’品种的鳞茎，发现辐照后的当代植株(M_1)花粉母细胞减数分裂出现明显的辐射效应，染色体数目和结构发生了变异。张克中等(2003)研究百合种球用不同剂量 ^{60}Co-γ 辐射后，扦插其外部鳞片诱发小仔球(或不定芽植株)，种植其中心部分观察当代种球变异情况。发现随着辐射剂量的增高，鳞片扦插的出芽率、产生的小仔球(或不定芽)数、小仔球重量都显著降低；当代种球株高、展叶数、开花率、平均花朵数都显著降低，花器官变异也有显著差别。王百合、‘Berlin’适宜的处理剂量是 1～3Gy；‘Pollyana’‘Romona’适宜处理剂量是 1～2Gy，4Gy、5Gy 已达到致死剂量。减数分裂观察发现辐射使减数分裂过程中发生了染色体结构和数量变异，从而造成了花药畸变及花粉败育。在同一年张克中将百合辐射后鳞片扦插获得不定芽植株，发现不定芽植株的花瓣、雄蕊、雌蕊及叶等器官都有变异，其中雄性器官变异率最高，类型最多。贾月慧等(2005)利用 80 个 10bp 随机引物对亚洲百合‘Pollyanna’及辐射种球诱导出的 20 个表现型雄性不育突变体进行了 RAPD 分析。其中有 31 个引物对所有材料都能扩增出理想的带型。有 4 个随机引物扩增出的带型显示其中的‘P1G03’‘P2G04’等 9 个突变体与‘Pollyanna’基因组(可育系)之间具有稳定的多态性差异。它们表现出与‘Pollyanna’差异的多态性位点有 7～18 个，表明它们为‘Pollyanna’的基因型突变体。周斯建等(2005)研究了辐射对 3 种百合鳞茎鳞片扦插幼苗的耐热生理反应。结果发现，经 ^{60}Co-γ 辐射后，鳞片扦插苗繁殖系数均下降，各品种的耐辐射能力为：铁炮百合‘White Fox’＞铁亚杂交系百合‘Ceb Dazzle’＞东方百合系‘Marrero’。‘White Fox’经 115～210Gy 剂量，‘Marrero’和‘Ceb Dazzle’经 1.5～2.5Gy 剂量的辐射后，其鳞片扦插幼苗在接受热胁迫后，叶片 MDA 含量，可溶性蛋白含量和游离脯氨酸含量均有所降低，表明百合鳞片经适宜剂量的 ^{60}Co-γ 射线辐射后，扦插幼苗能够表现出一定的耐热生理反应。

百合易受百合无病症病毒、黄瓜花叶病毒、百合十号病毒、郁金香断枝病毒 4 种主要病毒的危害，同时也容易受真菌的危害，因此开展百合抗病育种十分重要。荷兰植物育种与繁殖研究中心(CPRODLO)对引起百合鳞茎腐烂最主要的病原真菌——尖孢镰刀菌开展了综合研究，结果发现，亚洲百合杂种系对镰刀菌有较高的抗性，以毛百合的抗性最强，其次为麝香百合，对它们进行抗病持久能力的相关测试发现，病原真菌不易适应抗性寄主植株(屈云慧等，2004)。王进忠等(2005)利用美洲商陆抗病毒蛋白(pokeweed antiviral protein，PAP)具有广谱的抗病毒特性，将其转入到麝香百合愈伤组织中，通过抗性筛选获得了转 PAP 基因的百合植株。

20 世纪初，俄罗斯就开始了百合的耐寒性育种工作。他们利用西伯利亚生长的百合如毛百合、山丹所具有的抗寒性状，培育抗寒品种，得到了大量耐低温、观赏性好的百合新品种(屈云慧等，2004)。国内百合的育种研究工作也有一些报道，但是工作开展得不如人意。杨利平(2003)等以东北林业大学花卉研究所为实验基地，对 20 个国内外百合种及品种进行了 35 个杂交组合，选育出的 7 个百合新品系，不仅抗寒性较强，而且观赏性状优良。

近年来，低纬度地区耐热新品种的选育是近年来百合育种的热点。陈莉(2007)以麝香百合为材料进行了百合耐热育种的研究，利用农杆菌介导法将 Mn-SOD 基因转入植株中，通过筛选、检测，获得转 Mn-SOD 基因植株，并研究高温逆境胁迫对转基因和未转基因植株的生理机制的影响。

目前百合耐盐育种报道较少，左志锐(2005)对两个百合品种‘Prato’‘Sorbonne’进行了研究，测定了不同浓度盐胁迫和不同生长发育阶段形态指标和生理生化指标的变化，对百合耐盐机理及其遗传多样性进行了研究。百合辐射诱变育种研究对提高我国百合育种水平，促进百合产业发展具有重要的意义。

1. ^{60}Co-γ 射线辐照百合鳞茎对其品种间生长发育的影响

以‘西伯利亚’(‘Siberia’)、‘索邦’(‘Sorbonne’)、‘卡萨布兰卡’(‘Casablanc’)、‘欧宝’(‘Lombardia’)4 个品种的二代种种球为材料，以 0.5Gy、1.0Gy、3.0Gy、5.0Gy，剂量率为 0.5Gy/min 的 ^{60}Co-γ 射线辐照，并分别于辐照后 80d 和 90d 对其生长发育状况调查得表 2-8。

表 2-8 百合 ^{60}Co-γ 射线辐照试验不同处理植株生长发育状况

品种	辐射剂量/Gy	发芽率/% (80d)	发芽率/% (90d)	节数	叶片数	拔节株率/%	株高/cm	花朵数	开花株率/%
西伯利亚	对照	92.30a	100.00a	29.31a	26.46a	76.92a	57.73a	0.69a	51.9
	0.5	77.10b	94.29a	18.76b	30.61a	68.57b	58.36a	0.73a	61.8
	1.0	84.85b	84.85a	13.85b	24.21a	46.43c	47.82b	0.36b	28.6
	3.0	85.71b	91.43a	12.41b	26.65a	20.00d	49.18b	0.34b	33.3
	5.0	26.67c	43.33b	5.31c	13.15b	12.50d	21.54c	0.00c	0.00
卡萨布兰卡	对照	88.64a	97.73a	16.51a	32.56a	61.54a	61.88a	2.25a	34.1
	0.5	67.50b	97.50a	15.08a	30.43a	22.22b	56.38a	0.36bc	25.0
	1.0	67.60b	97.30a	11.92a	29.19a	32.00b	61.50a	0.56b	27.0
	3.0	25.00c	97.50a	8.78b	18.28b	20.00b	40.95b	0.20c	2.5
	5.0	10.00d	62.50b	5.00b	10.91c	0.00c	22.50c	0.00c	0.00
欧宝	对照	88.00a	91.89a	11.42a	25.29a	4.17a	53.47a	2.29a	
	0.5	38.00b	91.67a	8.18a	17.54b	0.00b	27.24b	1.61b	54.3
	1.0	25.00c	65.00b	8.84a	18.76b	0.00b	31.38b	2.25a	44.1
	3.0	20.00c	73.33b	3.27b	8.64c	0.00b	14.86c	0.00c	21.4
	5.0	3.50	24.14c	0.60b	2.10d	0.00b	2.80d	0.00c	0.00
索邦	对照	100.00a	97.44a	10.78a	20.89a	41.03a	45.37a	1.05a	61.5
	0.5	92.30a	97.44a	12.50a	22.21a	30.56b	47.53a	1.13a	64.1
	1.0	82.00a	100.00a	10.59a	18.68a	34.38b	43.32a	0.66b	37.8
	3.0	15.80b	44.74b	3.76b	8.53b	16.67c	17.17b	0.00c	0.00
	5.0	0.00c	46.35b	2.17b	6.17b	1.30	11.78b	0.00c	0.00

注：表中同列中不同小写字母表示 0.05 水平的差异显著性。

从表 2-8 可见，第二次处理各品种的发芽率在辐照后 80d 时普遍表现在 3Gy 处理时发芽率开始降低或降低明显，‘欧宝’对辐照最敏感，在 0.5Gy 处理时发芽率仅为 38.9%，极显著低于对照。但在辐照后 90d 统计成活率时则发现在 12 月未发芽的鳞茎已发芽，普遍表现成活率高于发芽率，说明较高剂量对鳞茎发芽有延迟作用。除‘索邦’外，其余 3 个品种均表现在 5Gy 处理时成活率低于 50%，说明它们的半致死剂量可能在 5Gy 左右，而‘索邦’则在 3Gy 左右。株高和叶片数表示生长状况的指标各品种依然表现随剂量增加生长减弱，但远不如在第一次高剂量处理时那样明显。4 个品种均在 5Gy 处理时生长明显最弱。在第一次高剂量处理时植株不能正常生长的主要原因是其不能拔节(表现莲座状，所有植株均为 1 节)。而在第二次试验中依然表现除‘卡萨布兰卡’外其余各品种均表现对照节数显著高于各处理，而且节数也是随剂量增加而减少。5Gy 处理时各品种节数均在 5 或 5 以下。拔节植株占总植株数的百分比即拔节株率的变化与各品种不同处理的节数表现类似。

辐照对开花的影响也表现为对照显著高于各处理，同时随剂量的增加，开花量减少，在 5Gy 处理时所有品种均不开花。在 3Gy 时，‘索邦’表现也不开花。但在本次试验中未见百合花朵发生明显的形状、颜色等变异。

因此 ^{60}Co-γ 射线辐照百合鳞茎会对其植株的生长发育产生严重的影响，主要表现为发芽和生长延迟，植株低矮，单株叶片数、节数、花量减少，成活率降低，不同品种表现有差异，同时有随剂量增加这种表现更加严重的趋势，在剂量较高时更会出现植株能发芽但不能正常生长、拔节，呈莲座状，最后逐渐发黄、枯萎、死亡。不同剂量对节数的影响最为明显。

2.4　电离辐射对植物组织培养中植物生长的影响

辐射诱变具有突变率高、打破基因连锁，实现基因重组、保持优良性状、改良不利性状、后代易稳定且育种时间短等特点，植物组织培养(离体培养)具有繁殖速度快、繁殖系数大，繁殖方式多，繁殖后代整齐一致，能保持原有品种的优良性状，可获得无毒苗，可进行周年工厂化生产，经济效益高等特点，因此将辐射诱变与离体培养相结合开展植物诱变育种是当今植物育种的主要方法。它能在短时间内得到大量群体，扩大了可供选择的范围；离体组织对辐射的敏感性高，可以大大提高突变频率，扩大变异幅度和变异范围，加速变异稳定，缩短育种周期；离体培养分离技术能有效解决在育种过程中产生的嵌合体，提高突变细胞的显现率，能使诱变、选择、快繁同时进行，使诱变技术更为有效；应用组培技术已基本实现了在细胞水平进行抗性育种的定向选择，组培与辐射结合的复合育种体系有望实现单细胞的定向诱变。

原始材料的遗传背景对突变性状的表现和诱变效率有重要作用。几乎所有植物器官和繁殖体都有可用于诱变的，如休眠及萌动的种子、种胚、花粉、叶片、不定芽、根芽、枝条、球茎、愈伤组织、试管苗等。不同辐照材料的辐射敏感性不同，对射线的敏感性大小依次为：愈伤组织＞试管苗＞田间苗＞根芽＞插条＞种子。

在辐射诱变与组培结合进行植物诱变育种过程中，两者结合的方式主要有两种：一是先辐射后组培(先对植物繁殖体如种子、鳞片、叶片等进行辐射，然后以辐射后的繁殖体或其部分为外植体进行组培)；二是先组培后辐射(即以离体培养物为辐射对象)。两种结合方式各有特点，相对来说先辐射后组培的处理方法辐射材料的种类要比先组培后辐射多，总体看来，直接从诱变材料中获得外植体组培的处理方法的前景更为广阔，但对于大多数种类植物来说，这种辐射与组培相结合的处理方法还处在对于辐射源、适宜辐射剂量、最佳外植体等的摸索阶段。

由于百合种球昂贵，造成百合育种成本、种植成本高，种球繁殖慢且退化现象严重。辐射与组培相结合的核技术离体诱变育种不仅可以节约成本，短时间内获得大量的选择群体，而且可以大大提高突变频率，扩大变异幅度和变异范围，加速变异稳定，缩短育种周期。因此，采用辐照百合鳞茎后取其鳞片为外植体进行离体培养，研究辐照对其离体培养不同阶段的影响是开发百合辐照诱变与组织培养结合的育种新方法的基础。

2.4.1 ^{60}Co-γ 射线辐照百合鳞茎后组织培养不同阶段辐射效应

1. 东方百合鳞片不定芽诱导阶段 ^{60}Co-γ 射线辐射效应研究

采用再裂区设计方案(表 2-9)，设 A、B、C，3 个试验因素，共 24 个处理，设 3 次重复。辐射源为 ^{60}Co-γ 射线，剂量率为 0.799Gy/min，辐射剂量为 0.5Gy、1.0Gy、2.0Gy、4.0Gy 和 8.0Gy，对东方百合鳞片进行辐照处理，鳞片辐照后进行组织培养，并对辐射后鳞片存活率和出芽率进行统计分析得表 2-9。

表 2-9 再裂区试验参数

主区	培养基种类	A1	MS+6-BA 1.0mg/L +NAA 0.1mg/L
		A2	MS+6-BA 2.0mg/L +NAA 0.2mg/L
裂区	外植体类型	B1	外部鳞片
		B2	中部鳞片
再裂区	辐射剂量	C1	0.0Gy
		C2	0.5Gy
		C3	1.0Gy
		C4	2.0Gy
		C5	4.0Gy
		C6	8.0Gy

表 2-10 辐射剂量对离体培养百合鳞片存活率及不同培养时间出芽率的影响

辐射剂量/Gy	存活率/%	存活率占对照/%	出芽率/%(28d)	出芽率占对照/%	出芽率/%(42d)	出芽率占对照/%(42d)	出芽率/%(70d)	出芽率占对照/%(70d)
对照	64.64a	100.00	55.73a	100.00a	62.04a	100.00a	62.51a	100.00a
0.5	55.14ab	85.30	38.96b	69.91	44.46b	71.66	56.62b	90.58
1.0	62.63a	96.89	38.88b	69.76	47.49b	76.55	53.58b	85.71
2.0	46.78b	72.37	23.54b	42.23	33.79b	54.46	38.04c	60.85
4.0	48.76b	75.43	1.64c	2.94	18.51c	29.84	36.86c	58.97
8.0	40.21c	62.21	0.00c	0.00	0.00c	0.00	3.87d	6.19

注：同一列中，不同小写字母表示差异达 0.05 水平。

表 2-10 百合鳞片存活率的方差分析表明，只有辐射剂量主因素对鳞片存活率影响达到显著水平，表明离体培养的百合鳞片存活率受辐射影响显著。辐照后鳞片存活率显著低于未辐照的对照，但低剂量辐照处理的影响不明显，随辐射剂量的增加存活率逐渐降低，8.0Gy 辐射剂量显著低于其余辐射剂量的存活率，其离体培养鳞片存活率仅为对照的 62.21%。

辐射处理对鳞片外植体出芽也有明显的抑制作用(表 2-10)，无论是辐照后 28d、42d，还是 70d，各辐照处理下的出芽率均显著低于对照，且随着辐射剂量的增加，鳞片出芽率逐渐降低，辐照后 70d，8.0Gy 处理的出芽率仅为对照的 6.19%。辐照后 28d、42d、70d 相同辐射剂量处理的出芽率逐渐提高，至 70d，8.0Gy 处理的出芽率才达 3.87%，说明辐照对鳞片出芽还具有延迟作用，高剂量辐照处理延迟出芽作用更加明显。

表 2-11　辐射剂量对出芽数和芽大小的影响

辐射剂量/Gy	出芽数(28d)	出芽数(42d)	出芽数(70d)	辐照后 70d 芽的大小芽数			
				萌芽数	小芽数	中芽数	大芽数
0.0	2.47a	3.01a	3.21a	8.8	8.3	9.4	3.2
0.5	1.65b	1.95bc	2.58a	8.2	4.5	4.8	1.8
1.0	1.39b	2.52ab	2.78a	9.6	5.8	7.2	2.8
2.0	0.99b	1.55c	2.31ab	7.4	5.0	3.0	0.6
4.0	0.04c	0.62d	1.52b	5.2	0.6	0.2	0.0
8.0	0.00c	0.00d	0.06 c	0.0	0.0	0.0	0.0

注：同一列中，不同小写字母表示差异达 0.05 水平。

对辐照处理后不同时间段出芽数和芽大小的方差分析(表 2-11)可见，辐射处理对出芽数的影响极显著，且不随培养时间的延长而消失。辐照后 28d、42d、70d，均随着辐射剂量的增加，出芽数减少，出芽后的大、中芽数也显著低于对照，说明辐照不仅影响出芽数也显著影响芽的大小。辐射剂量达到 8.0Gy 时，鳞片外植体受到严重的辐射损伤，直至培养 42d 时出芽数也全部为零，在培养近 60d 时发现 8.0Gy 辐射处理中有个别外植体出芽，与对照(0.0Gy)相比，出芽时间延后约 40d，且芽的生长状况极差，生长几乎停滞在 4～5mm 大小阶段。在辐射剂量为 2.0Gy 时出芽数为对照的 40%～50%，因此 2.0Gy 可以作为‘索邦’百合鳞片组培辐射的适宜剂量。

2. 东方百合鳞片不定芽增殖阶段 ^{60}Co-γ 射线辐射效应研究

对辐照鳞片后获得的不定芽进行增殖培养，此阶段保留诱导阶段各主因素的标志，其培养基均采用：MS+6-BA 1.0mg/L+NAA 0.1mg/L，培养条件与鳞片不定芽诱导阶段相同。由于最高辐射剂量 C6 处理出芽数少且生长处于停滞状态，因此增殖阶段试验处理数目由 24 个变成 20 个，各处理 3 次重复，采用随机区组放置在组培架上。

第一次增殖是在鳞片培养约 100d，为保存试验材料，将实验中各处理的不定芽全部进行增殖。每次增殖时间间隔约为 60d，第二次增殖开始将不定芽分出约 2/3 进行生根，同时根据芽大小决定其用于增殖还是生根，通常芽高 0.8cm 左右用于增殖；芽高 1～2cm 用于生根。第三次不定芽增殖每处理约 60 瓶，每重复约 20 瓶。分别于百合不定芽第一次增殖 30d 后、第二次增殖 50d 后、第三次增殖 45d 后统计接种芽数、增殖芽数、总芽数，计算芽增殖数和芽增殖率。

芽增殖数＝出芽总数/接种芽数

芽增殖率＝增殖芽数/接种芽数×100%

对第一次和第三次百合鳞片芽增殖情况进行统计分析得表 2-12。

表 2-12 辐射剂量对百合鳞片芽增殖情况的影响

辐射剂量/Gy	第一次增殖		第三次增殖	
	芽增殖数	芽增殖率/%	芽增殖数	芽增殖率/%
0.0	3.04a	74.29a	5.23bc	96.91a
0.5	2.53a	71.92a	5.74ab	98.12a
1.0	3.09a	80.46a	5.62abc	96.91a
2.0	2.79a	71.64a	4.89c	92.17b
4.0	1.93b	52.68b	5.98a	97.38a

注：同一列中，不同小写字母表示差异达 0.05 水平。

在增殖过程中(表 2-12)，辐射剂量对不定芽增殖阶段芽增殖数和芽增殖率的影响均表现低剂量影响不显著，随辐射剂量增加，当剂量达到 4.0Gy 时的增加芽增殖率显著低于对照和其余低剂量处理。在第一次增殖期，除 1.0Gy 辐射剂量外，其余辐射剂量的芽增殖数和芽增殖率均低于对照，其中 4.0Gy 时芽增殖数和芽增殖率极显著低于对照，分别为对照的 63%和 72%。

在第三次增殖期，芽增殖数和芽增殖率随辐射剂量的增加，均呈现先上升后下降再上升的趋势。其中 4.0Gy 的芽增殖数显著高于其余辐射剂量和对照，2.0Gy 的芽增殖数显著低于其余辐射剂量和对照，而 0.5Gy 和 1.0Gy 的芽增殖数均高于对照但在 0.01 水平不显著。2.0Gy 的芽增殖率显著低于其余辐射剂量和对照，其余辐射剂量与对照的芽增殖率差异不显著。

各辐照组随着增殖次数的增加(至第三次增殖)，芽增殖数和芽增殖率都大幅度增加。考虑到培养条件均一致，分析原因：①随着增殖次数增加，辐射对芽增殖的损伤效应递减；②季节原因，虽然组织培养在控温的培养室中进行，与 5 月份增殖相比，11 月份增殖的芽增殖数增加约 72.04%，芽增殖率增加约 30.45%。另外，已有许多报道证实组织培养结果受季节影响。

从表 2-12 可以看出，在第一次增殖时期，对照组与辐照组芽增殖数的差异范围为 -0.05～1.11，芽增殖率的差异范围为-6.17～21.61；在第三次增殖时期，对照组与辐照组芽增殖数的差异范围为-0.75～0.34，芽增殖率的差异范围为-1.21～4.74。随着增殖次数的增加，芽增殖数和芽增殖率受辐照因素的影响明显降低。在第一次增殖期辐照对芽增殖的影响表现为抑制作用，这种现象在高剂量辐照时表现得更加明显；在第三次增殖期辐照对芽增殖的抑制作用已经消失，表现出微小的“刺激”作用，仅在 2.0Gy 时芽增殖数和芽增殖率高于对照，但差异不大。

对在第三次增殖期 4.0Gy 的芽增殖数和芽增殖率显著高的原因分析：由于辐射剂量高，对鳞片的伤害巨大，经过几次增殖淘汰了受损伤较严重且修复不良的芽，存活下来的芽由于在损伤修复过程中启动整个细胞的防御系统而使其具有较强繁殖能力。

2. 东方百合鳞片不定芽生根阶段 ^{60}Co-γ 射线辐射效应研究

对增殖阶段得到的不定芽进行生根培养，仍保留诱导阶段各主因素的标志，培养基均采用：MS+NAA 0.5mg/L，培养条件与鳞片不定芽诱导阶段相同。生根阶段试验处理数目20 个，各处理 3 次重复，采用随机区组放置在组培架上。

芽生根 40d 左右进行炼苗，根长 1～2cm，先在组培室内打开封口膜锻炼 5～7d，为防止染菌可在培养基上注一薄层清水或 1000 倍多菌灵液。然后将生根芽带瓶一起运至温室内，开膜锻炼 2～3d 后正式移栽。

移栽基质处理：移栽前一周按比例配置基质(a 菜园土、b 腐叶土、c 河沙)，并进行灭菌处理。灭菌方法：深翻基质将其混匀，1000 倍多菌灵或 1000 倍高锰酸钾浇灌杀菌。

移栽步骤：首先用枪型镊将生根苗轻轻从三角瓶中取出，用温水轻轻洗净根部琼脂，再用自来水冲洗 1、2 次，在浅盘内 1000 倍多菌灵灭菌约 1h，清水冲洗 2、3 次，将苗放在阴暗处晾至微干，按标志栽入准备好的基质中。

对 ^{60}Co-γ 射线辐照后生根芽的生根率统计得表 2-13。

表 2-13　辐照对百合鳞片第三次增殖芽生根率的影响

辐射剂量/Gy	统计芽数	未生根数	生根率/%	占对照/%
0.0	217	1	99.54	100.00
0.5	216	2	99.07	99.53
1.0	216	0	100.00	100.46
2.0	216	8	96.30	96.75
4.0	194	5	97.42	97.87

表 2-13 表明，辐射处理剂量对百合鳞片第三次继代芽生根率影响微小，不同剂量辐射处理对生根芽的影响在第三次增殖后的生根阶段影响效应基本消失。

对生根芽生长状况，包括芽高、叶片数、根数、根长、叶长、叶宽及叶形指数进行统计分析得表 2-14。

表 2-14　辐射剂量对鳞片生根不定芽生长的影响

辐射剂量/Gy	芽高/cm	叶片数	根数	根长/cm	叶宽/cm	叶长/cm	叶长/叶宽
0.0	6.58a	8.20b	8.30a	1.91a	0.41a	1.54ab	3.74c
0.5	6.42a	9.84a	8.90a	2.07a	0.37b	1.50ab	4.11ab
1.0	5.87b	8.34b	8.81a	2.00a	0.40ab	1.57a	4.05ab
2.0	5.56b	8.37b	6.82b	1.81a	0.37b	1.43b	3.89bc
4.0	5.09c	7.79b	6.83b	1.50b	0.31c	1.31c	4.22a

注：同一列中，不同小写字母表示差异达 0.05 水平。

由表 2-14 可见，辐射剂量对鳞片生根不定芽各生长指标的影响继续达到显著水平。从 0.5Gy 至 4.0Gy 辐射剂量组生根芽的芽高随辐射剂量的增加依次极显著降低，4.0Gy 组芽高最低，仅为对照组的 77.36%；生根芽叶片数随辐射剂量升高呈现先升高后下降的趋势。4.0Gy 组叶片数最少，约为对照组的 95.00%，极显著低于 0.5Gy 组，与其他各处理差异不显著；0.5Gy 组叶片数最高，约为对照组的 120.00%；生根芽根数也随辐射剂量升高呈现先升高后下降的趋势，2.0Gy和4.0Gy生根芽的根数极显著低于对照、0.5Gy组和1.0Gy组，2.0Gy和4.0Gy生根芽的根数差异不显著，约为对照的82.17%；生根芽根长随辐射剂量升高呈现先升高后下降的趋势，2.0Gy和4.0Gy生根芽的根长极显著低于对照、0.5Gy组和1.0Gy组，4.0Gy生根芽的根长极显著低于2.0Gy组，为对照组的78.53%；生根芽的叶宽随辐射剂量升高呈现先下降后升高再下降的趋势。对照组生根芽叶宽极显著高于各辐照组；1.0Gy组极显著高于其余各辐照组，0.5Gy组和1.0Gy组差异不显著，4.0Gy组极显著低于其余各辐照组，为对照组的75.61%；生根芽的叶长、叶长/叶宽比均随辐射剂量升高呈现先下降后升高再下降的趋势。

3. ^{60}Co-γ射线辐照对生根芽移栽的影响

对生根芽进一步进行移栽，在移栽过程中，采用1000倍多菌灵液每天喷雾保湿，连续使用6d，但百合苗表现出明显药害症状，因此将移栽苗从土壤中取出，清水清洗叶片残留药液，重新进行移栽，移栽后统计辐照对移栽成活率的影响得表2-15。

从表2-15可以看出：移栽百合苗受药害后辐照组成活率均大于对照，随着辐射剂量的升高成活率呈现出不断上升的趋势，说明辐照组芽在修复辐射损伤的同时，抗性大幅度提高。经过处理后移栽苗45d后成活率仍然普遍偏低，药害的影响仍然很明显，成活率随辐射剂量升高仍呈现出升高的趋势。

表2-15 辐照对生根芽移栽的影响

辐射剂量/Gy	移栽苗数	药害后成活率/%	再移栽45d后成活率/%
0.0	541	25.36	11.17
0.5	439	37.40	22.97
1.0	459	45.37	25.58
2.0	409	42.64	22.15
4.0	143	60.25	26.23

2.4.2 X射线急性和慢性辐照对东方百合不定芽辐射生物学效应研究

1. X射线慢性辐照对东方百合不定芽辐射生物学效应研究

从东方百合‘索邦’一代开花种球鳞茎(鳞茎周径为16～18cm)上剥取鳞片，将鳞片接种于培养基上进行不定芽的诱导，以经组织培养诱导产生的不定芽为辐照材料，以“神龙一号”强流脉冲加速器产生的X射线进行慢性辐照，辐照3个月，共脉冲136次，每处理设3次重复，每处理25瓶，每瓶5个不定芽，辐射剂量分别为0.00Gy、5.00Gy、9.22Gy、10.55Gy、13.67Gy、24.63Gy，3个月后将材料转接到新鲜培养基上培养。各个处理离发射点的距离及总辐射剂量如表2-16所示。慢性辐照前统计各个处理不定芽的芽高、芽数。辐照后再次统计不定芽的芽高、芽数。

芽增殖率＝辐射后新增不定芽数/接种不定芽芽数×100%

表 2-16　X 射线慢性辐射剂量及不定芽芽数

处理	离发射点的距离/cm	单次辐射剂量/Gy	辐射剂量/Gy	瓶数/瓶	不定芽芽数/个
对照	未辐照	0.000	0.00	25	125
1	169	0.037	5.00	25	125
2	141	0.068	9.22	25	125
3	127	0.078	10.55	25	125
4	113	0.101	13.67	25	125
5	99	0.181	24.63	25	125

对 X 射线慢性辐照后东方百合不定芽辐射生物学效应进行研究。X 射线慢性辐照对百合不定芽生长和增殖的影响结果见表 2-17。

表 2-17　X 射线慢性辐照东方百合不定芽生长情况

辐射剂量/Gy	初始芽高/cm	辐照后芽高/cm	芽高变化量/cm	不定芽增殖率/%	不定芽死亡率/%	不定芽长势
0.00	0.37±0.04	4.27±0.73	3.90±0.71a	338.67±89.30 a	0.00±0.00c	+++
5.00	0.41±0.10	0.71±0.11	0.30±0.07b	330.00±129.40a	0.27±0.47c	+
9.22	0.33±0.05	0.64±0.11	0.31±0.08b	321.18±107.00a	1.62±0.19b	+
10.55	0.41±0.06	0.80±0.16	0.39±0.17b	314.44±112.00a	1.25±0.19b	+
13.67	0.45±0.07	0.90±0.23	0.35±0.12b	304.00±101.98a	2.26±0.08b	+
24.63	0.31±0.04	0.64±0.07	0.33±0.25b	300.00±84.33a	4.21±0.79a	+

注：n=25，采用邓肯氏新复极差法进行差异显著性测验，表中同列不同小写字母表示差异显著($P<0.05$)，同列不同大写字母表示差异极显著($P<0.01$)，+++：最好；++：好；+：一般。

从表 2-17 可以看出，百合不定芽经 X 射线慢性辐照 3 个月后，不定芽生长受到明显抑制，对照不定芽平均芽高为 4.27cm，芽高增量为 3.90cm，辐照后的不定芽 10.55Gy 处理芽高增量最大，为 0.39cm，对照的芽高增量明显高于 X 射线慢性辐照的百合不定芽材料。但 X 射线慢性辐照不同剂量间芽高变化量无显著性差异；在芽增殖方面，X 射线慢性辐照后的东方百合不定芽与对照比较增殖率无显著性差异。从不定芽死亡率来看，除 5.00Gy 慢性辐照与对照死亡率差异不明显外，其他处理均极显著高于对照，随着辐射剂量的增高，不定芽死亡率有逐渐增高的趋势；在芽长势方面，对照的芽长势好，X 射线慢性辐照材料长势较差，不定芽弱。可见，X 射线慢性辐照对东方百合造成了一定程度的损伤，这种损伤主要表现在对不定芽生长和存活的影响上，对不定芽增殖未造成显著性的影响效应。

2. X 射线急性辐照对东方百合不定芽辐射生物学效应研究

将东方百合‘索邦’鳞片消毒后，以 MS+1.0mg/L 6-BA+0.1mg/L NAA 为基本培养基诱导不定芽，培养基中蔗糖为 3.0%，琼脂为 0.75%，pH 为 5.8。

以脉冲 X 光机对东方百合组织培养形成的不定芽进行 X 射线急性辐照，X 光机共脉冲 84 次，分别在 4d 内完成，试验设 3 次重复。各处理离发射点的距离，辐照量，处理材料的瓶数和芽数见表 2-18。

表 2-18　X 急性辐射剂量和不定芽数

处理	离发射点的距离/cm	单次辐射剂量/mR	辐射剂量/Gy	瓶数/瓶	不定芽芽数/个
对照	未辐照	0.00	0.00	25	855
1	60	66.67	0.05	25	834
2	40	150.00	0.11	25	871
3	30	266.67	0.20	25	856
4	20	600.00	0.44	15	462
5	10	2400.00	1.76	8	320

辐照 20d 后对统计百合不定芽的初始芽高和芽数，辐射转接后 1 个月再次统计不定芽芽高和芽数，计算 X 射线急性辐照东方百合不定芽的芽高变化量和芽增殖率，统计结果见表 2-19。

表 2-19　X 射线急性辐照东方百合不定芽生长情况

辐射剂量/Gy	芽高初始值/cm	辐照后芽高值/cm	芽高增量	不定芽增殖率/%	不定芽生长势
0.00	1.10±0.06	2.08±0.11	0.96±0.13	58.70±16.23	+++
0.05	1.09±0.04	1.97±0.21	0.98±0.33	57.13±28.87	+++
0.11	1.07±0.08	2.15±0.33	1.08±0.40	56.12±28.16	+++
0.20	1.07±0.09	2.05±0.18	0.97±0.17	58.95±32.35	+++
0.44	1.10±0.32	2.24±0.25	1.16±0.32	55.16±19.40	+++
1.76	1.08±0.02	2.35±0.25	1.27±0.26	58.50±22.20	+++

注：n=25，采用邓肯氏新复极差法进行差异显著性测验，+++：最好；++：好；+：一般。

由表 2-19 可知，不同剂量的 X 急性辐照的东方百合不定芽芽增殖率与对照组比较无统计学意义(P>0.05)，不定芽长势也无明显差别，都较好，分析原因，可能是辐射剂量偏低，急性辐照对不定芽的生长和繁殖未造成显著的影响。从株高变化情况来看，1.76Gy 剂量处理与对照组比较具有统计学差异(P<0.05)，其他处理与对照组相比，差异不明显(P>0.05)，即 1.76Gy 低剂量的射线处理对百合进行辐照，可以产生刺激效应，促进了不定芽的生长，但未能对不定芽的繁殖造成影响。

2.4.3　^{60}Co-γ射线急性辐照对东方百合不定芽的辐射生物学效应研究

以东方百合‘索邦’鳞片经组织培养诱导产生的不定芽为辐照材料，运用 ^{60}Co-γ 射线对其进行急性辐照处理，辐射剂量为 0.0Gy、0.5Gy、1.0Gy、2.0Gy、4.0Gy、6.0Gy、8.0Gy

共 7 个处理，每个处理 35 瓶，共 245 瓶。^{60}Co-γ 射线均匀辐照，剂量率为 0.5Gy/min。辐照后每个处理取 11 瓶不定芽立即转接到 44 瓶新鲜培养基上，共 352 瓶，每瓶 5 块芽。采用随机区组试验设计，转接后将其分 3 次重复放在培养室的不同地方。转接后统计每瓶百合不定芽的芽数，芽高。同时记录芽长势，然后计算出芽率，芽高增量。

出芽率＝(接种 46d 后不定芽数-接种不定芽芽数)/接种不定芽芽数×100%

芽高增量＝接种 46d 的芽高-接种不定芽芽高初值

试验后统计了东方百合 ^{60}Co-γ 急性辐照后不定芽的生长和增殖情况，结果见表 2-20。

由表 2-20 可知，γ 射线急性辐照后芽高增量在 4.0Gy 处开始下降($P<0.05$)，6.0Gy、8.0Gy 处的芽高增量明显低于对照($P<0.01$)，且随着辐射剂量的增大芽高增量呈变小的趋势，下降趋势如图 2-1，对其作直线回归分析得方程：$y=-0.1114x+1.085$，式中 y 为不定芽芽高增量，x 为辐射剂量，$r=0.973505$，达到了极显著水平，根据方程，以芽高增量为对照的 50%计算，推测半致矮剂量为 5.21Gy。

表 2-20　^{60}Co-γ 急性辐照对东方百合不定芽生长情况的影响

辐射剂量/Gy	芽高初始值/cm	辐照后芽高值/cm	芽高增量/cm	不定芽增殖率/%	不定芽生长势
0	1.00±0.13	2.01±0.08	1.01±0.23	63.61±12.49	+++
0.5	1.00±0.10	2.02±0.13	1.02±0.28	64.17±14.73	+++
1.0	0.99±0.11	2.02±0.14	1.03±0.11	68.28±9.40	+++
2.0	1.01±0.20	1.98±0.06	0.97±0.19	49.30±13.54①	+++
4.0	1.01±0.18	1.61±0.11	0.60±0.21①	33.80±13.11②	++
6.0	0.99±0.15	1.30±0.19	0.31±0.17②	31.30±13.20②	+
8.0	0.99±0.11	1.25±0.14	0.26±0.13②	26.49±17.81②	+

注：n=44；①$P<0.05$，②$P<0.01$ vs 对照；+++：最好；++：好；+：一般。

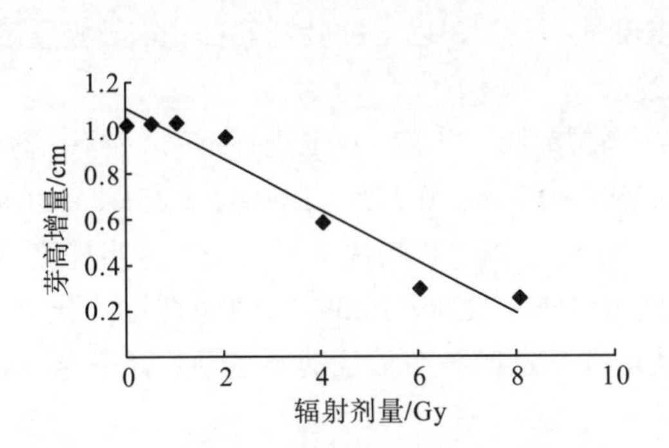

图 2-1　^{60}Co-γ 急性辐照不同处理东方百合不定芽的芽高增量

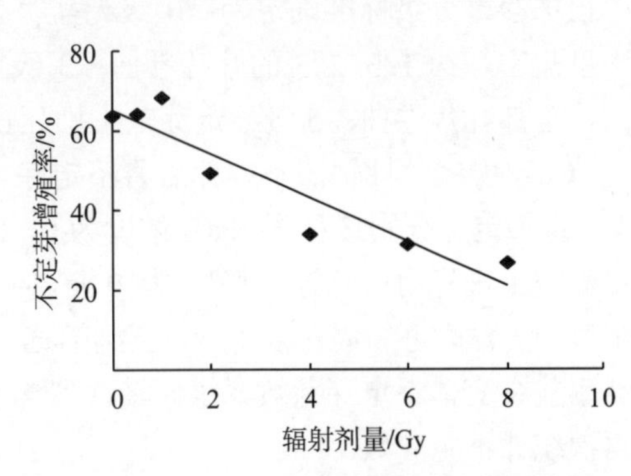

图 2-2　^{60}Co-γ 急性辐照不同处理东方百合不定芽的芽增殖率

东方百合不定芽的出芽率在 2.0Gy 处就开始下降($P<0.05$)，而后随着辐射剂量的增加芽增殖率下降，下降趋势如图 2-2 所示，从图 2-2 可见，芽增殖率随剂量变化的趋势近似于直线，对其进行直线回归方程分析得方程：$y=-0.0545x+0.6488$，式中 y 为不定芽增殖

率，x 为辐射剂量，r=0.939059，达到了极显著水平，当出芽率为对照的 50%时，以该回归方程预测其半致死剂量为 6.07Gy。

从芽的长势来看，0.0Gy、0.5Gy、1.0Gy、2.0Gy 趋于一致，长势好，4.0Gy 长势较好，6.0Gy 和 8.0Gy 辐射剂量不定芽出芽率和芽高增量都较小，芽长势较差，说明高剂量的辐照处理对百合生长有抑制作用。

2.4.4 百合 ^{60}Co-γ 射线急性辐射和 NaCl 复合处理对不定芽增殖的影响

百合对土壤的盐分比较敏感，最忌连作。在盐渍土区域其生产发展受到限制。另外，温室、大棚等设施栽培的推广使百合连作时间增长；栽培过程中有机肥的施用量较少，化肥、复合肥的大量施用，加之长期无降水灌溉，土壤次生盐渍化非常严重，导致了百合产量和品质逐步下降，严重影响其经济效益，给百合的栽培也带来了一定的困难。因此筛选耐盐百合突变体及选育抗盐百合新品种对百合的发展和利用盐渍土栽培具有重大意义，采用辐射诱变育种技术进行耐盐百合新品种选育是一条有效的途径。

1. 百合鳞片耐盐临界浓度的筛选

百合组培技术与辐射诱变育种相结合选育百合耐盐品种的前提条件是了解百合耐盐临界浓度。因此东方百合耐盐临界浓度的确定方法为配置含 NaCl 浓度分别为 0、0.25%、0.50%、0.75%、1.00%、1.25%、1.50%的培养基，将百合健壮苗离体不定芽接种到含盐培养基上，每瓶 5 苗，每处理接种 16 瓶，30d 后观察百合不定芽存活、生长以及增殖情况，统计盐害率和盐害指数。

盐害率＝受害芽数/总芽数×100%

盐害指数＝［Σ(代表级值×芽数)］/(最高级值×总芽数)

植株盐害分级标准确定为：0 级无盐害症状；1 级轻度盐害，约 1/3 的叶片卷曲；2 级中度盐害，约 1/3~2/3 的叶片卷曲；3 级重度盐害，2/3 以上的叶片卷曲；4 级极重度盐害，全部叶片卷曲；5 级不定芽叶干枯死亡。

^{60}Co-γ 射线急性辐照不定芽后将不定芽立即转接到新鲜培养基上进行增殖。继代培养 2 代后将不定芽分别接种到 NaCl 浓度为 0、0.25%、0.50%、0.75%、1.00%、1.25%、1.50%的培养基中进行耐盐筛选，每处理 10 瓶，共 490 瓶。将生长较快的材料采取逐步提高含盐浓度的方法，每 3 周转接 1 次，直到筛选出耐 0.75%、1.0%、1.25% NaCl 的耐盐不定芽。统计耐盐突变体不定芽芽数。统计接种到含盐培养基上的各个处理的不定芽数，培养 60d 后再次统计不定芽数。

芽增殖率=接种 60d 新增不定芽芽数/接种不定芽芽数×100%

选取东方百合健壮继代不定芽，接种到含不同 NaCl 浓度的培养基上培养，30d 后统计盐害指数和盐害率，结果见表 2-21。

耐盐临界浓度的确定有一个原则，即筛选真正的耐盐突变体，选择压力必须达到足以抑制大多数个体的正常生长发育，在含盐培养基中正常个体几乎不能生长的程度。由表 2-21 可知，随着盐浓度的增加，东方百合继代不定芽的盐害指数和盐害率增大。NaCl 浓度为 0.5%时，东方百合盐害率为 41.25%，盐害指数为 0.290，NaCl 浓度为 0.75%时，东方百合盐害率为 90.00%，盐害指数达 0.663，说明此时盐浓度抑制了大多数东方百合不定芽的生长。因此确定东方百合组织培养不定芽的耐盐临界浓度为 0.75%。

表 2-21　NaCl 胁迫对东方百合盐害情况

NaCl 浓度/%	盐害指数	盐害率/%
0.25	0.130	12.50
0.50	0.290	41.25
0.75	0.663	90.00
1.00	0.755	100.00
1.25	0.930	100.00
1.50	0.988	100.00

2. 盐胁迫和辐照复合处理对不定芽增殖的影响

^{60}Co-γ 射线和 NaCl 复合处理对百合不定芽增殖率的影响结果见表 2-22。由表 2-22 可知，不同盐浓度下，大致趋势为高剂量辐照的芽增殖率小于低剂量辐照的芽增殖率。4.0Gy 辐射剂量不定芽的增殖率明显低于对照，6.0Gy、8.0Gy 处理不定芽增殖率明显低于其他所有剂量，说明辐照在不定芽培养 2 代后仍然对不定芽有较强的抑制作用；从盐胁迫影响效应来看，随着 NaCl 浓度的增加，百合不定芽的增殖率随浓度的增加而呈逐渐减小的趋势，说明盐分对东方百合不定芽增殖也有抑制作用。试验发现：辐照和盐胁迫复合处理对百合不定芽产生了互作效应，在 0.50g/L、0.75g/L 的 NaCl 盐浓度下，4.0Gy 剂量辐照处理表现出较高的芽增殖率。

表 2-22　^{60}Co-γ 射线急性辐照和盐胁迫复合处理对不定芽增殖率的影响　（单位：%）

NaCl 浓度/(g/L) \ 辐射剂量/Gy	0.0	0.5	1.0	2.0	4.0	6.0	8.0
0.00	221.80±34.1	312.17±35.95	340.60±39.20	373.40±38.24	99.40±37.37	10.00±22.36	10.00±22.36
0.25	254.00±73.09	348.40±47.37	246.60±29.96	306.60±72.23	88.00±65.34	0.00±0.00	0.00±0.00
0.50	271.00±68.64	256.00±60.45	245.20±98.45	187.80±103.41	230.00±92.97	10.00±14.81	14.60±20.14
0.75	158.40±54.34	182.20±49.97	171.00±32.86	173.20±99.73	189.40±51.42	13.40±29.96	17.00±17.18
1.00	146.60±32.05	83.40±44.47	77.80±36.84	43.00±49.62	10.00±22.36	4.00±8.94	0.00±0.00
1.25	29.00±21.33	20.00±21.67	11.20±11.39	37.60±27.85	18.00±17.54	6.60±14.78	0.00±0.00
1.50	11.25±13.15	16.67±28.89	14.50±17.06	16.67±28.87	0.00±0.00	—	—

注：“—”表示缺区。

目前获得耐盐突变体的方法主要有两种：一种是对原始材料进行诱变处理，得到原始群体中没有的耐盐性变异；另一种是利用材料的自发突变，对材料进行盐胁迫处理，经长期选择获得同质突变体。辐射诱变是人为地利用理化因素诱发植物遗传变异的育种手段，与组织培养结合能够大大丰富培养物中可供选择的突变类型，提高突变率，而且还能获得在自发突变中极难产生的新突变，能够在较短时间内创造更有价值的新品种。但是辐射诱变目前存在着突变率还不高，突变谱不够广，突变没有方向性的问题。本研究通过以百合的不定芽代替整株百合，大大增加了可筛选的原始材料的数目，在培养基中加入一定含量的 NaCl 筛选耐盐突变体，这样就弥补了突变无方向性的缺陷。将东方百合辐照材料采取逐步提高盐浓度的方法进行耐盐突变体的筛选，试验结果表明 3 种辐照方法和 NaCl 复合培养百合离体不定芽诱导都得到了耐盐突变体，同时发现百合在组织培养过程中，自发的耐盐突变率也比较高，说明离体条件下进行百合耐盐突变体的筛选有一定的优越性。

不同的辐射诱变射线由于辐射物理性质不同，对生物有机体的作用不一，因此不同射线的辐射生物学效应是不同的。相同射线急性和慢性辐照由于辐射剂量率不同，辐射生物学效应也不相同。而辐射生物学效应一方面表现为对植物的生理损伤效应，另一方面是对植物的遗传诱变效应。本研究诱发突变的目标是筛选耐盐突变体，因此东方百合辐照的主要目的是耐盐诱变，试验结果显示 γ 射线急性辐照东方百合耐盐突变率为 2.11%，X 射线慢性辐照东方百合的耐盐突变率为 1.59%，X 射线急性辐照东方百合的耐盐突变率为 1.25%。可以看出，3 种辐照方法的耐盐的诱变效果为：γ 射线急性辐照＞X 射线慢性辐照＞X 射线急性辐照。试验同时发现：X 射线急性辐照的耐盐突变体 T1、T2、T3 数与对照比较都无显著性差异。X 射线慢性辐照 10.55Gy、13.67Gy 剂量处理和 ^{60}Co-γ 射线 2.0Gy、4.0Gy 剂量处理耐盐突变率显著高于对照。γ 射线急性辐照 2.0Gy 和 4.0Gy 辐照处理筛选到的 T1 占其所有处理 T1 总数的 51.13%，T2 占其所有处理 T2 总数的 61.40%，T3 占其所有处理 T3 总数的 54.17%，X 射线慢性照射 10.55Gy 和 13.67Gy 辐照处理筛选到的 T1 占其所有处理 T1 总数的 43.43%，T2 占其所有处理 T2 总数的 51.06%，T3 占其所有处理 T3 总数的 55.56%。这说明 γ 射线急性辐照 2.0Gy、4.0Gy 和 X 射线慢性辐照 10.55Gy、13.67Gy 剂量能够有效地诱导东方百合的耐盐突变，这些处理是东方百合离体筛选耐盐突变体的诱变源和辐射剂量的较佳组合，在东方百合耐盐诱变育种工作中有重要的应用价值。

东方百合耐盐性差，以其健壮不定芽进行百合耐盐临界浓度得出东方百合耐 NaCl 临界浓度为 0.75%，在离体条件下利用 ^{60}Co-γ 射线急性辐照，X 射线慢性辐照处理，X 射线急性辐照诱变共筛选到耐 0.75% NaCl 的突变体(T1) 329 个、耐 1.0% NaCl 的突变体(T2) 139 个、耐 1.25% NaCl 的突变体(T3) 58 个。本研究筛选到能耐 1.25% NaCl 的东方百合耐盐突变体，远高于东方百合原品种的耐盐临界浓度，高于王长泉和宋恒(2003)筛选到的其他植物的耐盐变异体的耐盐浓度。这表明本研究所筛选的耐 1.25% NaCl 的突变体的耐盐性是比较高的，是否能够通过进一步提高培养基的盐浓度，筛选出耐更高盐环境的突变体有待进一步研究。

第 3 章　辐射对植物形态结构的影响

植物形态结构是植物在长期进化过程中形成的对环境变化的响应与适应结果，辐射作为一种较极端的外界环境条件既对其直接辐照的植物繁殖体外部形态结构造成一定的损伤或者破坏，使植物形态结构发生相应变化，同时辐射也通过对其遗传性的改变而致使植物后代也发生一定程度的植物形态结构的改变。

叶片作为植物进行光合作用和呼吸作用的主要器官，是光合作用、气体交换及蒸腾的最重要的位点，与周围环境联系紧密，其结构特征最能体现环境因子的影响或植物对环境的适应，可塑性大，随环境变化叶片往往表现出叶外部形态、叶厚度及内部解剖结构的差异。

鳞茎是植物地下变态茎的一种，直接用射线辐照鳞茎会直接对鳞茎形态结构造成影响，同时对由鳞茎繁殖形成的植物形态结构也产生影响。

植物花粉作为植物体携带遗传信息的雄性生殖细胞，其性状十分稳定，既能反映科、属的共同形态特征，也能反映种或品种的特异性。标志其形态结构特征的指标主要是花粉形状、轮廓、纹饰、萌发孔数目等。辐射源辐照植物后对其辐照当代及其后代的结构都会有一定程度的影响。因此了解植物叶片、鳞茎、花粉等形态解剖结构对辐射的响应与适应机制是探索植物对辐射的适应机制和制定相应对策的基础。

3.1　快中子辐照唐菖蒲球茎对其表面形态的影响

以唐菖蒲品种‘超级玫瑰’休眠球茎为供试材料，周径为 10～12cm，以 CFBR-II 快中子脉冲堆对样品进行中子照射处理，照射时间为 270min，中子注量率分别是 $0.02\times10^{10}cm^{-2}\cdot s^{-1}$(100Gy)、$0.07\times10^{10}cm^{-2}\cdot s^{-1}$(300Gy)和 $0.12\times10^{10}cm^{-2}\cdot s^{-1}$(500Gy)。每剂量设 3 次重复，每次重复照射 10 个唐菖蒲球茎。对照样品为未照射(0Gy)。将照射后球茎顶芽及侧表面进行扫描电镜(SEM)观察。

SEM 观察结果显示，未照射球茎外壁有较厚角质层，细胞排列有致，组织形状规则，表面光滑圆润略有突起(图 3-1a、图 3-1b)。球茎受中子照射后，表面细胞和组织形状发生很大变化，细胞排列略显紊乱，有明显的刻蚀痕迹，留下沟槽和孔洞(图 3-1c～图 3-1h)。照射剂量增大，表面的破坏程度加大，受破坏部位更加密集，刻蚀程度更加严重，受照射区域有一定程度的皱褶现象，且皱褶褶痕随剂量增加而加深。球茎表面受照射角度不同，细胞损伤程度差异明显，正对照射入射方向的球茎芽尖，剂量较高时芽尖表面细胞和组织发生严重的刻蚀现象，有很深的沟槽和孔洞，且尖部组织有断裂现象(图 3-1c、图 3-1d)。正对入射方向的球茎表面，细胞和组织也发生严重的刻蚀现象，刻蚀程度较侧向入射的更严重，并可以观察到很大的裂沟和深深的孔洞和沟槽(图 3-1h)。而受侧向照射的球茎表面，细胞壁遭到的刻蚀现象较轻，沟槽和孔洞也较浅(图 3-1f)。不论垂直照射或侧向照射，高剂量照射损伤均较低剂量照射严重(图 3-1e～图 3-1h)。

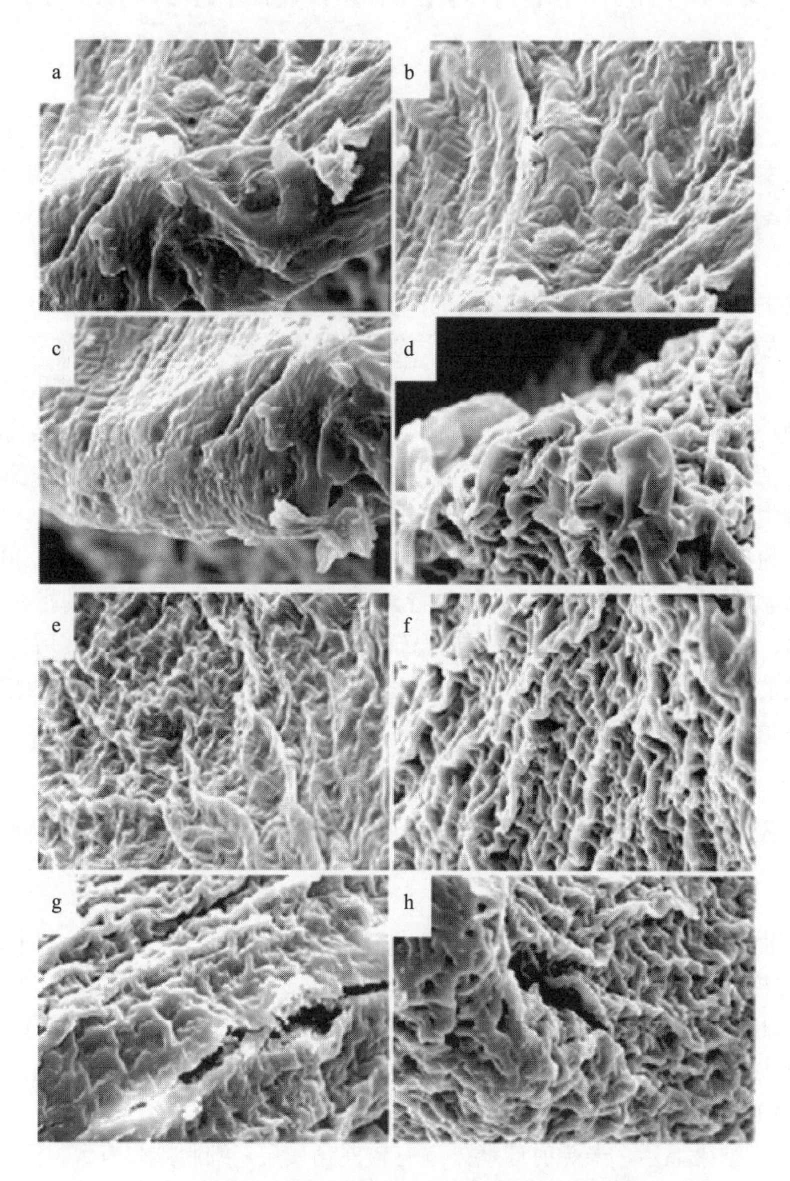

图 3-1　快中子照射唐菖蒲球茎对其表面形态的影响

a. 唐菖蒲顶芽表皮：对照；b. 唐菖蒲球茎表皮：对照；c. 唐菖蒲顶芽表皮：100Gy 中子垂直照射处理；d. 唐菖蒲顶芽表皮：500Gy 中子垂直照射处理；e. 唐菖蒲球茎表皮：100Gy 中子侧面照射处理；f. 唐菖蒲球茎表皮：500Gy 中子侧面照射处理；g. 唐菖蒲球茎表皮：100Gy 中子垂直照射处理；h. 唐菖蒲球茎表皮：500Gy 中子垂直照射处理

100Gy 正面照射样品的电镜照片中，可观察到孔洞和沟槽分布极不均匀，表面刻蚀程度也明显不一致，并出现了很大的裂沟(图 3-1g)，可以推测中子对生物材料表面的刻蚀过程并不均匀，在较小剂量的情况下就有可能已在局部造成较大损伤。由此可见，中子入射角度的不同会造成球茎的损伤程度不同，受正面照射的损伤最严重，而侧向照射的损伤相对较小。为更有效地进行生物体诱变，在选择合适照射剂量的同时，应尽量使照射方向正对生长点等生长发育的核心部位，同时可对其他部位进行保护，尽量减少其他部位的生理损伤，进而保证较高存活率下变异株数的增加。

从试验可以推断，中子对生物体表面照射时，中子的能量和质量共同作用于被照射部位，由于生物体是热的不良导体，可能导致生物体表面的溅射和刻蚀作用，造成细胞的破裂，随着剂量的加大，细胞损伤程度不断加深，继而形成裂缝。而受照射球茎表面的 SEM 观察较少能发现大量的不规则碎片，可能原因是，中子对以脂类和蛋白质等生物大分子为主要组成的角质层进行照射的过程中，由于中子的体积和质量均较小，不足以造成大量碎片的飞溅，只是弥散分布在生物体表面。由此可见中子对生物体的作用方式并不同于离子注入等其他电离照射方式。

3.2　电子束辐射唐菖蒲球茎对其 M_1 代叶片形态的影响

对前述电子束辐照唐菖蒲两个品种‘江山美人’和‘超级玫瑰’休眠种球后获得的植株开花盛期(即 M_0 代植株，下部 3、4 朵小花开放)采集辐照处理及对照的第四片健康叶片中部进行扫描电镜观察。观察结果显示，‘超级玫瑰’对照株叶表细胞较规则，且气孔分布均匀有序；240Gy 电子束辐照处理的‘超级玫瑰’M_0 代叶表细胞较对照密度增加，排列杂乱不规则，可见气孔数减少，叶脉间的距离明显缩短(图 3-2 中箭头 1 和1′表示相同部位，2 和 2′表示相同部位)，并且处理后叶脉宽度比对照变窄，有一小叶脉近乎消失(图 3-2d 为图 3-2b 中黑框部分的放大图)，可见叶表组织发生了一定程度的畸变。

对照株表皮沿叶脉方向具浅波状条纹，表皮具有较多气孔器，气孔微下陷低于表皮细胞分布，为近长方形，气孔长度为 5.88～10.59μm，宽度为 3.59～7.06μm；处理株气孔长度为 7.38～11.90μm，宽度为 3.57～7.14μm，长和宽均比对照略有增大。表皮毛生于气孔周围，对照表皮毛长度较为一致，长度为 6.28～8.14μm，平均为 7.13μm，而处理后叶片表皮毛长度有所增加，长度为 7.21～10.93μm，平均为 10.78μm。从气孔和表皮毛的变化反映出处理后细胞有所增大。

植物叶片表皮毛、气孔等表皮的附属结构是由表皮细胞在长期的发育过程中演变而来的，通常情况下，表皮毛的作用是反射较多的阳光，阻挡和散射紫外线，保护植物免受光的伤害，加强表皮的保护作用，减少水分蒸腾，具有很好的隔水保水功能。此外，表皮毛可能具有绝热功能，能避免叶肉组织过热。由于植物器官表皮微形态学特征的遗传稳定性，因此它对于探讨变异的研究能够提供比较客观的依据。本研究结果表明，植物的气孔器及表皮结构具有较大差异，处理后表皮毛的密度和长度比对照株均有所增加，这从一定程度上说明了植株对辐照的一种防御性反应，或者可以理解为受辐照植株对电子束辐射的一种适应性反应。

综合上述结果可以初步确定，通过电子束对唐菖蒲球茎的照射，‘超级玫瑰’M_0 代叶片发生的显著变化既有辐照致畸的因素，在叶片不能正常行使功能的情况下，体内会发生一系列适应性反应以维持正常生命活动，所以又表现出自身适应性变化的特点，从而在叶表细胞排列杂乱的情况下仍然保证了光合作用率未出现显著性降低。当然，由于辐射诱变的随机性，使得植株的变异成为一个随基因的程序性表达而逐渐表现的过程，电子束辐射对叶片的影响及其作用机理，还有待进一步研究和探讨。

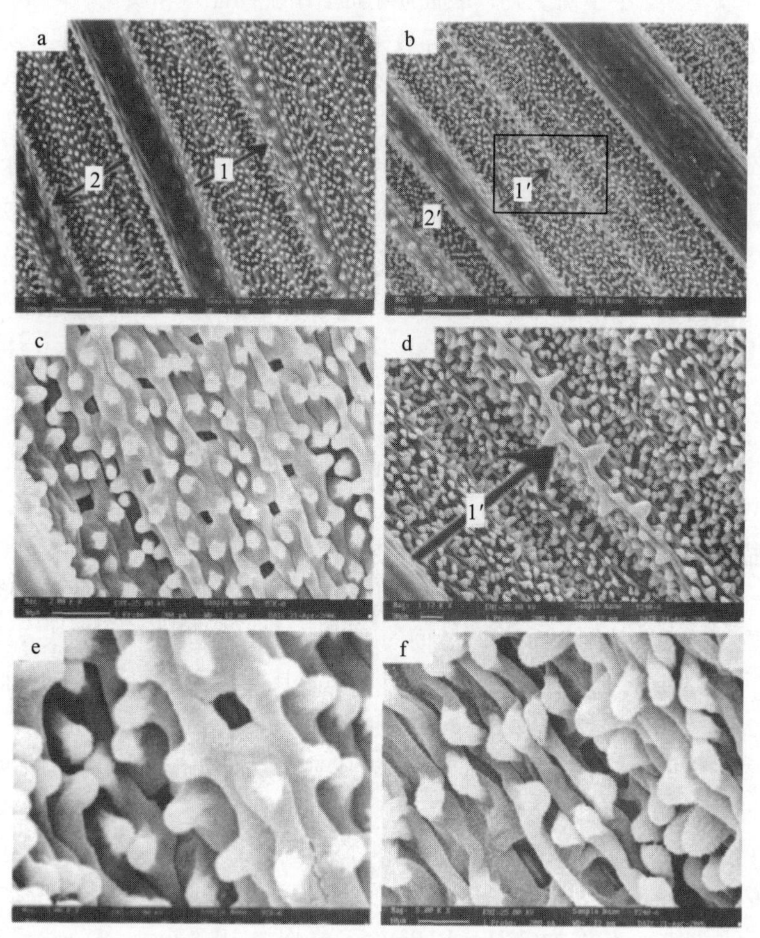

图 3-2 唐菖蒲 M_1 代叶片的 SEM 图

a. 对照株成熟叶表的扫描电镜观察（×500）；b. 240Gy 处理株成熟叶表的扫描电镜观察（×500）；c. 对照株成熟叶表的扫描电镜观察（×2000）；d. 240Gy 处理株成熟叶表的扫描电镜观察（×1120）；e. 对照株成熟叶表的扫描电镜观察（×5000）；f. 240Gy 处理株成熟叶表的扫描电镜观察（×5000）

3.3 电子束辐射羽衣甘蓝种子对叶片解剖结构的影响

对前述电子束辐照羽衣甘蓝‘白鸥’种子播种 40d 后观测其叶片解剖结构得表 3-1。

从表 3-1 可以看出，电子束辐射后，羽衣甘蓝叶片栅栏组织有显著的差异，其叶片厚度有随着剂量增加而下降的趋势，表明电子束辐射抑制了其厚度的增长；海绵组织厚度随着剂量增加逐渐增大，在最高剂量 145.00Gy 时达到最厚，表明电子束处理对其海绵组织厚度的增大有促进作用。这表明电子束辐射处理会影响羽衣甘蓝红鸥叶片的解剖结构。电子束处理后其栅栏组织厚度随剂量增大而变小，处理 25.87Gy 与 85.00Gy 及之后的处理差异显著，55.00Gy 处理与 115.00Gy 和 145.00Gy 处理间差异显著。但除了对照与各处理的差异极显著外，处理间差异均未达到极显著水平。

表 3-1　电子束辐射羽衣甘蓝干种子对叶片解剖结构的影响

处理/Gy	叶片厚度/μm	海绵组织厚度/μm	栅栏组织厚度/μm
对照	348.785a	128.682a	184.391a
25.87	351.743a	134.846a	180.418a
55.00	347.431a	139.584a	171.254ab
85.00	336.186a	143.806a	157.192bc
115.00	328.674a	143.794a	153.704cd
145.00	327.411a	149.853a	148.344cd

注：同一列中，不同小写字母表示差异达 0.05 水平。

由此可见，以电子束辐照羽衣甘蓝种子后其叶片厚度及海绵组织厚度变化不明显，但栅栏组织厚度随处理剂量的增加而逐渐降低，从而影响其光合作用效率。外界环境条件作用往往使具有相同基因的植物产生不同的形态结构。结构是功能的基础，植物形态结构的变化必然影响其生理生态功能。辐照不仅影响植物外部形态，还影响植物叶片、茎、根、花、果实、种子等的内部结构。总的特征是高剂量辐照抑制植物组织和器官的生长和分化，从植物形态上高剂量辐照可抑制植物生长发育，造成植株矮化，叶片解剖结构发生变化，栅栏组织厚度变小、退化，使植物的生长发育进程推后，降低生长速率减少植物叶面积，而导致植物碳同化量的减少。

3.4　电子束辐射唐菖蒲球茎对其 M_0 代植株花粉粒形态的影响

对前述电子束辐照后的唐菖蒲 M_0 代植株花期采集新鲜的花粉进行扫描电镜观察。

结果显示，从图 3-3a、图 3-3c、图 3-3e 可以看出，‘超级玫瑰’对照株花粉多为近椭圆形，大小相差不大，外壁纹饰均为刺状及圆球状突起，圆球突起基部膨大，端部纯圆，偶见两突起相连，外壁表面光滑，未见孔穴，内壁纹饰也为刺状及圆球状突起，但较外壁少且突起较小。

‘超级玫瑰’诱变株在花粉形态上既保留了对照株的多数特征，但也出现了一定的变异，诱变株近椭圆形花粉所占比例减小，花粉形状较为复杂多样，且大小悬殊（图 3-3b）。外壁圆球突起较对照稀疏，且出现较大且不规则突起，偶见两突起相连，而对于 80Gy 与 240Gy 剂量的花粉也存在较大差异，80Gy 剂量的花粉外壁表面光滑，与对照相近（图 3-3f），而 240Gy 剂量的花粉外壁表面变得粗糙，有较多孔穴分布（图 3-3g）。诱变株花粉内壁纹饰变为圆球状突起，较对照大而密，突起间距缩短（图 3-3d）。高剂量辐照后的植株部分花粉发生了较大变化，如有些花粉内外壁纹饰近乎消失，沟宽明显减小，近椭圆形，极轴赤轴比增大(图 3-3h)；另有近圆形盾状花粉(图 3-3i)。可以看出，受辐照诱变的影响花粉出现多种变异现象，特别是高剂量辐照过的植株，与对照株花粉的外壁纹饰相比存在较大差异。

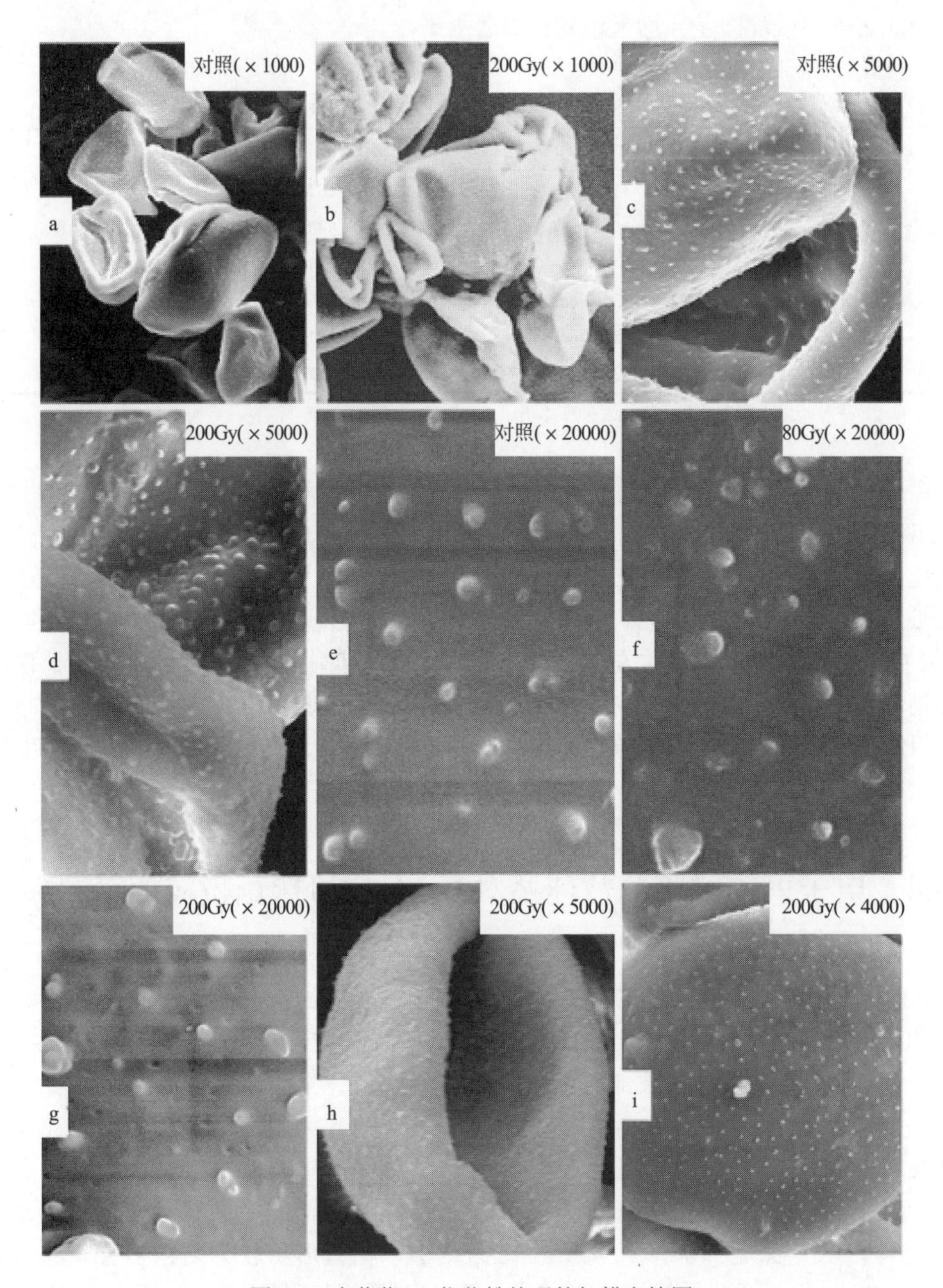

图 3-3 唐菖蒲 M_1 代花粉外观的扫描电镜图

a. 对照组花粉形态的扫描电镜观察(×1000)；b. 200Gy 辐照组花粉形态的扫描电镜观察(×1000)；c. 对照组花粉形态的扫描电镜观察(×5000)；d. 200Gy 辐照组花粉形态的扫描电镜观察(×5000)；e. 对照组花粉表面的扫描电镜观察(×20000)；f. 80Gy 辐照组花粉表面的扫描电镜观察(×20000)；g. 200Gy 辐照组花粉表面的扫描电镜观察(×20000)；h. 一变异花粉的扫描电镜观察(×5000)；i. 另一变异花粉的扫描电镜观察(×4000)

花粉形态与花色、花期、花型等遗传性状具有相关性，并且花粉的形态特征主要由基因型控制，具有一定的保守性，不易受环境的影响。正是由于花粉形态固有的保守性特点，通过对花粉的观察，可以较准确地了解植株变异情况。从本试验中花粉形态的电镜观察结果再次证明，电子束辐照随剂量的增加而导致植物变异程度的增大，并且表明电子束辐照诱变对植物性状改变的广泛性。

第 4 章　辐射对植物生理生化特性的影响

辐射不是植物生长发育的必要条件，辐射剂量大小对植物生长发育起刺激或抑制作用与植物辐射敏感性密切相关，一般植物表现低剂量促进生长、高剂量抑制生长。高剂量辐射是植物生长逆境之一，逆境会伤害植物，严重时会导致植物死亡。逆境对植物的伤害主要表现在光合作用受阻、细胞脱水、细胞膜系统受破坏，酶活性、酶谱受影响，从而导致细胞代谢紊乱，植物生长发育受到抑制。不同辐射源、辐射剂量率、辐射剂量以及不同植物种类、不同植物生长发育阶段等均会对植物生理生化产生影响，对其生理生化指标进行分析测定是掌握辐射植物学效应、了解辐射影响植物生长发育机理的重要途径。

4.1　辐射对植物 MDA 含量及膜脂过氧化的影响

植物细胞内部是一个由细胞膜和细胞器膜连接而成的膜系统，植物细胞膜系统是植物细胞和外界进行物质交换及信息交流的屏障，其稳定性是细胞执行正常生理功能的基础，其结构功能与植物的抗逆性息息相关。因而植物适应逆境的能力与生物膜结构功能关系密切。

MDA 是膜脂过氧化的重要产物之一，其浓度可以表示细胞膜的过氧化程度和膜系统损伤程度，常被作为逆境生理指标。研究不同植物种类在植物生长发育不同阶段、在不同相对生物学效应的不同辐射源、不同辐射剂量和剂量率的影响下表现出的 MDA 含量和膜脂过氧化水平，能为掌握辐射影响植物生长发育的生理生化机理奠定基础。

4.1.1　中子辐照观赏羽衣甘蓝种子对幼苗叶片 MDA 含量及质膜透性的影响

以 50Gy、100Gy、200Gy 快中子辐照观赏羽衣甘蓝‘红欧’种子，对幼苗叶片 MDA 含量及质膜透性进行测定得表 4-1。

表 4-1　不同剂量中子辐照对植株叶片细胞质膜透性和 MDA 含量的影响

中子处理剂量/Gy	对照	50	100	200
细胞质膜透性及相对电导率/%	9.9a	12.6a	25.7b	33.5c
MDA 含量/(μmol/g)	0.473a	0.767b	0.869b	0.760b

注：同列数字后附不同字母者表示差异达 0.05 显著水平。

从表 4-1 可见，辐照后羽衣甘蓝幼苗叶片相对电导率、MDA 含量均随辐射剂量的提高而升高，除 50Gy 处理的电导率与对照差异不显著外，其余各处理与对照及各处理间电导率差异均达到显著水平，说明不同辐射剂量明显影响辐照后植株叶片细胞质膜透性，同时辐照也能显著提高幼苗叶片 MDA 含量，但各处理间差异不显著。

4.1.2　^{60}Co-γ 急性辐照对东方百合不定芽的 MDA 含量及质膜透性的影响

以剂量为 2.0Gy、4.0Gy、6.0Gy、8.0Gy、10.0Gy ^{60}Co-γ 射线辐照百合鳞片后进行组培，对不同辐照处理间百合组培产生的不定芽的 MDA 含量、相对电导率和超氧阴离子含量进行测定得图 4-1。

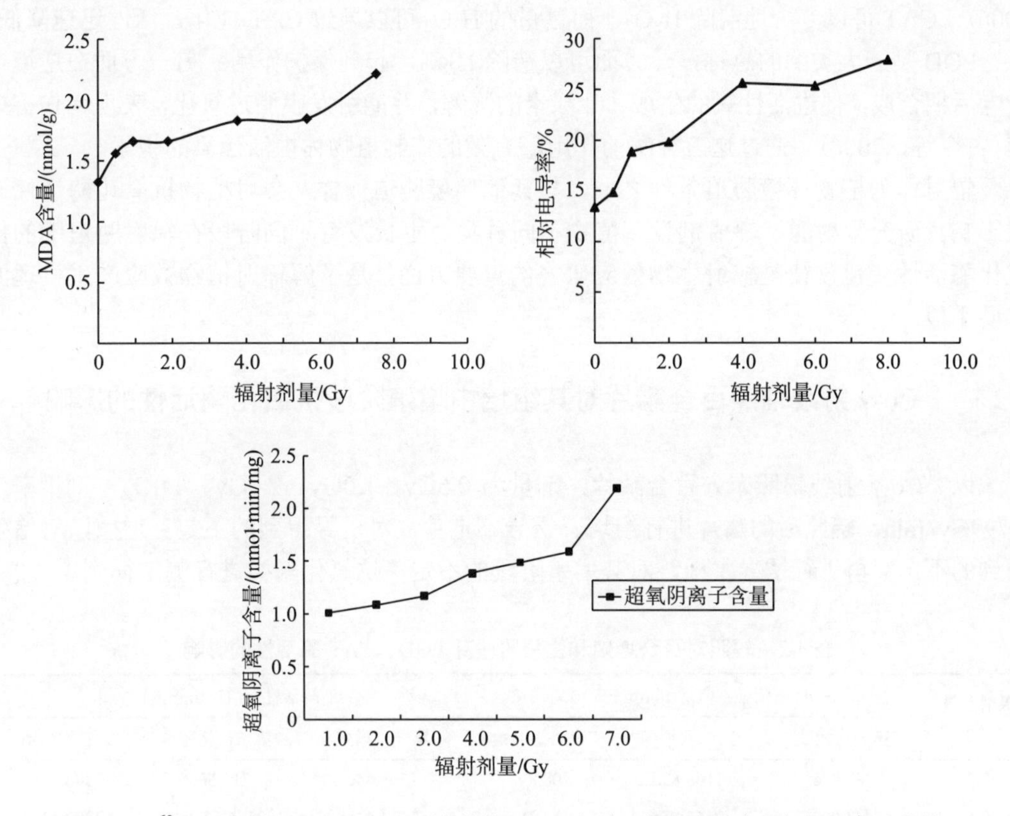

图 4-1　^{60}Co-γ 急性辐照东方百合不定芽的 MDA 含量、相对电导率和超氧阴离子含量

由图 4-1 可以看出，辐照处理后百合不定芽 MDA 含量、相对电导率和超氧阴离子含量均随辐射剂量的增大而升高，说明在辐照条件下植物发生脂质过氧化作用，产生 MDA，增加细胞质膜透性，产生较多的超氧阴离子，对细胞结构和功能造成很大损害，引起植物生理损伤，且随辐射剂量的提高这种损害加剧。

4.2 辐照对植物抗氧化酶活性的影响

植物在自身有氧代谢过程中以及外界逆境胁迫下，体内会产生大量活性氧，这类物质在植物体内如不能及时清除，将会对植物的生长发育产生严重的毒害作用。植物为了维持正常的生长，在长期进化过程中形成了植物抗氧化防御系统，它是由一些清除活性氧的酶系和抗氧化物质组成，包括 SOD、POD、CAT 和抗坏血酸酶(APX)等，植物通过抗氧化酶系统和抗氧化剂的作用可对活性氧进行清除。在抗氧化酶系统中，SOD 是植物抗氧化的第一道防线，能清除细胞中多余的超氧阴离子，是保护酶体系中的关键酶(古今等，2006)。CAT 可以专一地清除 H_2O_2，而过量的 H_2O_2 可以导致 CAT 钝化，活性迅速降低。

POD 是一大类酶的总称，一方面可以清除 H_2O_2，起到保护作用；另一方面在逆境或衰老后期合成，促进活性氧的生成、叶绿素的降解，并能引发膜脂过氧化，表现为伤害效应(古今等，2006)。通过这三种酶的作用，有效的控制植物体内活性氧的积累。

辐射作为植物环境胁迫条件之一，与其他环境胁迫一样，会对植物抗氧化酶活性造成影响。研究辐射源、辐射剂量、植物不同种类、生长发育不同阶段在辐射胁迫下的抗氧化酶活性变化规律是辐射生物效应研究的重要方面，是了解辐射植物效应产生机理的重要手段。

4.2.1 ^{60}Co-γ 射线辐照百合鳞片对其组培中增殖阶段抗氧化酶活性的影响

以 ^{60}Co-γ 射线辐照东方百合鳞片，剂量为 0.5Gy、1.0Gy、2.0Gy、4.0Gy，剂量率为 0.799Gy/min。辐照后的鳞片进行组培、诱导不定芽，对诱导得到的不定芽增殖，对增殖得到的不定芽再进行诱导生根，对其增殖阶段的不定芽抗氧化酶类进行测定得到表 4-2。

表 4-2 辐照对百合增殖和生根阶段芽 POD、CAT 酶活性的影响

辐射剂量/Gy	POD 酶活性/［U/(min·g FW)］			CAT 酶活性/［U/(min·g FW)］		
	第一次增殖	第二次增殖	第三次增殖	第一次增殖	第二次增殖	第三次增殖
0.0	287.00d	1168.89d	408.89b	1564.44c	1715.56c	2346.67c
0.5	443.00c	2163.55a	513.78a	2124.44b	2586.67ab	3253.33a
1.0	795.00a	1534.22c	520.00a	2307.30b	2195.55b	2773.33b
2.0	505.00b	1897.78b	502.22a	3306.67a	2444.45ab	2577.78bc
4.0	774.00a	1840.89b	517.33a	3062.86a	2684.44a	3262.22a

注：同一列中，不同大小写字母分别表示差异达 0.01 和 0.05 水平。

从表 4-2 可以看出，在第一至第三次增殖中辐照处理均表现 POD、CAT 酶活性显著高于对照，说明辐照处理能刺激 POD、CAT 酶活性的提高，且这种刺激作用在多次增殖中都能显现，辐照对 POD、CAT 酶活性的影响持续存在，能够保持较长时间的影响。

在第一次增殖期间，不同辐射剂量间 POD 酶活性差异显著，POD 酶活性随辐射剂量升高总体呈现先升高后降低再升高的趋势。不同辐射剂量间 CAT 酶活性随辐射剂量升高总体呈现先升高后降低的趋势。

在第二次增殖期间，POD 酶活性随辐射剂量升高总体呈现先升高后降低再升高再降低的趋势。CAT 酶活性随辐射剂量升高总体呈现先升高后降低再升高的趋势。

在第三次增殖期间，各辐射剂量组内 POD 酶活性差异均不显著。CAT 酶活性随辐射剂量升高总体呈现先升高后降低再升高的趋势。

在试验的三个时间段辐照组的 POD 酶活性都高于对照组，但在前两个时间段差异达到极显著水平，在第三次增殖阶段差异降低，仅达到显著水平，说明辐射的损伤效应有所减轻。随着时间的延长，辐射剂量间的差异降低，第三次增殖时各辐射剂量组内 POD 酶活性差异均未达到显著水平。从整个时间段来看，第二次增殖芽的 POD 酶活性明显高于第一次和第三次。三次增殖阶段 POD 酶活性随辐射剂量的升高均呈现先升高后降低再升的趋势，而第三次增殖 POD 酶活性随辐射剂量的变化表现出的差异微小。在低辐射剂量 0.5Gy 时，辐照处理表现为对细胞保护系统的刺激作用，使防御性酶活性升高；在高辐射剂量范围内，第一次增殖阶段百合芽处于积极修复辐射损伤的起始阶段，POD 酶活性呈现升高的趋势。第二次增殖阶段百合芽处于积极修复损伤的高峰阶段，POD 酶活性仍呈现上升的势头。第三次增殖阶段由于是处于辐射引起的损伤修复的末期阶段，各辐射剂量间差异不是很明显。

在试验的三个时间段辐照组的 CAT 酶活性都高于对照组，但在前两个时间段差异达到极显著水平，在第三次增殖阶段差异降低，仅达到显著水平，说明辐射的损伤效应有所减轻。随着时间的延长，辐射剂量间的差异降低。不同辐照组纵向比较，对照与 0.5Gy 辐射剂量组 CAT 酶活性随时间延长呈现不断升高的趋势，且 0.5Gy 组升高的幅度较大，可能与低剂量辐照的刺激效应有关；1.0Gy、2.0Gy 和 4.0Gy 则呈现下降后上升的现象，不同的是，1.0Gy 下降的幅度小上升的幅度大，而 2.0Gy 则相反，下降的幅度大，上升的幅度小，4.0Gy 下降和上升的幅度都较大。

从表 4-2 也可以看出，在第一阶段，0.0～2.0Gy CAT 酶活性呈上升趋势，表现出低剂量刺激作用，在 2.0～4.0Gy 呈现下降趋势，表现出高剂量伤害作用；在第二阶段，1.0～4.0Gy 均呈现上升趋势，处于修复活跃时期；在第三阶段，0.5～2.0Gy 呈现下降趋势，表明刺激作用消失，低剂量损伤修复完成；4.0Gy CAT 酶活性仍在上升，表明损伤修复仍在紧张进行中。

X 射线包括了韧致辐射和特征 X 射线两部分。X 射线穿过植物生物体时，能量在生物体内被吸收或传递，射线沿着它的轨迹以一定的空间分布把能量沉积在组织里，这些沉积的能量会激发分子、高反应活性的离子、电子和分子分解产生自由基。自由基相互之间或者与其他生物分子之间发生快速的化学反应，从而使生物分子出现结构上的改变，造成生物分子原初的损伤。当受到辐照的生物系统中有 O_2 存在时，水合电子和 H 与 O_2 快速反应，生成超氧阴离子 O_2^-。O_2^- 既有还原剂的性质，又有氧化剂的性质，它主要攻击细胞膜，使类脂过氧化，进一步改变细胞质膜透性。MDA 是膜脂过氧化作用的最终产物，是膜系统受害的重要标志之一，其含量的高低间接的反映植物遭受自由基攻击的程度。从本次试验结果来，辐照对东方百合不定芽 MDA 含量影响显著，辐照组的 MDA 含量都明显高于对照处理。高剂量的 X 射线慢性辐照处理东方百合不定芽的细胞质膜透性和超氧阴离子含量明显高于对照组，说明 X 射线慢性辐照处理对东方百合不定芽造成了严重的生理损伤。从不同剂量的 X 射线慢性辐照处理材料的 MDA 含量、细胞质膜透性和超氧阴离子含量等指标比较看，随着辐射剂量的增高，都呈现先升高后略有下降的趋势。

SOD、POD、CAT 是植物体内的抗氧化酶，酶活性的高低间接反映植物清除自由基的能力，试验结果表明辐照处理的东方百合的 CAT、POD、SOD 酶活性多数高于对照，但是三种酶活性变化趋势没有表现同步性，CAT 酶活性随着辐射剂量的增高呈逐渐上升的趋势，SOD 和 POD 同工酶活性呈先上升，后下降的趋势，所不同的是 POD 酶活性在 10.55Gy 剂量处达到最大值，13.67Gy 剂量处理的 SOD 酶活性最大。分析原因是辐射造成了膜脂过氧化作用加强，过氧化产物 MDA 含量增多，为了维持植物生物体正常的代谢活动，酶活性增强，清除过多的自由基对植物体的伤害。随着辐射剂量的增大，到达一定的剂量临界点时，X 射线慢性辐照可能会直接在 POD 和 SOD 上沉积能量，对此两种酶造成伤害，从而使 POD 和 SOD 酶活性增强能力下降。

4.2.2 X 射线急性辐照东方百合不定芽的 SOD 和 CAT 酶活性

对前述 X 射线急性辐照东方百合不定芽后立即取材，用比色法测定超氧化物酶和过氧化氢酶反应体系的吸光度，计算出酶的活力值，并进一步对试验结果进行差异显著性测验，结果见表 4-3。

表 4-3 不同剂量 X 急性辐照对东方百合不定芽 SOD 和 CAT 酶活性的影响

辐射剂量/(Gy)	SOD 酶活性/(U/g)	CAT 酶活性/[U/(g·min)]
0.00	27.48±4.56bB	12.833±0.764bB
0.05	27.11±5.18bB	12.333±0.577bB
0.11	29.36±2.99bB	13.000±1.323bB
0.20	28.24±5.18bB	13.867±0.321bB
0.44	30.49±7.82bB	14.000±1.500bB
1.76	47.06±5.68aA	16.833±1.607aA

注：n=25，采用邓肯氏新复极差法进行差异显著性测验，表中同列不同小写字母表示差异显著(P<0.05)，同列不同大写字母表示差异极显著(P<0.01)。

由表 4-3 可知，X 射线急性辐照 1.76Gy 剂量处理东方百合不定芽 SOD 酶活性明显高于对照(P<0.01)，是对照的 1.712 倍，剂量≤0.44Gy 的处理间 SOD 酶活性无显著性差异。不同处理 CAT 酶活性随剂量的升高呈逐渐上升的趋势。1.76Gy 处理酶活性极显著高于对照(P<0.05)及其他剂量的处理；0.44Gy 及其以下处理间无显著性差异。试验发现，CAT 和 SOD 酶活性都在 1.76Gy 显著增加，说明其他辐射剂量过低，尚未引起 SOD 和 CAT 酶活性发生改变。随着辐射剂量的增高，当辐射剂量到 1.76Gy 处时辐照开始有一定效应，这与前面所测的生长指标以及脂质过氧化指标结果是基本一致的。

4.2.3 X 射线慢性辐照对东方百合不定芽酶活性的影响

东方百合不定芽经 X 射线慢性辐照后，立即取材进行 CAT、POD 和 SOD 酶活性进行测定得图 4-2。

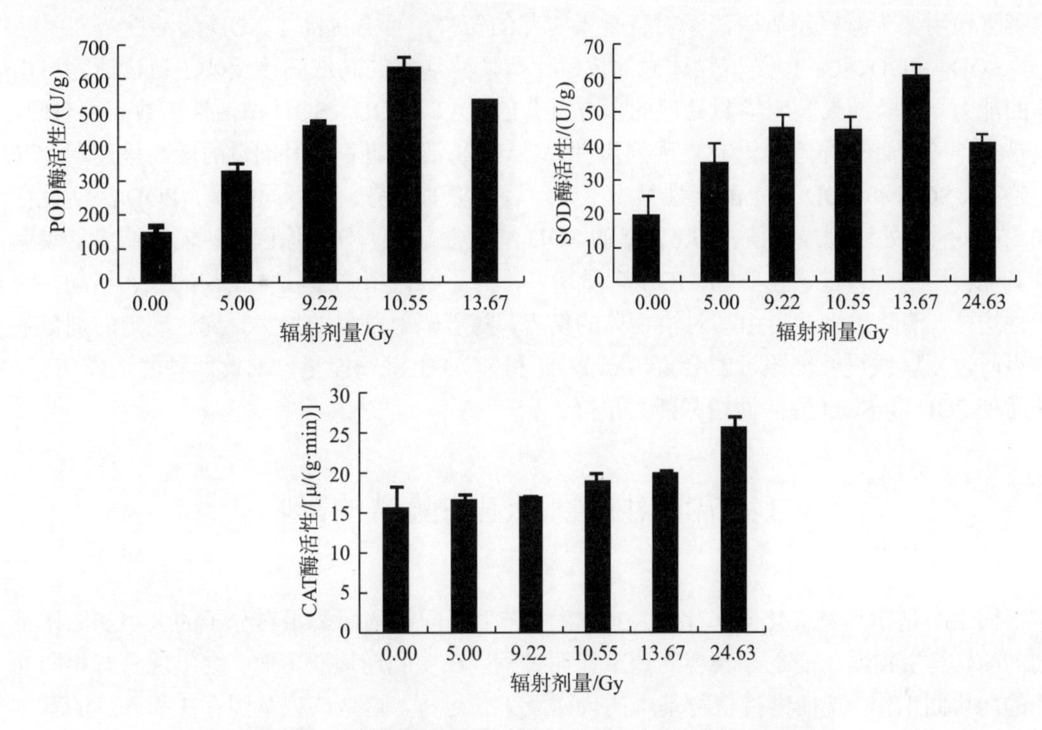

图 4-2 X 射线慢性辐照对东方百合不定芽酶活性的影响

从图 4-2 看出，X 射线慢性辐照引起了 CAT 酶活性的改变，5.00Gy、9.22Gy 处理 CAT 酶活性差异不大，10.55Gy、13.67Gy、24.63Gy 处理与对照相比较差异较大，随着辐射剂量的增高，酶活性呈逐渐增加的趋势。用 CAT 酶活性的数据进行直线回归分析得方程 y=0.3785x+13.326，式中，y 为 CAT 酶活性，x 为辐射剂量，r=0.9189，达 1%显著性水平。由图 4-2 以及方程可知，在一定的剂量范围内(≤24.63Gy)，辐射剂量越大，百合不定芽的 CAT 酶活性就越大。CAT 能有效地清除生物体内的 H_2O_2 对生物分子的氧化作用，因此可以看出，辐射造成百合不定芽内产生大量的自由基，·OH 含量增多，为保护不定芽免受·OH 毒害，东方百合提高了 CAT 酶活性。

POD 也能清除植物体内的 H_2O_2，但其作用机理有别于 CAT。由图 4-2 可知，X 射线慢性辐照处理对东方百合不定芽 POD 同工酶活性产生了显著的影响，与对照比较，所有剂量处理的 POD 同工酶都明显提高，且随着辐射剂量的提高，POD 酶活性的变化趋势呈现先增加后减少的趋势。10.55Gy 剂量处理达最大值，超过了其他所有辐射剂量处理，这与 POD 同工酶电泳结果是基本相符的。POD 酶活性与 CAT 酶活性未表现同步性，分析原因可能是 X 射线慢性辐照到一定的剂量时，辐照对酶本身造成一定的伤害，导致酶活性增强能力下降。

由图 4-2 可见，所有辐照处理的东方百合的 SOD 酶活性都明显高于对照，且随着辐射剂量的增加，先升高后降低，13.67Gy 的 SOD 酶活性最大，是对照的 3.03 倍。SOD 是存在于植物细胞中最重要的可清除自由基的酶，它能催化生物体内分子氧活化的第一个中间物超氧阴离子自由基，发生歧化反应，生成 O_2 和 H_2O_2，从而减轻超氧阴离子对植物体的毒害作用，为减轻超氧阴离子对百合不定芽的伤害，百合提高了 SOD 酶活性。

SOD、POD、CAT 是植物体内的抗氧化酶，酶活性的高低间接反映了植物清除自由基的能力。试验结果表明辐照处理的东方百合的 CAT、POD、SOD 酶活性多数高于对照，但是三种酶活性变化趋势没有表现同步性。CAT 酶活性随着辐射剂量的增高呈逐渐上升的趋势，SOD 和 POD 同工酶活性呈先上升，后下降的趋势。所不同的是，POD 酶活性在 10.55Gy 剂量处达到最大值，13.67Gy 的 SOD 酶活性最大。分析原因是：辐射造成了膜脂过氧化作用加强，过氧化产物 MDA 含量增多，为了维持植物生物体正常的代谢活动，酶活性增强，清除过多的自由基对植物体的伤害。随着辐射剂量的增大，到达一定的剂量临界点时，X 射线慢性辐照可能会直接在 POD 和 SOD 上沉积能量，对此两种酶造成伤害，从而使 POD 和 SOD 酶活性增强能力下降。

4.3 辐照对植物同工酶酶谱的影响

同工酶是指具有催化同一化学反应过程、产生不同产物而酶蛋白分子的大小和结构不同的酶，其生物学功能之一表现为调节代谢过程，在受到逆境胁迫时，会出现具有相同功能的酶协同工作，从而维持植物基本的代谢及生长过程。它是认识基因存在和表达的基本工具，是植物体内最活跃的酶之一，它的合成和活性始终受到体内遗传基因的控制和调节，是基因表达的产物，在诱变育种中同工酶常常作为辐射效应的指标。不良环境的影响常引起基因的变异从而导致酶结构及其活性的改变，这种改变反映在同工酶的酶谱上便出现了数量及迁移率不同的谱带，其颜色的深浅往往代表酶活性的强弱。

在植物诱变育种中，在诱变后代中获得符合育种目标的突变材料是诱变育种的目标，但突变材料的标记方法较多，包括外部形态标记、同工酶标记、孢粉学标记、细胞学标记、分子标记等。由于外部形态标记直观快捷，长期以来人们在诱变材料的选育当中主要依靠形态学标记作为依据，但形态标记的数量有限，而且它不仅取决于遗传物质，还易受外界环境影响，因而很难全面而客观地反映变异结果。同工酶标记技术与形态性状相比，标记更加丰富，受环境影响较小，通过分析同工酶酶带的有无、出现时间的早晚及活性强弱可以推断基因水平的变异情况，与形态学标记相结合，能够更好地反映遗传多样性。

POD、CAT、淀粉酶和酯酶均是植物体内存在的重要酶类，具有遗传稳定性，酶谱不易受环境的影响而变化，因此这些同工酶为研究植物辐照诱变提供了一条有效的途径。

生物体内任何蛋白分子的合成都是由特定基因顺序决定的，并且受到调控基因的制约，由此决定了蛋白质的合成时间、数量、空间结构和在生物体内及细胞内存在的部位。通过分析同工酶酶带的有无、出现时间的早晚及活性强弱可以推断基因水平的变异情况。

植物体内一切生理生化的变化都是由基因调控的，蛋白质是基因表达的产物，所以植物生长过程中必然伴随着特异蛋白质的定性或定量的变化。聚丙烯酰胺凝胶电泳简称为PAGE（polyacrylamide gel electrophoresis），是以聚丙烯酰胺凝胶作为支持介质的一种常用电泳技术。聚丙烯酰胺凝胶为网状结构，具有分子筛效应。PAGE 有两种形式：非变性聚丙烯酰胺凝胶电泳（native-PAGE）及 SDS-聚丙烯酰胺凝胶电泳（SDS-PAGE）。非变性聚丙烯酰胺凝胶，在电泳的过程中，蛋白质能够保持完整状态，并依据蛋白质的分子量大小、蛋白质的形状及其所附带的电荷量而逐渐呈梯度分开；而 SDS-PAGE 仅根据蛋白质亚基分子量的不同就可以分开蛋白质，一般采用的是不连续缓冲系统，与连续缓冲系统相比，能够有较高的分辨率。蛋白质在聚丙烯酰胺凝胶中电泳时，它的迁移率取决于它所带净电荷以及分子的大小和形状等因素。

辐射对植物细胞造成影响或损伤，辐射后植物生长发育过程中必然会存在特异蛋白的出现与消失，这些蛋白既可作为调控因子，又可作为结构蛋白、贮藏蛋白和酶蛋白而起作用。蛋白质是基因表达的产物，在植物辐射后进行植物生长过程中特异蛋白的分析，对研究辐射影响植物生长机制、了解辐射诱发变异机理和克隆有利变异相关基因有重大价值，对这些特异蛋白质作为有价值的生化标记，为研究辐射影响植物生长的基因调控及分子机理提供有价值的参考资料。

4.3.1　电子束辐照唐菖蒲‘超级玫瑰’对 M_1 代花粉酯酶同工酶的影响和 SDS-PAGE 电泳观察

花粉形态与花色、花期、花型等遗传性状具有相关性。并且花粉的形态特征主要由基因型控制，具有一定的保守性，不易受环境的影响。正是由于花粉形态固有的保守性特点，通过对花粉的观察，可以较准确地了解植物变异情况。

酯酶是唐菖蒲体内一种重要的酶，它能水解大量的非生理存在的酯类化合物，并被认为可能有去毒作用，并且酯酶同工酶具有遗传的稳定性，酶谱不易受环境的影响而变化，因此酯酶同工酶为研究辐照诱变提供了一条较有效的途径。但一种同工酶的多态性位点较少，并且酶谱上的酶带是同工酶基因的表现型而不是酶基因本身，所检测到的同工酶也未必代表给定酶的所有变异形式，迁移率相同的不同蛋白不能被分辨，蛋白表达被阻遏或表达减弱的蛋白也将不能在凝胶上观察。因此，酶带的变化虽能反映遗传物质的变化，但是能否得到准确的可遗传的变异，仍然需要对其后代进行研究。

由于辐射对植株染色体序列的诱变同样具有随机性，使得植株的损伤及变异成为一个随基因的程序性表达而逐渐表现的过程，而 M_1 代花粉是承接 M_1 和 M_2 代的桥梁，通过对 M_1 代花粉研究，可以提早了解后代的变异趋势，特别是对于 M_1 代未表现变异的植株的后代变异情况进行提早把握。

电子束辐照唐菖蒲‘超级玫瑰’后，对其 M_1 代花粉酯酶同工酶进行分析测定得图 4-3。

从图 4-3 可以看出，唐菖蒲‘超级玫瑰’对照花粉有 7 条明显的酯酶同工酶酶带，R_f 值分别为 0.01、0.04、0.08、0.22、0.32、0.37 和 0.46。不同辐射剂量下其花粉酯酶电泳图谱有明显变化，辐射剂量较小时（40～120Gy），R_f 值为 0.22～0.46 的相对较小分子量的酯酶同工酶酶带活性较对照明显减弱，同工酶酶带条带数并无变化；随着辐照强度的增大，在 160Gy 和 200Gy 时，R_f值为 0.01、0.04 和 0.08 的同工酶酶带强度变弱，R_f值为 0.22 和 0.46 的同工酶酶带均消失，与此相反的是 R_f值为 0.32 和 0.37 的同工酶酶带强度明显增强，并且在 R_f值为 0.40 处出现了一条新的同工酶酶带；当辐射剂量达到 240Gy 时，R_f值为 0.01、0.04 和 0.08 的同工酶酶带强度变得更弱，R_f值为 0.22 和 0.46 的同工酶酶带从新出现，R_f值为 0.37 的同工酶酶带消失，但在 R_f值为 0.30 处又出现了一条新的同工酶酶带。

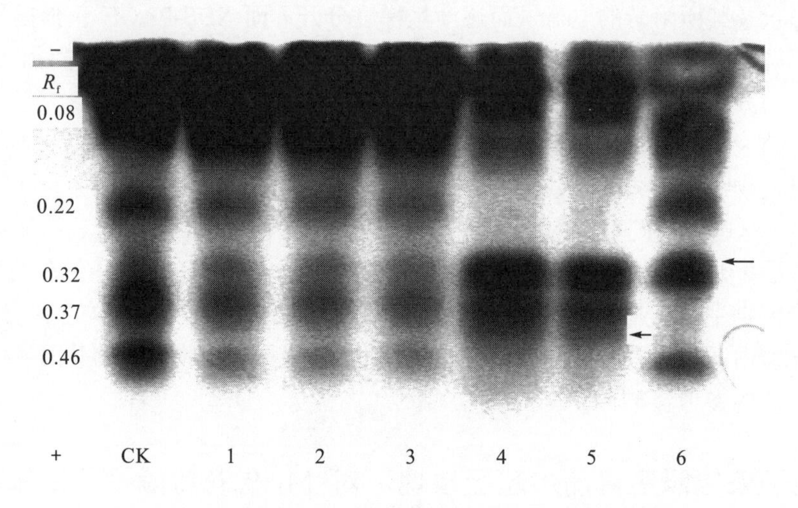

图 4-3 不同辐射剂量下唐菖蒲花粉酯酶同工酶电泳图谱

1：40Gy；2：80Gy；3：120Gy；4：160Gy；5：200Gy；6：240Gy；CK(对照)：Control

可见，小剂量电子束辐照首先对酯酶同工酶中小分子量酶分子起作用，随着剂量的增大，小分子量酶分子出现更大变异的同时，大分子量酶分子才开始受到辐照的影响。这种变异方式鲜见报道，可能的原因是大分子量蛋白分子的基因可能具有更冗杂的基因编码，比小分子蛋白的基因具有更多的惰性区域以保护核心编码区免受辐照损伤。

电子束辐照唐菖蒲‘超级玫瑰’后，对其 M_1 代花粉酯酶同工酶 SDS-PAGE 电泳观察得图 4-4。从图 4-4 可以看出，不同辐射剂量下唐菖蒲‘超级玫瑰’花粉中蛋白亚基与对照相比条带均有所变化，出现了一些特异性条带(如图 4-4 中箭头所示)，且部分条带颜色变深，说明辐照后花粉中出现一些特异蛋白，且蛋白表达量较对照有所增加，而随着剂量的增加，在剂量大于 160Gy 时蛋白表达又较小剂量时有所减少，由此可以看出电子束辐照能够对花粉中蛋白表达产生较为明显的影响。

诱变引起的 DNA 损伤和修复会使细胞在代谢和遗传等方面发生变化，这种变化可以从蛋白质表达上反映出来。从本实验可以看出，低剂量电子束辐照即能够对‘超级玫瑰’花粉中蛋白表达产生较为明显的影响，出现一些特异表达条带，并且在剂量高于 160Gy 时表达条带又发生改变。

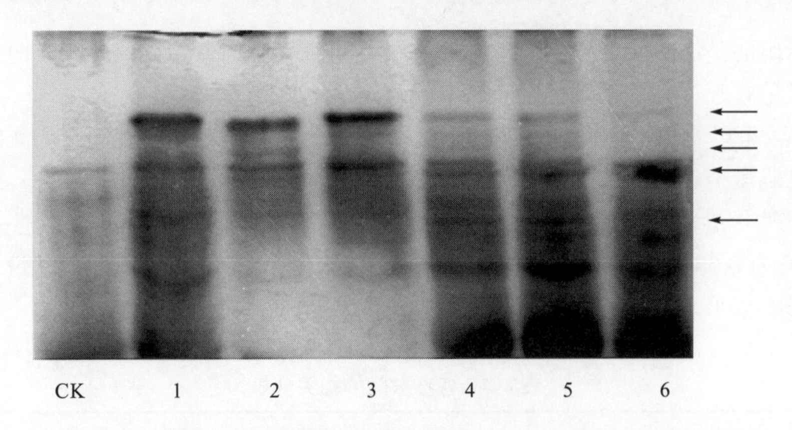

图 4-4　不同辐射剂量下唐菖蒲花粉中蛋白亚基 SDS-PAGE 电泳图谱

1：40Gy；2：80Gy；3：120Gy；4：160Gy；5：200Gy；6：240Gy；CK(对照)：Control

4.3.2　^{60}Co-γ 射线辐照对百合增殖芽 POD 同工酶酶谱的影响

以前述东方百合‘索邦’一代开花种球为材料，以 ^{60}Co-γ 射线辐照后第三次增殖得到的不定芽进行 POD 酶带的测定得到图 4-5。

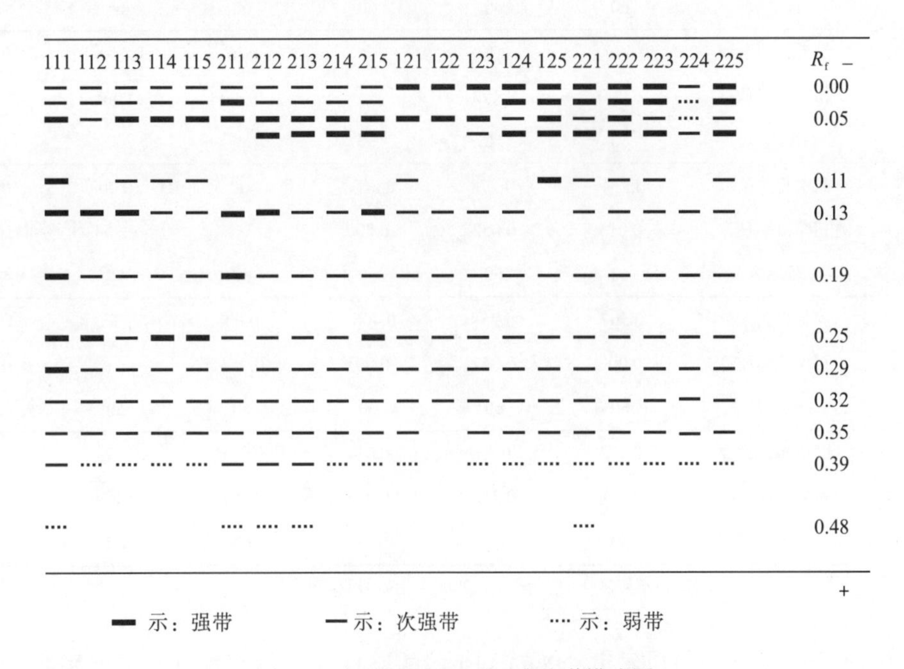

图 4-5　各处理 POD 同工酶酶谱模式图

本试验使用的凝胶成像系统照相不清晰，因此在酶带染色过程中手工绘制酶谱膜试图，可更加清晰的保存结果，便于分析；122 的酶谱图谱根据重复试验确定

从电泳图谱(图 4-5)可以看出，不同处理 POD 酶带呈现出明显的变化，主要表现在酶带的有无与强弱。不定芽诱导阶段离体培养条件(培养基、外植体)对酶带影响显著，这与 POD 酶活性方差分析结果一致。

应该指出的是：在酶带显色过程中，基本上遵循从上到下的显色顺序，但第三条和第五条酶带显色较晚，几乎在其他酶带都有蓝色转为棕色时才显色。

由表 4-4 可以看出，辐射剂量 2.0Gy 时酶谱带变化最丰富，辐射剂量为 4.0Gy 时酶谱带变化数目略微少于 2.0Gy，但是仍高于低辐射剂量。离体培养条件影响 D 区、C 区谱带，在 A1B1 处理中 R_f 为 0.08 的谱带消失；在 A2B1 处理中 R_f 值为 0.11 的谱带消失；在 A1B2 处理中 R_f 值为 0.08 的谱带仅在低辐射剂量处理中消失；在 A2B2 处理中谱带最丰富，受辐射剂量影响最小。

表 4-4 各参数间的相关分析

		辐射剂量	芽增殖数	POD 酶活性	CAT 酶活性	蛋白质含量	MDA 含量
辐射剂量	简单相关系数	1	−0.395**	0.479**	0.314*	0.507**	0.173
	相伴概率(双)	—	0.002	0.000	0.015	0.000	0.187
	样本数	60	60	60	60	60	60
芽增殖数	简单相关系数	−0.395**	1	−0.178	−0.278*	−0.258*	−0.163
	相伴概率(双)	0.002	—	0.173	0.032	0.047	0.212
	样本数	60	60	60	60	60	60
POD 酶活性	简单相关系数	0.479**	−0.178	1	0.616**	0.406**	0.014
	相伴概率(双)	0.000	0.173	—	0.000	0.001	0.915
	样本数	60	60	60	60	60	60
CAT 酶活性	简单相关系数	0.314*	−0.278*	0.616**	1	−0.008	0.071
	相伴概率(双)	0.015	0.032	0.000	—	0.954	0.591
	样本数	60	60	60	60	60	60
蛋白质含量	简单相关系数	−0.507**	−0.258*	0.406**	−0.008	1	0.174
	相伴概率(双)	0.000	0.047	0.001	0.954	—	0.184
	样本数	60	60	60	60	60	60
MDA 含量	简单相关系数	0.173	−0.163	0.014	0.071	0.174	1
	相伴概率(双)	0.187	0.212	0.915	0.591	0.184	—
	样本数	60	60	60	60	60	60

注：“**”表示在 0.01 水平显著(双侧)，“*”表示在 0.05 水平显著(双侧)。

从电泳图谱(图 4-5)可以看出，POD 同工酶酶谱共显现 13 条酶带，依据酶带的泳动速率(R_f值)，可明显分为快、中、慢带区，快带区(A 区)R_f值 0.48，有 1 条酶带；微快带区(B 区)R_f值为 0.25～0.39；慢带区(C 区)R_f值为 0.11～0.19，有 3 条酶带；特慢带区(D 区)R_f值为 0.00～0.08，有 4 条酶带。其中 B 区谱带最稳定，A 区谱带受辐射剂量影响最大，其次是 C 区和 D 区。

表 4-5　各处理 POD 同工酶酶谱变化

标号	111	112	113	114	115
酶带数目	12	10	11	11	11
与对照(0.0Gy)比较酶带变化数目	0	6	6	6	6
标号	211	212	213	214	215
酶带数目	11	12	12	11	11
与对照(0.0Gy)比较酶带变化数目	0	3	4	4	5
标号	121	122	123	124	125
酶带数目	10	7	10	11	11
与对照(0.0Gy)比较酶带变化数目	0	3	2	4	4
标号	221	222	223	224	225
酶带数目	13	12	12	11	12
与对照(0.0Gy)比较酶带变化数目	0	2	1	6	1
变化酶带总数	0	14	13	20	16

注：数字“125”第一个数字“1”代表诱导培养基 A，即 A1；第二个数字“2”代表外植体 B，即 B2；第三个数字“5”代表辐射剂量 C，即 C5，其余依次类推。

从图 4-4 和图 4-5 综合分析 POD 酶谱带条数及强弱与酶活性的关系，125 组酶活性最高，其次是 111 组、222 组，112 组酶活性最低，这些与酶活性测定结果一致，说明酶谱在一定程度上可以反映酶活性差异，相反，酶活性差异大说明酶的表达在时间、空间上的差异，可以推断基因水平的变异情况。

基于 POD 同工酶酶带的聚类分析数据分析使用 SPSS11.5，对 POD 同工酶酶谱上各泳道每一相同迁移位置，清晰且重复性好的条带记为“1”，无酶带的记为“0”，从而变换成二态性状矩阵，对二值数据的相似性测度采用单匹配相似系数(simple matching coefficients of similarity)，采用 Hierarchical Cluster 分层聚类，聚类方法使用 Within-Groups Linkage 组内连结，对两个品种分别进行分析，建立各处理及对照间的聚类树状图。

从表 4-6 可以看出，A1B1 处理中各辐照组与对照组的遗传相似系数为 0.846～0.923，平均遗传相似系数为 0.904；A1B2 处理中各辐照组与对照组的遗传相似系数为 0.769～0.846，平均遗传相似系数为 0.788；A2B1 处理中各辐照组与对照组的遗传相似系数为 0.846～0.923，平均遗传相似系数为 0.885；A2B2 处理中各辐照组与对照组的遗传相似系数为 0.846～0.923，平均遗传相似系数为 0.904。

A1B1 和 A2B2 处理中增殖芽 POD 酶谱带的各辐照组与其对照组间差异最小，平均差异值为 0.096，差异范围最窄为 0.077～0.154；A1B2 处理中增殖芽 POD 酶谱带的各辐照组与其对照组间差异最大，平均差异值为 0.212，差异范围最窄为 0.154～0.231；A2B1 处理中增殖芽 POD 酶谱带的各辐照组与其对照组间差异居中，平均差异值为 0.115，差异范围最窄为 0.077～0.154。这说明外植体的辐射敏感性受培养基成分中激素含量的影响。

不同辐射剂量之间增殖芽 POD 酶谱带与对照组的遗传相似系数有所不同，范围为 0.846～0.904，其中辐射剂量为 2.0Gy 时与对照组的遗传相似系数最小，差异值为 0.154。

表 4-6 基于 POD 同工酶酶谱的单匹配相似系数矩阵

Case	Smple matching Meeasure																			
	1：111	2：112	3：113	4：114	5：115	6：121	7：122	8：123	9：124	10：125	11：211	12：212	13：213	14：214	15：215	16：221	17：222	18：223	19：224	20：225
1：111	1.000	0.846	0.923	0.923	0.923	0.846	0.615	0.692	0.769	0.769	0.923	0.846	0.846	0.769	0.769	0.923	0.846	0.846	0.769	0.846
2：112	0.846	1.000	0.923	0.923	0.923	0.846	0.615	0.692	0.769	0.923	0.769	0.692	0.692	0.769	0.769	0.769	0.846	0.846	0.769	0.846
3：113	0.923	0.923	1.000	1.000	1.000	0.923	0.692	0.769	0.846	0.846	0.846	0.769	0.769	0.846	0.846	0.846	0.923	0.923	0.846	0.923
4：114	0.923	0.923	1.000	1.000	1.000	0.923	0.692	0.769	0.846	0.846	0.846	0.769	0.769	0.846	0.846	0.846	0.923	0.923	0.846	0.923
5：115	0.923	0.923	1.000	1.000	1.000	0.923	0.692	0.769	0.846	0.846	0.846	0.769	0.769	0.846	0.846	0.846	0.923	0.923	0.846	0.923
6：121	0.846	0.846	0.923	0.923	0.923	1.000	0.769	0.846	0.769	0.769	0.769	0.692	0.692	0.769	0.769	0.769	0.846	0.846	0.769	0.846
7：122	0.615	0.615	0.692	0.692	0.692	0.769	1.000	0.769	0.692	0.538	0.692	0.615	0.615	0.692	0.692	0.538	0.615	0.615	0.692	0.615
8：123	0.692	0.692	0.769	0.769	0.769	0.846	0.769	1.000	0.923	0.769	0.769	0.846	0.846	0.923	0.923	0.769	0.846	0.846	0.923	0.846
9：124	0.769	0.769	0.846	0.846	0.846	0.769	0.692	0.923	1.000	0.846	0.846	0.923	0.923	1.000	1.000	0.846	0.923	0.923	10.000	0.923
10：125	0.769	0.923	0.846	0.846	0.846	0.769	0.538	0.769	0.846	1.000	0.692	0.769	0.769	0.846	0.846	0.846	0.923	0.923	0.846	0.923
11：211	0.923	0.769	0.846	0.846	0.846	0.769	0.692	0.769	0.846	0.692	1.000	0.923	0.923	0.846	0.846	0.846	0.769	0.769	0.846	0.769
12：212	0.846	0.692	0.769	0.769	0.769	0.692	0.615	0.846	0.923	0.769	0.923	1.000	1.000	0.923	0.923	0.923	0.846	0.846	0.923	0.846
13：213	0.846	0.692	0.769	0.769	0.769	0.692	0.615	0.846	0.923	0.769	0.923	1.000	1.000	0.923	0.923	0.923	0.846	0.846	0.923	0.846
14：214	0.769	0.769	0.846	0.846	0.846	0.769	0.692	0.923	1.000	0.846	0.846	0.923	0.923	1.000	1.000	0.846	0.923	0.923	1.000	0.923
15：215	0.769	0.769	0.846	0.846	0.846	0.769	0.692	0.923	1.000	0.846	0.846	0.923	0.923	1.000	1.000	0.846	0.923	0.923	1.000	0.923
16：221	0.923	0.769	0.846	0.846	0.846	0.769	0.538	0.769	0.846	0.846	0.846	0.923	0.923	0.846	0.846	1.000	0.923	0.923	0.846	0.923
17：222	0.846	0.846	0.923	0.923	0.923	0.846	0.615	0.846	0.923	0.923	0.769	0.846	0.846	0.923	0.923	0.923	1.000	1.000	0.923	1.000
18：223	0.846	0.846	0.923	0.923	0.923	0.846	0.615	0.846	0.923	0.923	0.769	0.846	0.846	0.923	0.923	0.923	1.000	1.000	0.923	1.000
19：224	0.769	0.769	0.846	0.846	0.846	0.769	0.692	0.923	1.000	0.846	0.846	0.923	0.923	1.000	1.000	0.846	0.923	0.923	1.000	0.923
20：225	0.846	0.846	0.923	0.923	0.923	0.846	0.615	0.846	0.923	0.923	0.769	0.846	0.846	0.923	0.923	0.923	10.000	10.000	0.923	1.000

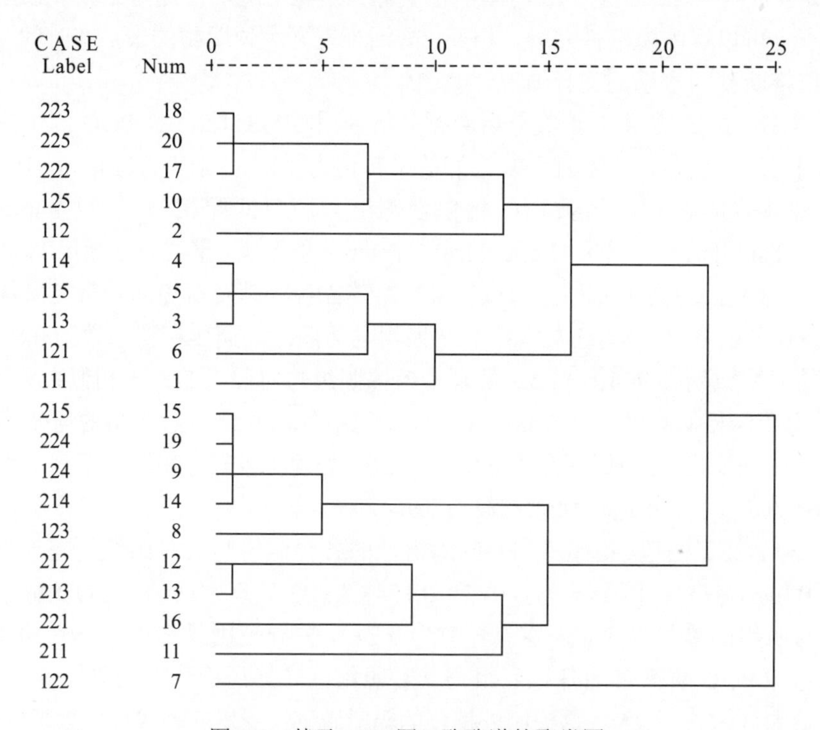

图 4-6 基于 POD 同工酶酶谱的聚类图

从图 4-6 的 POD 同工酶酶谱带的聚类图中可以看出，当遗传相似系数为 0.769 时，本试验 20 个处理被分成三大类，122 处理由于酶谱变化较大而自成一类，其余两类基本上是：A1B1 和 A2B2 处理为一类；A1B2 和 A2B1 处理为一类，可见外植体与芽诱导培养基中激素对生成芽以后的生理影响十分重要。当遗传相似系数为 0.846 时所有处理分成 7 类，分别为(215、224、124、123)、(223、225、222、125)、(114、115、113、121、111)、(212、213、221)、(112)、(211)、(122)，基本上按辐射剂量高低规律聚类，表明辐射剂量对第二次增殖芽 POD 同工酶酶谱的影响效应。

总之，不同处理 POD 酶带呈现出明显的变化，主要表现在酶带的有无与强弱。不定芽诱导阶段离体培养条件(培养基、外植体)对酶带影响显著，这与 POD 酶活性方差分析结果一致。辐射剂量 2.0Gy 和 4.0Gy 时酶谱带变化最丰富。

4.4　辐射对植物叶绿素含量及光合作用的影响

光合作用是植物最基本的生命活动，其他一切生命活动都源于光合作用，植物植株的个体和群体光合作用最终决定了植物的生长和发育。电离辐射在不同程度上直接或间接影响叶绿素的含量，进而影响植物的光合作用，因此，电离辐射对光合作用的影响机理及其规律研究有很高的研究价值。

4.4.1　电子束辐射对唐菖蒲光合作用的影响

对前述电子束辐照唐菖蒲球茎后生长的植株在苗期和初花期分别进行光合作用相关指标的测定得表 4-7。

表 4-7　电子束照射对唐菖蒲光合速率和细胞间隙 CO_2 浓度的影响

处理	苗期				初花期			
	光合作用率 /[μmol/(m²·s)]		细胞间隙 CO_2 浓度 /(mmol/mol)		光合作用率 /[μmol/(m²·s)]		细胞间隙 CO_2 浓度 /(mmol/mol)	
	江山美人	超级玫瑰	江山美人	超级玫瑰	江山美人	超级玫瑰	江山美人	超级玫瑰
对照	3.873	4.692	223.17	187.50	2.8933	3.4667c	221.50	178.33a
40Gy	3.563	4.730	298.00	183.50	3.0250	3.4050c	165.33	181.83a
80Gy	2.307	5.072	286.17	212.33	2.2050	3.1575bc	162.50	260.25ab
120Gy	3.628	4.855	278.67	220.00	2.4150	2.8617abc	163.50	281.83b
160Gy	3.987	3.277	216.17	214.33	2.2717	2.9600abc	156.33	279.17b
200Gy	5.005	4.652	259.67	227.17	2.1717	2.0283ab	172.00	283.50b
240Gy	4.600	4.348	203.33	257.67	1.2325	1.8367a	273.25	302.00b

注：差异显著性采用邓肯氏新复极差分析(P=0.05)，同一列中相同字母表示差异不显著。

从表 4-7 中可以看出，苗期唐菖蒲‘江山美人’各处理光合作用与细胞间隙 CO_2 浓度率均未达到显著水平；初花期唐菖蒲‘江山美人’各处理光合作用率随着剂量的增大呈现下降趋势，并在 240Gy 处达到最小值，但均未达到显著水平；细胞间隙 CO_2 浓度除 240Gy 外均小于对照，但也未达到显著水平。

从表 4-7 中可以看出，苗期唐菖蒲‘超级玫瑰’各处理光合作用率均未达到显著水平；细胞间隙 CO_2 浓度随着剂量的增大有增大的趋势，但差异不显著；初花期唐菖蒲‘超级玫瑰’各处理光合作用率随着剂量的增大呈现下降趋势，并在 200Gy 和 240Gy 处显著小于对照，240Gy 处达到最小值，光合作用率仅为对照的 52.98%，可见光合作用率在初花期明显被电子束辐照所抑制；细胞间隙 CO_2 浓度随着剂量的增大有增大的趋势，并在大于 120Gy 剂量处理的植株均显著大于对照。

综合上述的结果，电子束照射对唐菖蒲两个品种 M_1 代叶片的在苗期的光合作用率和细胞间隙 CO_2 浓度均不显著，而在初花期两品种者出现较大差异，‘江山美人’的光合作用率和细胞间隙 CO_2 浓度仍未有显著变化，而‘超级玫瑰’在初花期随着剂量的增大光合作用率和细胞间隙 CO_2 浓度均呈现出显著的改变，可见唐菖蒲两个品种对电子束辐照表现出不同的敏感性，‘超级玫瑰’对电子束敏感性高于‘江山美人’。

4.4.2 电子束辐射对唐菖蒲叶绿素含量的影响

从表 4-8 可以看出，电子束处理后，唐菖蒲叶片叶绿素含量及叶绿素 a/b(叶绿素 a 含量/叶绿素 b 含量)比值与对照相比发生了变化，其中叶绿素 a 含量在低剂量处理后变化不明显，而在高剂量处理后其含量明显增高，并达到了显著水平(P=0.05)；叶绿素 b 含量表现为先降低后升高，但均未达到显著水平；而叶绿素 a/b 比值也均未达到显著变化。可见叶绿素 a 和叶绿素 b 在高剂量电子束处理后含量均表现为上升，但叶绿素 a 较叶绿素 b 更为敏感。

表 4-8 电子束辐照对唐菖蒲叶绿素含量的影响

处理/Gy	对照	40	80	120	160	200	240
叶绿素 a 含量/(mg/L)	11.25	10.16	10.34	11.60	10.56	11.38	15.37*
叶绿素 b 含量/(mg/L)	4.50	4.07	4.27	4.46	4.21	4.67	5.52
叶绿素 a/b 比值/(mg/L)	2.55	2.55	2.53	2.57	2.56	2.49	2.86

注：*表示差异显著。

光合作用是植物十分复杂的生理过程，主要取决于 3 个生理过程，即光合底物 CO_2 的传导、光反应和暗反应。受辐射的 M_1 代植株在生长过程中，气孔导度、蒸发速率、细胞间隙 CO_2 浓度均有利于光合作用率的提高，并且光合色素含量也有不同程度的增加，有利于植物捕获更多光能供光合作用利用，但光合作用率并没有显著升高甚至有所降低。

一般来说，引起植物叶片光合效率降低的因素主要有气孔的部分关闭导致的气孔限制和叶肉细胞光合活性的下降导致的非气孔限制，前者使细胞间隙 CO_2 浓度降低，而后者

使细胞间隙 CO_2 浓度增高，当这两种因素同时存在时，细胞间隙 CO_2 浓度变化的方向取决于占优势的那个因素。在高剂量下光合速率下降的同时细胞间隙 CO_2 浓度表现为上升，可见气孔因素已不是光合作用的限制性因素，而是因为叶肉细胞光合活性的下降所致。从叶片表面微形态学特征的观察，证实了上述论断；同时，光合作用的降低又会影响细胞的生长与延长，造成叶面积减小，所以气孔密度表现为上升。表皮毛、气孔等表皮的附属结构是由表皮细胞在长期的发育过程中演变而来的，通常情况下，表皮毛的作用是反射较多的阳光，阻挡和散射紫外线，保护植物免受光的伤害，加强表皮的保护作用，减少水分蒸腾，具有很好的隔水、保水功能。此外，表皮毛可能具有绝热功能，能避免叶肉组织过热。由于植物器官表皮微形态学特征的遗传稳定性，因此它对于探讨变异的研究上能够提供比较客观的依据。本结果表明，植物的气孔器及表皮结构表现出一定变异，处理后表皮毛的密度和长度比对照株均有所增加，这从一定程度上说明了植株对辐照的一种防御性反应，或者可以理解为受辐照植株对电子束的一种适应性反应。

受辐射的 M_1 代植株在生长过程中，叶片的生长受到抑制，气孔导度、蒸发速率、细胞间隙 CO_2 浓度和光合作用率均受到一定影响，原因可能是电子束对调控光合作用的基因产生作用，从而影响与光合作用相关的组织结构或其生化物质等的发生、发育和分化，或是诱导了部分表皮细胞的程序化死亡。同时，辐射还会造成活性氧含量增加，若抗氧化酶不足以清除，细胞则会损伤甚至死亡；不同浓度的 H_2O_2 也可使某些植株叶片气孔关闭，抑制气孔张开。

综合上述结果可以初步确定，通过电子束对唐菖蒲球茎的照射，M_1 代叶片发生的显著变化既有辐照诱变致畸的因素，在叶片不能正常行使功能的情况下，体内会发生一系列适应性反应以维持正常生命活动，所以又表现出自身适应性变化的特点，从而在叶表细胞排列杂乱的情况下仍然保证了光合作用率未出现显著性降低。当然，由于辐射诱变的随机性，使得植株的变异成为一个随基因的程序性表达而逐渐表现的过程，电子束辐射对叶片的影响及其作用机理，还有待进一步研究和探讨。

4.4.3　电子束辐射羽衣甘蓝‘红鸥’干种子对叶绿素含量的影响

对前述经过不同剂量电子束辐射后羽衣甘蓝‘红鸥’叶片的叶绿体色素含量测定，测定结果见表 4-9。

表 4-9　叶绿体色素含量测定结果

处理	叶绿素 a 含量/(mg/L)	叶绿素 b 含量/(mg/L)	类胡萝卜素含量/(mg/L)	总叶绿素含量/(mg/L)
对照	1.230a	0.564a	0.212a	1.794a
25.87Gy	1.345a	0.690ab	0.147a	2.034a
55.00Gy	1.271a	0.605ab	0.184a	1.875a
85.00Gy	1.373a	0.695ab	0.179a	2.068a
115.00Gy	1.405a	0.736b	0.184a	2.141a
145.00Gy	1.428a	0.823b	0.163a	2.251a

注：小写字母表示 0.05 水平的差异显著性。

从表 4-9 可以看出，类胡萝卜素含量有随着电子束辐射剂量的增加而减少的趋势；叶绿素 a、叶绿素 b 和总叶绿素含量均有随着剂量增加而增大的趋势，都是在最高剂量 145Gy 时其值达到最大，表明电子束辐射对羽衣甘蓝‘红欧’叶片类胡萝卜素含量的增长有一定的抑制作用。

4.4.4 ^{60}Co-γ 射线辐照对百合生根芽叶绿素含量的影响

对前述 ^{60}Co-γ 射线辐照百合生根芽后其叶绿素含量的测定得表 4-10。从表 4-10 可以看出，辐照对 A1B2 处理生根芽叶片叶绿素含量的影响均达到显著水平。叶绿素 a 含量随着辐射剂量的增加呈现出逐渐升高的趋势，各辐照组的叶绿素 a 含量均显著高于对照组，2.0Gy 和 4.0Gy 组叶绿素 a 含量显著高于 0.5Gy 和 1.0Gy 组，2.0Gy 与 4.0Gy、0.5Gy 与 1.0Gy 的差异均不显著。总叶绿素的含量随辐射剂量的变化趋势与叶绿素 a 含量相同。叶绿素 b 的含量随着辐射剂量的增加呈现出逐渐升高的趋势，各辐照组的叶绿素 b 的含量均显著高于对照组，各辐照组之间差异均不显著。类胡萝卜素的含量随着辐射剂量的增加呈现出逐渐升高的趋势，各辐照组的类胡萝卜素的含量均显著高于对照组，各辐照组之间差异均不显著。叶绿素 a/b 比值随辐射剂量的增加呈现出先下降后上升再下降的趋势，各辐照组叶绿素 a/b 比值显著低于对照组，各辐照组间叶绿素 a/b 比值差异不显著，其中 4.0Gy 叶绿素 a/b 比值最小，约为对照的 89.72%。总叶绿素含量/类胡萝卜素含量的比值随辐射剂量的增加呈现升高后降低的趋势，各辐照组总叶绿素含量/类胡萝卜素含量的比值显著高于对照组，0.5Gy 和 1.0Gy 组总叶绿素含量/类胡萝卜素含量的比值显著高于 2.0Gy 和 4.0Gy 组，2.0Gy 总叶绿素含量/类胡萝卜素含量的比值略高于 4.0Gy，1.0Gy 的总叶绿素含量/类胡萝卜素含量的比值略高于 0.5Gy，差异均不显著。

表 4-10 辐照对生根芽叶绿素含量的影响

辐射剂量/Gy	叶绿素 a 含量/(mg/g)	叶绿素 b 含量/(mg/g)	类胡萝卜素含量/(mg/g)	总叶绿素含量/(mg/g)	叶绿素 a/b 比值	总叶绿素含量/类胡萝卜素含量
0.0	0.760b	0.198b	0.155b	0.958b	3.833a	6.164b
0.5	0.859ab	0.249a	0.168a	1.107ab	3.471b	6.584ab
1.0	0.863ab	0.248a	0.167a	1.110ab	3.497b	6.629ab
2.0	0.906a	0.255a	0.168a	1.161a	3.564b	6.894a
4.0	0.912a	0.265a	0.172a	1.177a	3.439b	6.855a

注：小写字母表示 0.05 水平的差异显著性。

第5章　辐射对植物细胞学的影响

细胞是生物体的结构和功能单位，辐射作用于生物体的有效部位也是细胞。细胞学效应是辐射生物学效应中最显著的效应之一。因此，只有在细胞水平探索辐射与细胞的直接相互作用，深入研究辐射对细胞的效应，才能在真正意义上揭示辐射生物学效应机理。

细胞水平上诱变机理研究的中心问题是围绕染色体畸变和突变关系进行的。染色体畸变是植物辐射损伤的典型表现特征，在辐射处理材料的有丝分裂和减数分裂胞中能观察到染色体畸变(畸变类型、畸变行为及其遗传效应)，辐射可诱发染色体数量、结构和行为畸变，染色体数量的变化往往导致单倍体及非整倍体类型的出现、单倍体的产生、染色体断裂、结构重排、染色体桥的出现、染色体落后等。

染色体畸变类型与辐射源的种类、剂量、剂量率及辐照时间有关，高剂量急性辐照使细胞中核异常和染色体畸变十分明显，主要表现为多(小、微)核、染色体桥、游离染色体、落后染色体、染色体片段等，其染色体畸变的频率和类型随着剂量的增加而增加。急性照射时植物根尖细胞损伤严重，根尖细胞中能观察到染色体断片、染色体桥、落后染色体及微核细胞；慢照射造成的损伤较轻，其引起的辐照损伤可在诱变当代的生育过程中得到修复。

微核是真核生物细胞中的一种异常结构，是染色体畸变的另一种表现形式，往往是细胞经辐射或化学药物的作用而产生的。在细胞有丝分裂时，由于受到有害理化因子的损伤，染色体发生断裂。在下一次分裂间期，丧失着丝粒的染色体片段行动滞后，不能进入子细胞的主核，形成滞留在核外的微小染色质块，即微核。染色体片段能引起基因片段的丢失和基因的重组，同时也是后期微核产生的主要来源，微核率的大小可以直接反映染色体损伤程度的大小。

植物染色体受辐照影响的行为变化主要通过观察植物细胞有丝分裂和减数分裂过程进行分析。

分生细胞在电离辐射的影响下，常导致细胞的有丝分裂不正常，染色体遭到破坏，出现各种不同的破坏现象，如形成双核和多核细胞，染色体的各种断裂、易位和胶合，子染色体不能完全彼此分开而形成桥等。一般认为由于染色体的破坏，影响到细胞生理和细胞遗传性，因而抑制了细胞的有丝分裂，致使细胞有丝分裂速率降低，表现在生长受抑制。

5.1 ^{60}Co-γ 射线辐照对百合鳞片芽根尖细胞学效应的影响

5.1.1 辐射剂量对鳞片芽根尖细胞有丝分裂的影响

有丝分裂是细胞分裂的基本形式，在分裂过程中出现由许多纺锤丝构成的纺锤体，染色质集缩成棒状的染色体，通过有丝分裂，作为遗传物质的DNA得以准确地在细胞世代间相传，通过有丝分裂才能实现组织发生和个体发育。细胞进行有丝分裂具有周期性。在整个细胞周期中分裂间期占整个分裂期的 90%左右，分裂期占 5%～10%。有丝分裂过程是一个连续的过程，为了便于描述人为地划分为六个时期：间期(interphase)、前期(prophase)、前中期(premetaphase)、中期(metaphase)、后期(anaphase)和末期(telophase)。其中，间期包括 G_1 期、S 期和 G_2 期，主要进行 DNA 复制等准备工作。

有丝分裂指数(mitotic index)，指在某一分裂组织或细胞群中，处于有丝分裂期的细胞数占其总细胞数的百分数，是作为表示细胞繁殖活动程度的指数，能代表组织中细胞倍增速度。

采用 ^{60}Co-γ 射线，剂量率为 0.799Gy/min，辐射剂量为 0.5Gy、1.0Gy、2.0Gy、4.0Gy和 8.0Gy，辐射处理东方百合‘索邦’鳞茎后取其鳞片为外植体进行离体培养，以培养后鳞片诱导的增殖阶段的不定芽为试验材料诱导生根，取其根尖细胞进行根尖细胞有丝分裂观察。

观察结果显示(表 5-1)，鳞片芽根尖细胞有丝分裂指数、有丝分裂前期、中期、后期指数随着辐射剂量的增高基本呈现出先上升后下降的趋势。各有丝分裂分裂指标基本上均在辐射剂量为 0.5Gy 或 1.0Gy 时出现峰值，在辐射剂量为 2.0Gy 和 4.0Gy 时呈现出迅速下降的态势。这说明在生根阶段低剂量辐照损伤已经修复完毕，表现出刺激效应；而高剂量的辐照损伤还未修复完全，表现为对生根芽根尖细胞有丝分裂的抑制作用。在辐射剂量为4.0Gy 时，除有丝分裂后期指数略高于对照外，其余各指标均低于对照组，分别为对照组的 92.56%、93.39%和 83.33%，可以看出辐射剂量对有丝分裂中期指数影响最大。

鳞片芽根尖细胞有丝分裂指数及有丝分裂前期、中期、后期指数随着辐射剂量的增高基本呈现出先上升后下降的趋势。在生根阶段低剂量辐照损伤已经修复完毕，表现出刺激效应；而高剂量的辐照损伤还未修复完全，表现为对生根芽根尖细胞有丝分裂的抑制作用。辐射剂量对有丝分裂中期指数影响最大。

表 5-1 辐射剂量对鳞片芽根尖细胞有丝分裂的影响

辐射剂量/Gy	观察细胞数/个	有丝分裂指数/%	分裂前期指数/%	分裂中期指数/%	分裂后期指数/%
0.0	19427	8.74	6.20	1.56	0.98
0.5	19917	10.23	7.51	1.59	1.13
1.0	16457	10.25	7.47	1.57	1.21
2.0	20107	9.62	6.82	1.79	1.01
4.0	17817	8.09	5.79	1.30	1.00

5.1.2　辐射剂量对鳞片芽根尖细胞畸变情况的影响

对上述试验中辐射剂量对鳞片芽根尖细胞畸变情况的影响见表 5-2。从表 5-2 中可以看出，鳞片芽根尖细胞中的畸形细胞率均随辐射剂量的增加而增加，各辐照组畸形细胞率均高于对照组，整个试验中的畸形细胞率高达 9.70%。形成的畸形细胞包括染色体桥、落后染色体、微核和染色体片段四种类型，但不同类型的比例不同，其中染色体桥率最高，全试验达 7.45%，落后染色体率、微核率次之，染色体片断率最低，仅为 0.86%。1.0Gy 组各项指标均低于其余各个辐照组；畸形细胞率、染色体桥率、落后染色体率、微核率各项指标的最高值均出现在 2.0Gy 组，仅染色体片断率的最高值出现在 4.0Gy 组。总体上可以看出，辐照处理对鳞片芽根尖细胞不同畸变类型影响程度不同；鳞片芽根尖细胞有丝分裂期间染色体桥率受辐射剂量影响最严重，其次是落后染色体率和染色体片断率，对微核率的影响最弱。或许细胞受到严重损伤时才会出现微核，或许在本试验数据统计阶段严重受损伤的细胞已经被淘汰。

辐照处理对鳞片芽根尖细胞不同畸变类型影响程度不同；鳞片芽根尖细胞有丝分裂期间染色体桥率受辐射剂量影响最严重，其次是落后染色体率和染色体片断率，对微核率的影响最弱。

表 5-2　辐射剂量对鳞片芽根尖细胞畸变情况的影响

辐射剂量 /Gy	观察细胞数 /个	畸形细胞率 /‰	染色体桥率 /‰	落后染色体率 /‰	微核率 /‰	片断率 /‰
0.0	19427	1.03	0.77	0.26	0.00	0.00
0.5	19917	1.96	1.31	0.55	0.1	0.20
1.0	16457	1.76	1.46	0.43	0.00	0.18
2.0	20107	2.93	2.39	0.75	0.1	0.20
4.0	17817	2.02	1.52	0.51	0.06	0.28
总计	93725	9.70	7.45	2.50	0.26	0.86

5.1.3　对形态异常芽根尖细胞有丝分裂情况观察

对生根芽中发现的形态异常芽的根尖细胞有丝分裂情况进行观察得表 5-3，该表反映了形态异常芽的外观形状与有丝分裂指数和染色体畸变情况的关系。

对形态异常芽根尖细胞有丝分裂时期畸变情况观察，可以在一定程度上区分真假变异。从表 5-3 中可以看出，外观性状如叶宽大、叶大叶柄粗、无叶柄叶片呈条形等变异情况根尖细胞有丝分裂畸形细胞率均为零，其有丝分裂指数为较高，说明是一种刺激生长、生长势强的表现。叶型变异类型叶细芽的根尖细胞有丝分裂畸形细胞率为 0.56‰，其中染色体桥率和落后染色体率各为 0.28‰，未发现染色体微核和染色体片断现象。其余形态结构异常芽根尖细胞有丝分裂时期均有畸变现象发生。叶宽柄红、叶大卷柄红、叶卷柄红、鳞茎红等颜色变异中发生畸变细胞的概率大于叶大叶脉偏、叶宽叶裂、叶窄叶裂、叶大叶裂等变异类型，且前者畸形变异发生的类型多数集中在染色体桥率和落后染色体率两类型；而后者每一种变异只发生一种类型的畸变。

表 5-3 形态异常芽根尖细胞的有丝分裂指数与染色体畸变情况

外观性状	观察细胞总数/个	有丝分裂指数/%	畸形细胞率/‰	染色体桥率/‰	落后染色体率/‰	微核率/‰	片断率/‰
叶宽大	1695	9.03	0.00	0.00	0.00	0.00	0.00
叶大叶柄粗	3860	8.08	0.00	0.00	0.00	0.00	0.00
无叶柄条形	4363	9.35	0.00	0.00	0.00	0.00	0.00
叶细	3554	8.61	0.56	0.28	0.28	0.00	0.00
叶宽柄红	2643	9.46	0.76	0.00	0.00	0.38	0.38
叶大卷柄红	5272	7.80	1.33	0.38	0.76	0.00	0.19
叶卷柄红	1800	10.44	1.11	0.56	0.56	0.00	0.00
鳞茎红	4885	7.29	0.82	0.20	0.41	0.2	0.00
叶大叶脉偏	3884	9.06	0.26	0.26	0.00	0.00	0.00
叶宽叶裂	2815	9.77	0.36	0.00	0.00	0.00	0.36
叶窄叶裂	2751	8.87	0.36	0.00	0.36	0.00	0.00
叶人叶裂	2128	7.33	0.47	0.00	0.00	0.47	0.00

对形态异常芽根尖细胞有丝分裂时期畸变情况观察，外观性状如叶宽大、叶大叶柄粗、无叶柄叶片呈条形等变异类型在基因水平未发生变化。

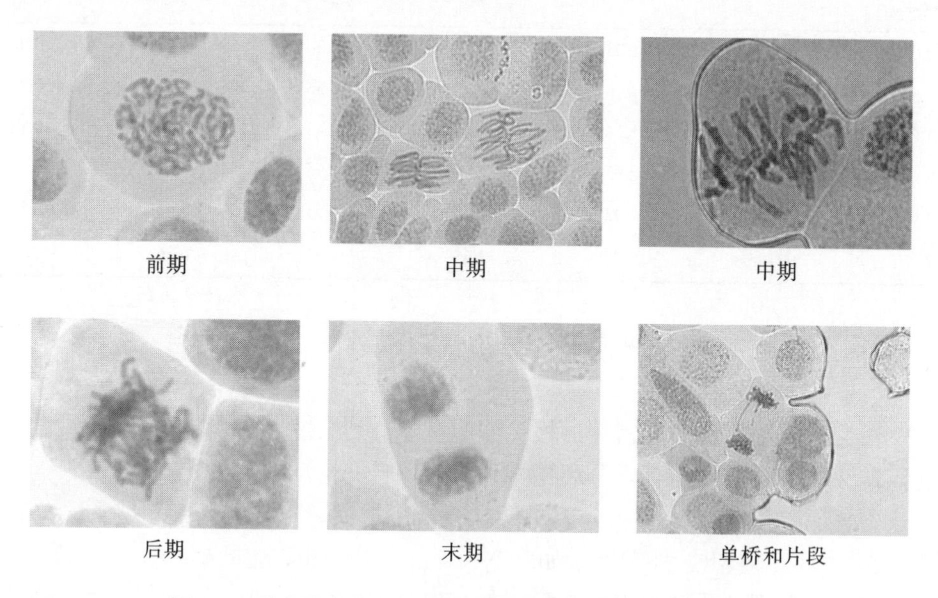

图 5-1 形态异常芽根尖细胞的有丝分裂过程中的畸变表现

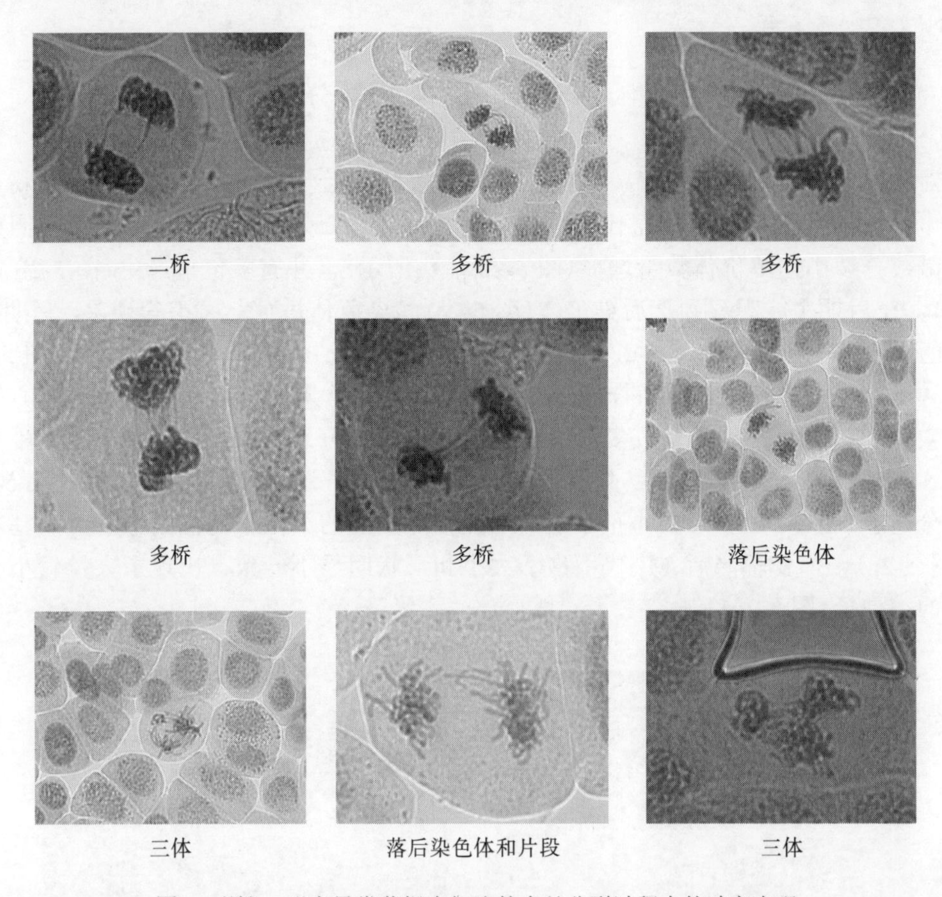

图 5-1(续)　形态异常芽根尖细胞的有丝分裂过程中的畸变表现

各辐照处理的畸形细胞率均高于对照，其中以 2.0Gy 处理最高；辐照处理对再生植株根尖细胞染色体畸变类型影响程度不同；再生植株根尖细胞有丝分裂期间染色体桥率受辐射剂量影响最严重，其次是落后染色体率和染色体片断率，对微核率产生的影响最弱。这与陆长旬等(2000)以 ^{60}Co-γ 射线辐照亚洲百合‘Pollyana’品种的鳞茎后对当代植株(M_1)的花粉母细胞减数分裂过程中染色体的行为观察结果相同，均可通过染色体桥、落后染色体、染色体片段等推测其发生了染色体结构和数目的变异(图 5-1)。

5.2　电子束辐照唐菖蒲‘超级玫瑰’对 M_0 代花粉发育的影响

减数分裂是植物生活周期中的一个重要阶段，它与被子植物的有性生殖有密切的关系。它发生在被子植物花粉母细胞开始形成花粉粒的时候。植物花粉母细胞减数分裂是否正常，直接关系到雄配子的育性，从而影响植物的有性繁殖。

5.2.1 唐菖蒲‘超级玫瑰’M_0代花粉母细胞减数分裂行为观察

对前述电子束辐照唐菖蒲‘超级玫瑰’休眠种球后获得的开花植株采集花粉进行扫描电镜观察得图 5-2。对 M_0 代花粉母细胞减数分裂行为观察发现，电子束辐照处理导致减数分裂中期单价体数量增多(图 5-2a 箭头所示)，并有多价体产生(图 5-2b 箭头所示)。在后期 I 能观察到落后染色体(图 5-2c)和染色体桥(图 5-2d)等现象，后期II出现染色体不均等分离现象(图 5-2i)，此外还能观察到微核(图 5-2p)和游离染色体(图 5-2e)等多种变异类型。在受辐照植株同一花药内可观察到从末期 I 至后期II(图 5-2f)等细胞减数分裂行为，并且具有较多同一细胞内两组减数分裂不同期进行的现象(图 5-2g 和图 5-2h)。在减数分裂完成后，除四分孢子(图 5-2l)外，还能观察到三分孢子(图 5-2k)和五分孢子(图 5-2m)；形成小孢子后，未经辐照处理的小孢子近椭圆形且大小基本一致(图 5-2n)，而受辐照后 M_1 代小孢子大小和形状明显不一致，出现了大量较小和不规则的小孢子(图 5-2o)。

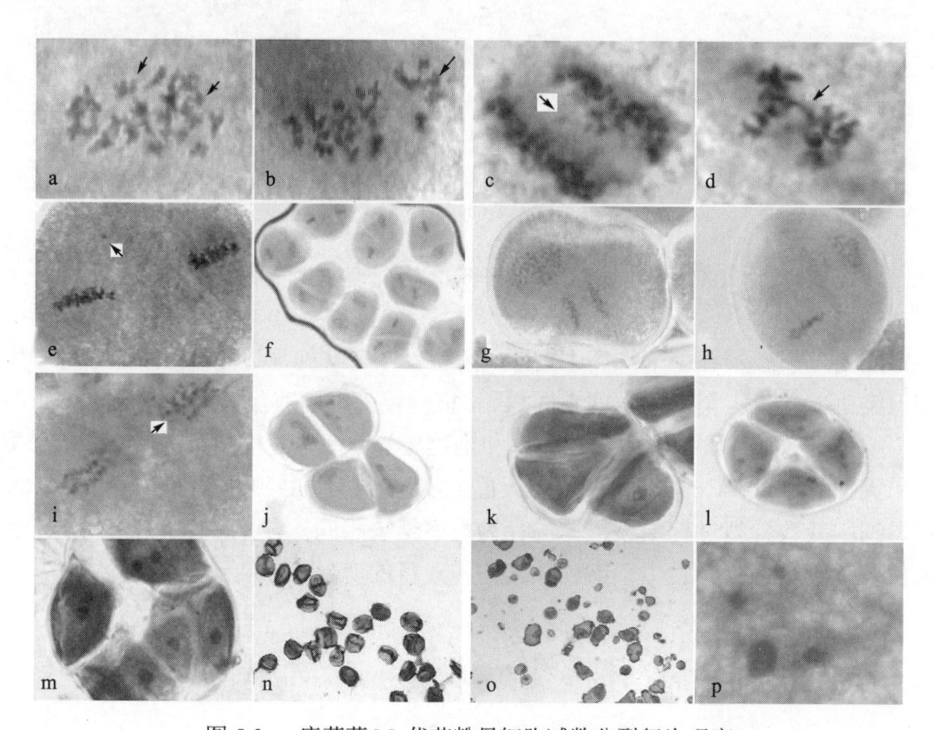

图 5-2 唐菖蒲 M_1 代花粉母细胞减数分裂行为观察

a. 单价体；b. 多价体；c. 落后染色体；d. 染色体桥；e. 游离染色体；f. 同一花药内小孢子分裂的不一致性；g. 同一细胞内减数分裂不同期；h. 同一细胞内减数分裂不同期；i. 染色体不均等分离；j. 二分孢子；k. 三分孢子；l. 四分孢子；m. 五分孢子；n. 花粉粒大小一致；o. 花粉粒大小悬殊；p. 微核

5.2.2 唐菖蒲‘超级玫瑰’M_0代花粉母细胞减数分裂的畸变类型及频率统计

对电子束辐照后唐菖蒲当代植株的花粉母细胞减数分裂过程进行显微观察，发现受电子束辐照的唐菖蒲‘超级玫瑰’M_0代花粉母细胞染色体，其畸变类型的出现频率有所不同，其中以微核出现的频率最高，120Gy 以上处理微核率能达到 3%以上。其次是游离染色体，而落后染色体和染色体桥出现的频率较低，并且各种畸变类型均具有明显的剂量效应。染色体的畸变频率随注入剂量的增大而增高，对照畸变率为 1.67%，而 200Gy 处理则高达 9.45%，高于对照的 5.66 倍。剂量大于 160Gy 处理时能观察到各种染色体畸变类型，包括落后染色体、染色体桥、游离染色体和微核等，而剂量小于 160Gy 处理时的染色体畸变类型以游离染色体和微核为主(表 5-4)。辐照处理严重影响花粉母细胞减数分裂的进行。

表 5-4　唐菖蒲 M_0 代花粉母细胞染色体畸变类型及频率

剂量/Gy	观察细胞数/个	染色体畸变类型和变异细胞数								畸变频率/%
		落后染色体		染色体桥		游离染色体		微核		
		数量/个	比例/%	数量/个	比例/%	数量/个	比例/%	数量/个	比例/%	
0(对照)	300	0	0	0	0	0	0	5	1.67	1.67
40	400	0	0	0	0	2	0.5	11	2.75	3.25
80	424	0	0	0	0	7	1.65	10	2.36	4.01
120	551	1	0.20	0	0	8	1.45	17	3.09	4.72
160	583	6	1.03	2	0.34	15	2.57	22	3.77	7.72
200	579	8	1.38	3	0.52	20	3.45	22	3.80	9.15
240	635	8	1.26	5	0.79	22	3.46	25	3.94	9.45
合计	3472	23	0.66	10	0.29	74	2.13	112	3.23	—

注：畸变频率=变异细胞数/镜检细胞数×100%。

第6章　辐射诱发植物变异类型与特点

辐射诱发植物变异一般在分子水平、细胞水平(染色体水平)、个体水平几个层次上有不同的表现。

在分子水平上，辐射损伤DNA，但生物体内存在着很强的修复系统，DNA损伤可以得到修复。如果修复不完全或错误，就会在DNA复制时出现差错，随之引起细胞内一系列大分子和细胞结构的异常而诱发变异，导致突变。其中绝大多数是不利变异，有利变异极低，有时仅约千分之一，其后代的分离现象基本上与杂交后代相同。由于受到辐射的影响，植物会产生各种变异，这些变异有的可以遗传给后代，即产生遗传性变异，有的则不能遗传给后代，即产生生理性变异。辐射能诱发基因组当代可遗传变异，并具有较高的变异频率。这对于提高育种效率、加快育种进程具有重要意义。基因组DNA突变率与辐射剂量相关，一般剂量越大，突变程度越高。辐射引起蛋白质组的差异可能是DNA变异在翻译水平上的表现，最终可能导致植物生长发育的变化。

在细胞水平上，植物可遗传的变异包括染色体变异，即染色体的数量、结构和行为的畸变。其原因是辐射会使整个染色体的表面性质发生变化，引起染色体上沉积的核酸衬质从非黏着性的聚合状态变为黏着性的非聚合状态，这种染色体的生理学变化可能会导致细胞分裂延迟，不能形成分离的子细胞核或者使细胞内的染色体数量发生变化。染色体数量的变化通常会导致单倍体及非整倍体类型出现。辐射也会诱发染色体断裂，其断裂点是随机分布的。染色体断裂后可能发生三种情况：一是染色体的断点重新愈合，因而不发生染色体畸变；二是断点不能重新愈合，在下一次的细胞分裂中就会有染色体断片和微核出现，如果片段无着丝点则会丢失；三是染色体结构重排，即在结构上出现倒位、易位、重复和缺失等畸变。辐射不仅会引起染色体行为的变异，如染色体落后、游离、提前分离、不联会或联会消失等，还会引起染色体桥的出现，这是一种染色体结构变异所导致的常见畸变类型。通过细胞学方法观测到辐照引起植物细胞染色体的变异，包括微核、断片、染色体桥、染色体缺失、落后染色体、染色体断裂、染色体易位和插入等。染色体畸变类型与剂量、细胞分裂期及细胞类型有关。染色体畸变率与辐射剂量呈正相关，也与辐射敏感性有关。虽然辐照诱发染色体数量变异频率较小，但染色体数量的变异对选育非整倍体育种材料有重要意义。染色体的结构和数量的改变均可导致生物性状的改变，从而为植物育种提供了必要的基础材料。

辐射对分子、细胞水平的微观作用经过植物生长发育，最终表现出个体生物学效应。一般辐照对植物生命活动的影响具有双重效应，低剂量常表现为刺激效应，而高剂量则带来抑制效应。辐照引起种子胚活力、幼苗和根生长、育性及愈伤组织不定根生长发育等改变；引起光合系统、自由基代谢和膜脂过氧化等生理生化的变化；引起植物荧光特性、发光光谱等物理学特性的改变。有些改变仅仅是植物对辐照损伤的应答，不一定表现为遗传；有些变化则可传递给下一代，经过若干代分离形成稳定的生物学性状。对于已分化的分生组织，辐照后常发育形成突变细胞组织和正常细胞组织构成的嵌合体。辐射对作物品质和农艺性状的改变将加快新品种的选育，对花瓣、花型、花色的改变都将有助于观赏植物在短期内获得商业品种。

6.1 个体水平上的变异

个体水平的辐射诱变效应主要表现在对植株的刺激效应、抑制效应、致死效应、形态学畸型和不育性等方面。

6.1.1 离子束注入鸡冠花处理植株开花性状变异

采用能量为 30keV 脉冲式全元素 TITAN 离子注入机，以间断脉冲注入方式，对鸡冠花种子注入 N^+和 H^+，注入剂量均为 1.6×10^{16} 个/cm^2 和 1.6×10^{17} 个/cm^2。对离子注入处理后的鸡冠花植株开花情况进行观察，发现 2 株花性状变异，其变异最明显的特点为花序为顶生单花序，且仍然为紫红色鸡冠状，但顶部出现一条金色丝状，光泽度极好，有很强的观赏价值。同时 2 植株均表现较矮化(株高 14cm 左右)，叶片宽大，浅绿色，皱褶，茎绿白色，似白化苗，茎干弯曲，不结种子。其出现的处理见表 6-1。

表 6-1　离子注入鸡冠花种子出现‘金丝花’变异情况

处理	对照	N^+		H^+	
		1.6×10^{16} 个/cm^2	1.6×10^{17} 个/cm^2	1.6×10^{16} 个/cm^2	1.6×10^{17} 个/cm^2
开花株数	88	47	38	32	13
‘金丝花’变异株数	0	1	1	0	0
占本处理百分数/%	0.00	2.13	2.63	0.00	0.00
占全处理百分数/%	0.00	0.77	0.77	0.00	0.00

变异植株的具体表现见表 6-2。

表 6-2　离子注入处理鸡冠花变异植株表现

变异植株编号	发现变异时间	处理剂量/(个/cm^2)	变异性状特点	变异植株表现
LB-1	8 月 3 日	N^+ 1.6×10^{16}	花冠状，冠顶出现金丝状。但花序不出现分枝，全株仅一个花序。叶片宽大，浅绿色，皱褶。茎绿白色，类似白化苗，茎干弯曲，易倒伏	株高 17cm，25 片叶
LB-2	8 月 3 日	N^+ 1.6×10^{16}	同上，但表现更矮化，叶片数更少	株高 14cm，14 片叶

从表 6-2 中可见，2 株‘金丝花’变异均出现在 N^+注入处理中，两个不同注量处理中各出现 1 株，变异株率分别达到 2.13%和 2.63%。H^+注入处理中未见‘金丝花’变异。在 2 株变异单株中未能得到种子(图 6-1)。

图 6-1　N 离子注入 N^+(4-1)-1 变异株(文后附彩图)

试验中两种诱变源及适宜的处理剂量都能诱发植株花性状的变异，突变率可达百分之几，甚至百分之十几，特别是离子注入处理中出现观赏价值极高的 2 株‘金丝花’突变。

变异率的高低是衡量诱变效果的重要因素之一，但在计算变异率时，通行的做法是以本处理中出现的变异植株数除以本处理植株总数，这种计算方法能反映各处理变异率的高低。诱变处理一般是剂量越高成活率越低，虽然有时有些处理变异率较高，但出现变异的植株绝对数却低，并不能完全反映处理的诱变效果。因此，以每处理出现的变异植株数除以除对照以外的所有处理植株的总和，即该处理变异植株数占全试验处理的植株总数的百分比更能反映处理的诱变效果，可直接用此指标作为衡量适宜处理的标准。从本试验出现优良变异的状况和变异率高低看，鸡冠花干种子电子束处理的适宜剂量为 1.5kGy 左右，离子注入处理的适宜剂量是 N^+ 1.6×10^{16} 个/cm^2。

本试验中电子束处理剂量高达 1.5kGy 以上，其发芽率和成活率虽然较低，但其成活植株的变异频率仍较高，其花变异株率仍然达 1%～2%；同时，每处理电子束辐射剂量达 1.5～2.5kGy 仍然有一定量的植株成活。由此可见，鸡冠花对高剂量辐照较不敏感，是一种耐强辐照的资源。

6.1.2　^{60}Co-γ 射线辐照唐菖蒲植株当代(M_1)变异情况

对前述 ^{60}Co-γ 射线辐照唐菖蒲鳞茎‘江山美人’获得的植株产生的子球(M_1 代)再次分级种植，按常规进行栽培管理。在整个开花期对每个植株进行观察记载，发现开花性状变异的单株有 13 株(表 6-3)，每株变异的具体情况见表 6-4。

表 6-3　唐菖蒲不同剂量处理变异株率

辐射剂量/Gy	对照	60	50	40	30	20	处理合计(平均)
总株数	158	54	22	51	51	39	217
变异株数	0	4	0	2	0	7	13
变异株率/%	0.00	7.40	0.00	3.92	0.00	17.94	5.99

表 6-4　唐菖蒲变异植株状况

变异植株编号	发现变异时间	处理剂量/Gy	变异性状特点	变异植株表现
B6X-1	6 月 16 日	60	花色大红色，与对照相同，但在花瓣上出现白色斑点，且斑点多在花朵边缘，全花序均表现一致	全花序花朵数 11 朵，株高 89cm，叶片数 6 片
B6X-2	7 月 27 日	60	花底色为大红色，但在花序从上向下数的第 3 朵花中，其中一个花瓣出现白色花瓣嵌合体，白条宽约 0.9cm，白条收缩变形。其余花朵表现正常	株高 86cm，花朵数 9 朵，叶片数 7 片，花序长 28cm
B6X-3	7 月 28 日	60	从上向下数的第 3 朵花出现粉白色窄条状嵌合体，宽约 0.3cm，长与花瓣相同。从上向下数的第 4 朵花其中一个花瓣出现三角形粉色嵌合体。底宽约 2cm	株高 87cm，叶片数 10 片，花朵数 10 朵，花序长 35cm
B6X-4	7 月 28 日	60	从上向下数的第 4 朵花出现白色条状，均位于花瓣中心，花底色与对照相同。其余花朵无变异	株高 86cm，叶片数 7 片，花朵数 9 朵，花序长 28cm
B4X-1	6 月 16 日	40	花底色为粉红色，花瓣边缘出现红斑，全花序表现一致	株高 105cm，花朵数 15 朵，叶片数 9 片，花序长 39cm
B4XX-2	6 月 16 日	40	花底色为粉红色，花瓣边缘出现红斑，全花序表现一致。与 B4X-1 表现一致	株高 93cm，花朵数 12 朵，叶片数 9 片，花序长 38cm
B2X-1	7 月 10 日	20	两朵花的三个花瓣中边缘出现大红底白点状变异	因遗失，无法观察
B2X-2	7 月 10 日	20	花底色为粉红色，但多数在花朵边缘出现白色斑点，少量花瓣边缘出现红色斑	株高 67cm，叶片数 5 片，花朵数 9 朵
B2X-3	6 月 16 日	20	花底色为浅红色，但花朵边缘出现白色，全花序表现一致	株高 96cm，叶片数 5 片，花朵数 14 朵
B2X-4	7 月 17 日	20	花底色为大红色，与对照表现一致，但花朵中心出现白色星状条纹。全花序均表现此性状	株高 82cm，叶片数 8 片，花序长 33cm，花朵数 13 朵
B2X-5	7 月 22 日	20	花序最上面 1～3 朵花花底色为大红色，但花瓣中出现粉白色嵌合体。其余花朵与对照相同	株高 75cm，花朵数 9 朵，叶片数 9 片，花序长 26cm
B2X-6	7 月 23 日	20	花序最上面 1～2 朵花花底色为大红色，但花瓣出现粉色斑点状	株高 66cm，花朵数 5 朵，叶片数 8 片，花序长 17cm
B2X-7	7 月 17 日	20	花序从上向下数的第 4 朵花的其中一个花瓣出现大面积粉白色嵌合体。其余花朵均表现与对照一致	株高 81cm，花朵数 10 片，叶片 8 片，花序长 33cm

由表 6-4 可见，唐菖蒲 ^{60}Co-γ 射线辐照处理后出现了较多的变异单株。变异性状表现主要为两类：一类为大面积相同底色的花瓣中出现斑点状；另一类为部分或少量花瓣出现另一种颜色的嵌合体，其中以花朵中花瓣嵌合体最多。观赏价值最高的是前一类，后一类变异需进行嵌合体分离后方可用于观赏。在观察到的 13 个变异单株中有 6 株为第一类斑

点状变异，7 株为嵌合体。由表 6-3 可见，本次试验各处理开花性状平均变异株率较高，达到 5.99%，其中斑点状变异株率达 2.76%，嵌合体变异株率达到 3.22%。出现变异最多的处理为 20Gy 和 60Gy 处理，其中 20Gy 处理的变异株率达到 17.94%，且有较高观赏价值的斑点状变异单株主要在该处理中出现。20Gy 处理可能是唐菖蒲 ^{60}Co-γ 射线辐照处理的适宜剂量。在本试验观察到的 B6X-1、B4X-1、B2X-2、B2X-3、B2X-4、B2X-6 等变异单株最有希望从中选育出新品种。

6.1.3 ^{60}Co-γ 射线辐照对百合生根芽变异的影响

对前述 ^{60}Co-γ 射线辐照百合鳞片组培得到的生根芽的叶片变异情况进行统计分析得表 6-5，结果表明，受组织培养因素影响的总变异率为 21.2%，各辐照组变异率均高于对照组，辐照处理与组织培养结合能够引发较组织培养单因素更多的变异。

不同变异类型与辐射剂量的关系表现为，叶脉偏变异类型在 0.5Gy 辐射剂量时最高；叶色变异在 0.0Gy、0.5Gy 和 4.0Gy 辐射剂量时明显高于 1.0Gy 和 2.0Gy 处理；叶裂变异在 1.0Gy 辐射剂量时显著高于其他处理，其次是 0.5Gy 和 4.0Gy 处理；叶宽、叶窄变异在辐射剂量为 1.0Gy 和 2.0Gy 时明显高于其他 3 个处理；叶片卷曲变异在 1.0Gy 处理时明显高于其他处理，其次是 0.5Gy 和 4.0Gy 处理，0.0Gy 时叶片卷曲变异率最低；叶脉突出变异在 4.0Gy 时极显著高于其余处理，约为其他处理变异率的 3 倍；叶柄变异在 0.5Gy 时最高，其次为 2.0Gy 和 4.0Gy 处理，0.0Gy 时叶柄变异率最低。可以看出，在各辐射剂量下，叶裂、叶片卷曲、叶柄变异在 0.0Gy 组的变异率偏低，叶宽、叶窄变异和叶脉突出变异在 0.5Gy 时变异率偏低，叶脉偏和叶宽、叶窄变异在 4.0Gy 时变异率最低，叶色变异在 1.0Gy 和 2.0Gy 时变异率偏低。同样，在 4.0Gy 时叶色变异、叶裂、叶片卷曲、叶脉突出等变异类型的变异率偏高；在 2.0Gy 时叶宽、叶窄变异和叶柄变异的变异率最高；1.0Gy 时叶裂、叶片卷曲的变异率最高；0.5Gy 时叶脉偏的变异率最高。

表 6-5 ^{60}Co-γ 射线辐照百合后生根芽变异类型

辐射剂量/Gy	统计芽数/株	变异类型							总变异率/%
		叶脉偏	叶色变异	叶裂	叶宽、叶窄	叶片卷曲	叶脉突出	叶柄变异	
0.0	217	2.76	9.22	4.15	1.84	2.76	0.46	1.38	21.20
0.5	216	3.24	9.72	8.33	1.85	6.02	0.00	4.17	28.24
1.0	216	0.93	5.56	12.04	3.24	9.26	0.46	1.85	28.24
2.0	216	1.85	6.48	3.70	4.63	4.17	0.46	3.24	24.07
4.0	194	0.52	10.31	7.73	1.55	6.70	1.55	2.58	27.84

图 6-2　叶片变异的不同类型

对形态异常芽根尖细胞有丝分裂时期畸变情况观察，外观性状如叶宽大、叶大叶柄粗、无叶柄叶片呈条形等变异类型在基因水平未发生变化(图 6-2)。

6.2　生理生化水平上的变异

6.2.1　唐菖蒲两变异株的同工酶及 SDS-PAGE 的比较分析

对前述电子束辐照唐菖蒲品种‘江山美人’休眠球茎后获得的植株盛花期观察花变异情况得图 6-3。

图 6-3　对照(CK)、变异株 M1′和变异株 M2′(文后附彩图)

1′：变异株 M1′；2′：变异株 M2′

观察发现在种植于田间各处理中，出现了较多变异，其中株高变矮的最多，占总处理的 1.5%左右，并且主要集中在 40Gy 处理组内。同时在 40Gy 处理组观察到一株花序变异株，表现为花序中每两朵花自下向上开起，但都是两朵中处于上方的花先开，而下方的花后开(如图 6-3 中 1′所示)，以下简称 M1′株；在 160Gy 处理组出现 1 株白色花变异株，并且只有两朵花同时开放，而非正常情况下的 13 朵左右自下而上逐次开放，株高比对照株矮近 20cm。

对花朵变异株和其同一处理中其他植株及原始对照株同工酶电泳比较见图 6-4 所示。

从图 6-4a 可以看出，α-淀粉酶同工酶均只有 1 条酶带，对照株在该时期表达较弱，而受 40Gy 辐照的处理组酶带加强，受较高剂量 160Gy 辐照过的处理组酶带减弱，但两花变异株 M1′和 M2′酶带明显增强，远高于对照及相同剂量处理的其他植株。

从图 6-4b 可以看出，对照株与两处理组的过氧化物酶同工酶在该时期表达较弱，均只有 1 条酶带，且带型及酶活性基本没有变化，而两花变异株 M1′和 M2′酶带带形有明显变化，M1′株新出现 2 条特征带，M2′株也出现 1 条特异表达谱带(特异带如图中箭头所示)。

从图 6-4c 可以看出，对照株在该时期酶活性非常弱，没有可见酶带，而变异株 M1′和 M2′及相应剂量处理组的植株均只有 1 条酶带，且酶带位置及酶活性基本相同。

从图 6-4d 可以看出，对照株酯酶同工酶多态性较好，有 4 条酶带；40Gy 辐照处理组带型与酶活性同对照基本相同，而受较高剂量 160Gy 辐照过的处理组酶带变为 3 条，比对照减少 1 条；两花变异株酶带带形与酶活性较对照有明显变化，M1′株新出现 3 条特征带，且酶活性增强，M2′株出现 4 条特异表达谱带，酶活性亦明显增强(特异带如图中箭头所示)。

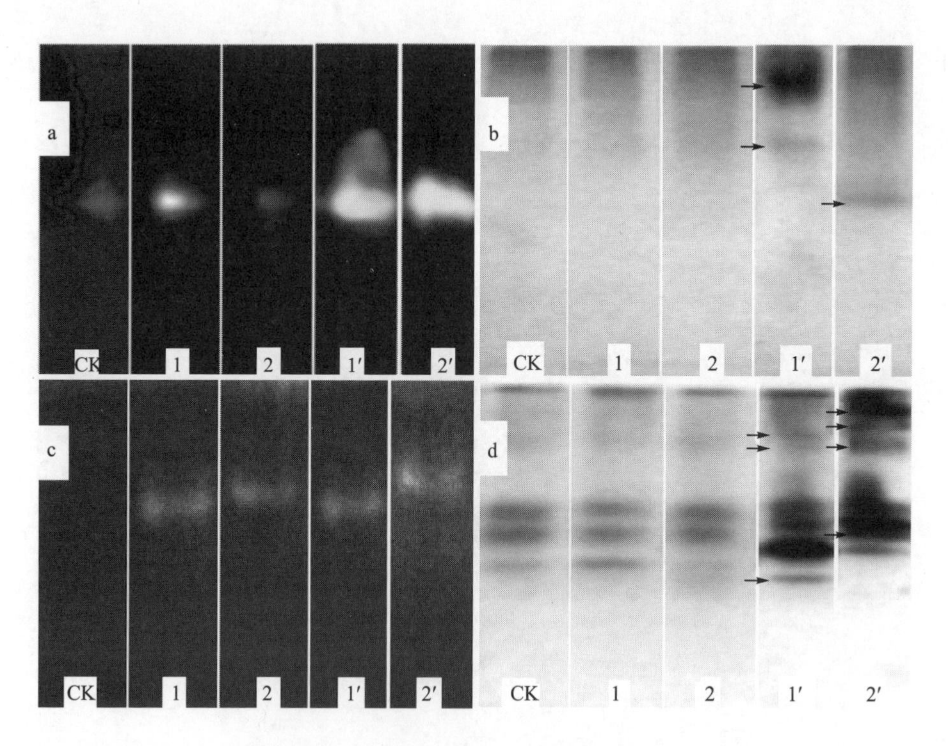

图 6-4 变异株与对照同工酶电泳图谱

a. α-淀粉酶同工酶；b. POD 同工酶；c. CAT 同工酶；d. 酯酶同工酶；

CK：原始对照株；1：40Gy 处理组；2：160Gy 处理组；1′：变异株 M1′；2′：变异株 M2′

由此可见，辐照处理后植株在同工酶酶带上较对照多数表现出变化，但主要是酶活性的变化；而变异株较同处理其他植株表现出更大的变异，不仅在酶活性上也在酶带带谱上有明显变化。

对该同工酶酶带进行聚类分析，数据分析使用 SPSS11.5，对电泳图谱上各泳道每一相同迁移位置，清晰且重复性好的条带记为“1”，无酶带的记为“0”，从而变换成二态性状矩阵，对二值数据的相似性测度采用单匹配相似系数，采用分层聚类，聚类方法使用组内连结，建立样品间的聚类树状图。

表 6-6　样品间单匹配相似系数矩阵

CK	1.000				
1	0.933	1.000			
2	0.867	0.933	1.000		
1′	0.667	0.733	0.800	1.000	
2′	0.733	0.800	0.733	0.533	1.000

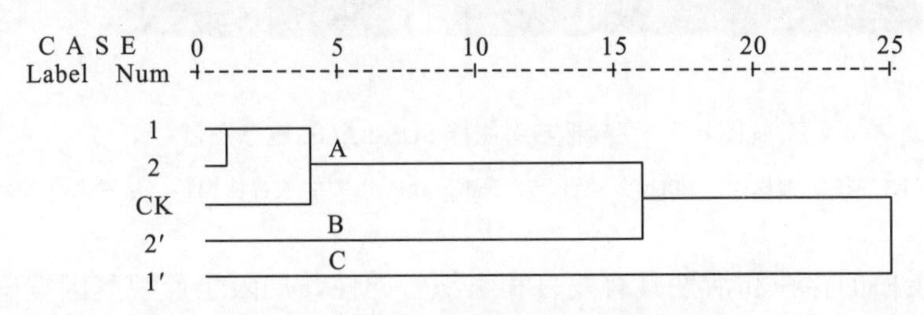

图 6-5　基于同工酶带谱的样品聚类图

由图 6-5 的聚类图可以看出，5 个供试材料可以明显划分为 3 组，其中两组为两个变异株，另一组包含了两个处理组及对照。这表明两变异株与相应处理组及对照的相似性程度比较低，变异株 M1′与对照相似性系数为 0.67，变异株 M2′与对照相似性系数为 0.73，亲缘关系较远。而与变异株辐照同样的剂量 40Gy 与 160Gy 处理组植株与变异株亲缘关系较远，但与对照较近，最大可达 0.933，说明受辐照后改变并不大。

进一步对其进行 SDS-PAGE 电泳分析得图 6-6。从图 6-6 可以看出，两处理组叶片 SDS-PAGE 电泳图谱与对照株相比条带均有减少(如图 6-7 中 1 和 2 泳道箭头所示)，且部分条带颜色变浅，说明蛋白表达量也较对照有所减少。而两变异株叶片 SDS-PAGE 电泳图谱与对照株相比条带均有所变化，并且各自出现一些特异性条带(如图 6-6 中 1′和 2′泳道箭头所示)。

变异株 M1′特异性表达两条亚基带，分子量分别是 106.4kDa 和 126.1kDa，这两种亚基可能与调控花序的变化有关；而变异株 M2′也特异性表达两条亚基带，其中分子量为 106.4kDa 的亚基与 M1′相同，另一条分子量为 144.6kDa，该亚基可能与调控花色有关。

由于外部形态标记直观快捷，长期以来人们在诱变材料的选育过程当中主要依靠形态学标记作为依据，但形态标记的数量有限，而且它不仅取决于遗传物质，还易受外界环境的影响，因而很难全面而客观地反映变异结果。同工酶标记技术与形态性状相比，标记更加丰富，受环境影响较小，通过分析同工酶酶带的有无、出现时间的早晚及活性强弱可以推断基因水平的变异情况，与形态学标记相结合，能够更好地反映遗传多样性。

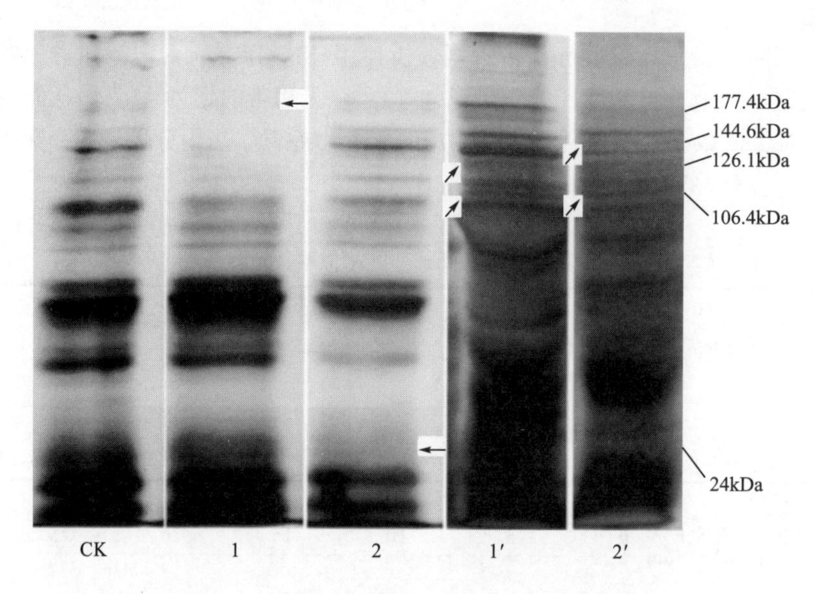

图 6-6 变异株与对照株 SDS-PAGE 电泳图谱

CK：原始对照株；1：40Gy 处理组；2：160Gy 处理组；1′：变异株 M1′；2′：变异株 M2′

但某些蛋白的存在和活性具有发育和组织特异性，局限于反映基因编码区的表达信息，酶谱上的酶带是同工酶基因的表现型而不是酶基因本身，所检测到的同工酶也未必代表给定酶的所有变异形式，迁移率相同的不同蛋白不能被分辨，蛋白表达被阻遏或表达减弱的蛋白也将不能在凝胶上观察。因此，取材时应注意选取同一发育时期相同部位的材料，使用固定一致的实验条件，选取并记录重复性好的强带与弱带，而对于重复性不好的谱带，可能是由于种种外在因素造成的，并不能反映真实结果，不应记录。

POD、CAT、淀粉酶和酯酶均是唐菖蒲体内存在的重要酶类，具有遗传的稳定性，酶谱不易受环境的影响而变化，因此这些同工酶为研究唐菖蒲辐照诱变提供了一条较有效的途径。本研究中变异株较同处理其他植株在酶带带谱及酶活性上均表现出更大的变异，与形态学的变化相吻合，可以从此推断植株的变异情况；但同一处理株不同同工酶间变异情况表现并不一致，可能是因为不同同工酶对底物的要求不同，这不仅表明处理后材料发生了一定程度的变异，而且也说明了变异的复杂性、随机性和不确定性。并且由于辐射对植株遗传序列诱变的随机性，使得植株的损伤及变异成为一个随基因的程序性表达而逐渐表现的过程，而能否得到可遗传的变异，仍然需要对其后代进行研究。

在辐照诱变所造成的酶谱条带变化中，新条带的产生和原有条带的消失这两种结果均是辐照诱变所造成的，对结果的分析同等重要；而单匹配相似系数同等对待正匹配与负匹配，均给予一倍的权值，在对辐照诱变所造成的同工酶条带变化的聚类分析的研究中能较客观地反映真实的变异结果。从聚类分析的结果可以看出，电子束辐照诱变的随机性较大，尽管经受同一剂量辐照处理，但不同个体之间差异明显。

可以看出，相同剂量辐照后产生变异并存活状况良好的植株往往保护酶活性增加，酶谱谱带有所改变以适应辐照处理，并且有特异性蛋白表达；而没有明显变异的植株表现为保护酶活性不变或下降，同时蛋白表达受到抑制。利用 SDS-PAGE 电泳所得到的两条特异性表达条带，可能分别与调控花色和花序的变化有关，将作为一个宝贵的资源加以研究与利用。而由于电子束辐照诱变的复杂性，是否在 40Gy 处理更易引起花序的变异而在 160Gy 更易于引起花色的变异，还有待进一步研究。

中子照射后对蛋白表达情况的影响进行分析，结果见图 6-7。

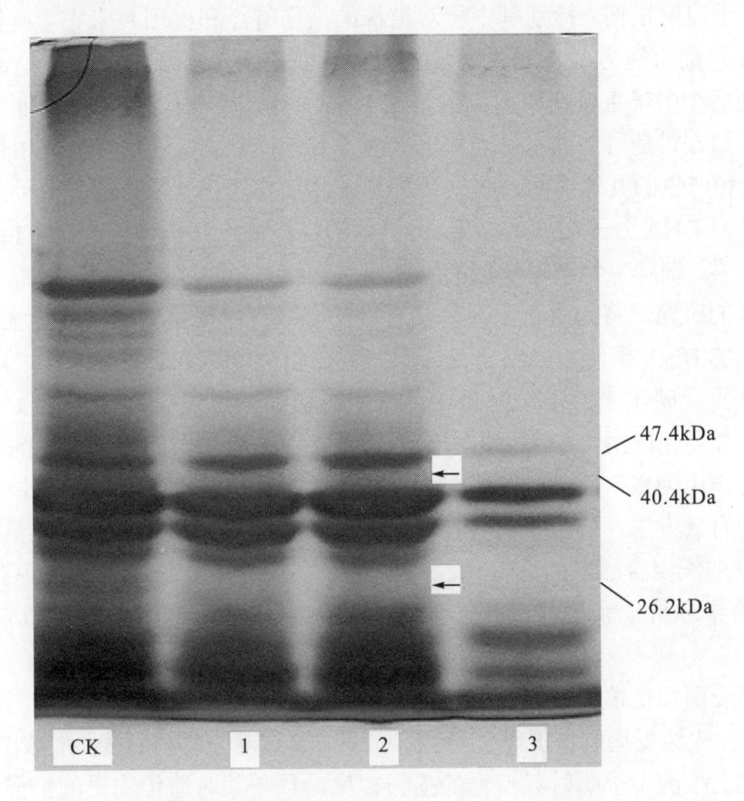

图 6-7　不同辐射剂量下唐菖蒲球茎中蛋白亚基 SDS-PAGE 电泳图谱

CK：对照；1：100Gy；2：300Gy；3：500Gy

由图 6-7 可见，随着剂量的增加，‘超级玫瑰’原有谱带染色强度逐渐减弱，且不同蛋白亚基对射线的敏感程度不同，相对低剂量时，40.4kDa 和 26.2kDa 等较低分子量的蛋白亚基谱带消失(图 6-7 箭头所示)，而随着剂量的增加，47.4kDa 以上的较高分子量的蛋白表达也都受到抑制而不再表达。可见，低分子量亚基对中子照射敏感程度较高，发生变异的可能性也较大。从蛋白的表达情况可以看出，中子对唐菖蒲的蛋白谱带的改变是有作用的，特别是对小分子量亚基的诱变效果较好。

中子对生物体表面照射时，中子的能量和质量共同作用于被照射部位，由于生物体是热的不良导体，可能导致生物体表面的溅射和刻蚀作用，造成细胞的破裂，随着剂量的加大，细胞损伤程度不断加深，继而形成裂缝。而受照射球茎表面的 SEM 观察较少能发现大量的不规则碎片，原因可能是，中子对以脂类和蛋白质等生物大分子为主要组成的角质层进行照射的过程中，由于中子的体积和质量均较小，不足以造成大量碎片的飞溅，只是弥散分布在生物体表面。由此可见，中子对生物体的作用方式并不同于离子注入等其他电离照射方式。

快中子是间接电离粒子，又属于高传能线密度(linear energy transfer，LET)照射。快中子在组织内能量损失主要是通过与氢原子核等的弹性碰撞而产生的反冲质子，使组织中的原子激发和电离，引起生物分子中化学键的断裂。但中子同生物体相互作用的过程是极为复杂的，关于照射损伤，特别是中子对植株的损伤特点和机理并未完全阐明。中子对生物体的诱变作用的可能方式是通过大量的持续不断的中子连续作用某一局部而形成瞬间通道，然后使后续中子直接作用而产生损伤 DNA 的结果，由于快中子高能量和小体积的特点，这种作用方式是可能的；另一种可能的方式是，中子与生物材料作用使原子激发和电离，所激发和产生的其他射线再进一步和遗传物质作用；也可能是在中子照射过程中所产生的自由基对 DNA 分子损伤的结果，但具体的损伤特点和诱变机理还有待进一步研究。随着分子生物学、细胞生物学等领域的不断发展和渗透，通过进一步开展中子照射损伤特点和诱变机理的研究，将为中子照射诱变育种的有效应用提供新的高效途径。

诱变引起的 DNA 损伤和修复会使细胞在代谢和遗传等方面发生变化，这种变化可以从蛋白质表达上反映出来。中子对生物体组织的初级生物效应表现为刺激效应和损伤效应，两种效应都会起作用，本试验中由于侧重考察中子的损伤作用，所用剂量较高，所以表现为以损伤作用为主，且损伤作用大于刺激作用。从本试验可以推断，中子照射是唐菖蒲遗传改良的有效方法，但由于品种及环境条件等的差异，所用剂量和能量还有待商榷。^{252}Cf 中子和 γ 射线混合照射的 RBE 值为 84±9，^{252}Cf 裂变中子的 RBE 值高达 124±13，结合本试验结果分析，我们建议用于唐菖蒲‘超级玫瑰’球茎的中子适宜剂量应低于 100Gy。

结合球茎表面损伤情况及蛋白表达情况可以看出，随着‘超级玫瑰’球茎表面刻蚀程度的加大，蛋白表达受遏制情况越加严重。可见，通过对生物材料表面的刻蚀程度的观察可在一定程度上推测中子照射对植物的损伤程度，预测其对遗传物质的损伤水平。

在中子诱变育种试验中，研究中子对植物细胞产生的损伤现象，对探讨诱变机理，提高中子照射诱变效率是很有益处的。本研究通过对不同剂量和不同入射角度对唐菖蒲球茎表面的损伤情况的观察，推测了中子对生物样品的可能作用方式，结合不同剂量照射后球茎蛋白的表达情况，将有利于揭示中子照射对生物材料作用的物质基础和损伤机理，为中子照射诱变机理提供直接依据，并将为中子照射诱变效率的提升奠定基础。

6.2.2 ^{60}Co-γ 射线急性辐照百合耐盐突变率及同工酶电泳分析

对前述采用 ^{60}Co-γ 射线急性辐照处理东方百合不定芽进行增殖。继代培养 2 代后，将不定芽分别接种到 NaCl 浓度分别为 0、0.25%、0.50%、0.75%、1.00%、1.25%、1.50%的培养基中进行耐盐筛选。将生长较快的材料采取逐步提高含盐浓度的方法，每 2 周转接 1 次，直到筛选出耐 0.75%(T1)、1.00%(T2)、1.25%(T3)NaCl 的百合耐盐突变体。分别统

计东方百合 ^{60}Co-γ 射线急性辐照筛选到的耐 0.75%、1.00%、1.25% NaCl 的不定芽数目，计算耐盐突变体的比例，结果见表 6-7。

表 6-7　不同剂量处理下百合耐盐突变率的差异

辐射剂量/Gy	T1 芽数/个	T1 芽比例/%	T2 芽数/个	T2 芽比例/%	T3 芽数/个	T3 芽比例/%	耐盐突变体总数/个	耐盐突变体总比例/%
0.0	20	0.81	8	0.37	4	0.16	32	1.34
0.5	20	0.78	7	0.27	3	0.12	30	1.17
1.0	25	1.04	7	0.29	4	0.17	36	1.49
2.0	33	1.75②	18	0.96①	8	0.43	59	3.14②
4.0	35	1.82②	17	0.89①	5	0.10	57	2.81②
总数	133		57		24		214	2.11(平均)
2.0Gy、4.0Gy 处理筛选耐盐突变体数占突变体总数比例/%	51.13		61.40		54.17		54.21	

注：T1 为耐 0.75% NaCl 的突变体；T2 为耐 1.00% NaCl 的突变体；T3 为耐 1.25% NaCl 的突变体；n=3；①P<0.05，②P<0.01 vs 对照。

由表 6-7 可以看出，γ 射线急性辐照与 NaCl 复合处理共筛选到 T1 芽 133 个，T2 芽 57 个，T3 芽 24 个，总突变体不定芽 214 个。2.0Gy 和 4.0Gy 筛选到的耐盐突变体总比例和 T1 比例明显高于对照组(P＜0.01)，筛选到的 T2 突变体比例与对照比较有显著差异(P＜0.05)，其余剂量处理筛选的突变体比例与对照比较，差异无统计学意义；2.0Gy 和 4.0Gy 辐照处理筛选到的 T1 占所有处理 T1 总数的 51.13%，T2 占所有处理 T2 总数的 61.40%，T3 占所有处理 T3 总数的 54.17%。由此可知，较高剂量的辐照(≥2.0Gy)可以诱发东方百合耐盐突变，在进行 γ 射线辐照育种时，离体条件下将辐照材料置于含 NaCl 培养基上培养筛选耐盐突变体，可以弥补辐射育种突变无方向性的缺陷。

取对照及耐盐突变体的叶片和不定芽进行 SOD 同工酶电泳，结果见图 6-8。

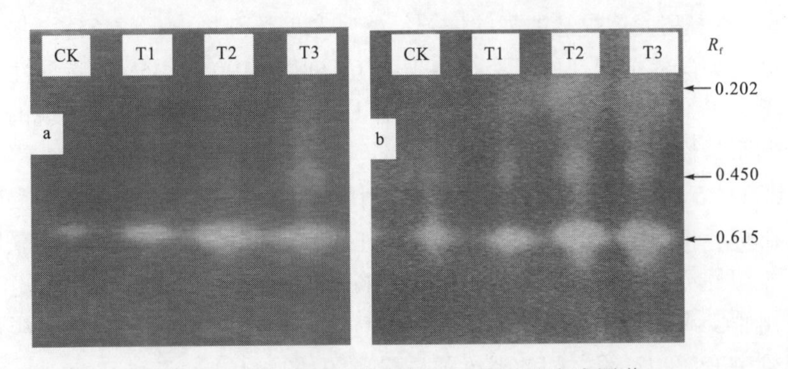

图 6-8　耐盐突变体和对照 SOD 同工酶电泳图谱

a. 叶片 SOD 同工酶；b. 不定芽 SOD 同工酶

CK：原始对照株；T1：耐 0.75% NaCl 的突变体；T2：耐 1.00% NaCl 的突变体；T3：耐 1.25% NaCl 的突变体

由图 6-8a 可见，东方百合对照的叶片和不定芽的 SOD 同工酶都仅有一条酶带，R_f值为 0.615。与对照比较，耐盐突变体叶片的 SOD 同工酶酶带颜色变亮，T3 叶片新增了一条酶带(R_f值为 0.450)。由图 6-8b 可以看出，突变体不定芽的 SOD 同工酶酶谱带与对照比较宽度，颜色有明显改变，T1 在 R_f值为 0.450 处出现了一条特异性酶带，T2、T3 新增了 R_f值为 0.450、0.202 的两条特异性酶带。由图 6-8 可知，不同的耐盐突变体之间 SOD 同工酶也存在一定的差异，随着耐盐能力的增强，SOD 同工酶亮度逐渐增强.

以 ^{60}Co-γ 射线急性辐照筛选的耐盐突变体的不定芽为材料进行 POD 同工酶电泳，结果见图 6-9。

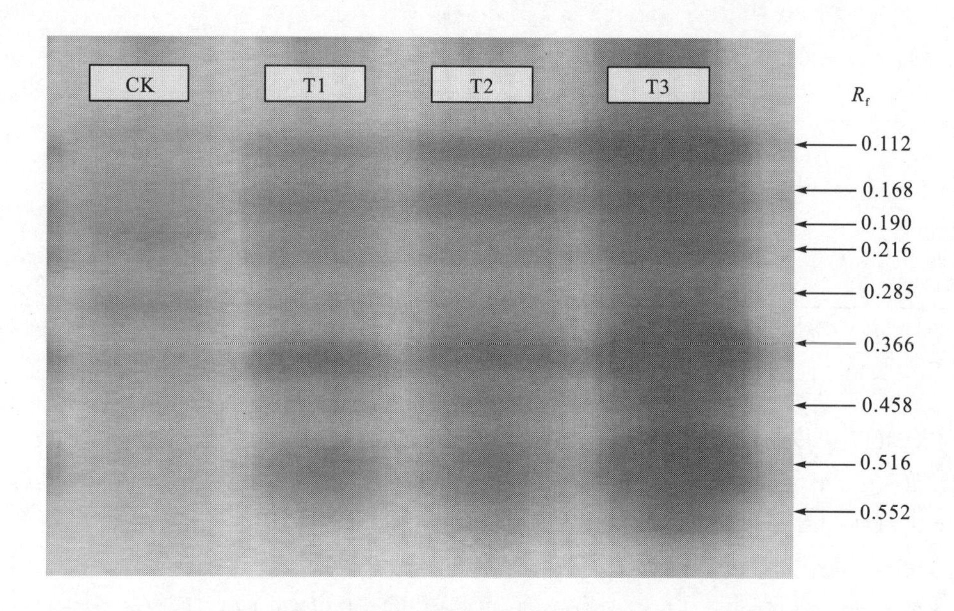

图 6-9 耐盐突变体和对照百合不定芽 POD 同工酶电泳图谱

CK：原始对照株；T1：耐 0.75% NaCl 的突变体；T2：耐 1.00% NaCl 的突变体；T3：耐 1.25% NaCl 的突变体

由图 6-9 可以看出，耐盐突变体的不定芽 POD 同工酶与对照相比，条带颜色显著加深，条带数显著增多，对照仅有 5 条 POD 同工酶酶带，R_f值分别为 0.112、0.190、0.285、0.366、0.516。随着突变体耐盐能力的增强，酶带宽度逐渐增大，颜色逐渐加深，说明酶活性逐渐增强。突变体植株 T1 出现了 R_f值为 0.168、0.190、0.458 的特异性酶带，T2、T3 比 T1 新增了 R_f值为 0.552 的特征带，比对照新增了 4 条特征带。新出现的 4 条特征带可能与百合的耐盐性有关。

使用 SPSS11.5 进行同工酶的聚类分析，利用溴酚蓝确定同工酶条带在凝胶成像上的相对位置。在每一相同迁移位置上，有条带记作“1”，无条带记作“0”。采用单匹配相似系数进行相似性测度，从而变换成各样本(CK、T1、T2、T3)的相似系数矩阵(表 6-8)，从中可以看出 ^{60}Co-γ 射线辐照所得的耐盐突变体和对照之间的亲疏程度。聚类方法使用组内连结，得到突变体和对照之间的亲缘关系树形图(图 6-10)。

表 6-8　CK、T1、T2、T3 间的相似系数矩阵

	CK	T1	T2	T3
CK	1.000			
T1	0.684	1.000		
T2	0.526	0.842	1.000	
T3	0.474	0.789	0.947	1.000

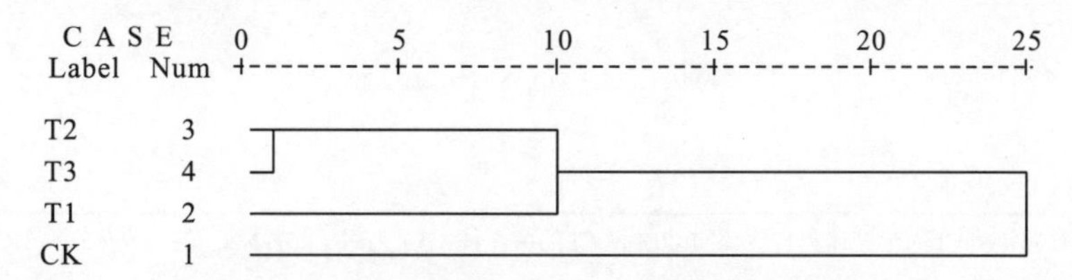

图 6-10　基于 SOD 和 POD 同工酶酶谱的聚类图

由图 6-10 可见，4 个东方百合材料被明显分成两组，其中一组为突变体植株(T1、T2、T3)；另一组是对照(CK)。突变体植株又被分为两类：一类为耐盐能力较强的突变体植株(T2、T3)，另一类为 T1。随着耐盐浓度的增强，耐盐突变体与对照之间的遗传距离越来越大，相似系数越来越小。耐 0.75% NaCl 的突变体 T1 与对照的酶带相似系数为 0.684，而耐 1.25% NaCl 的突变体 T3 和对照之间酶谱带相似性系数仅为 0.474，亲缘关系较远。T2、T3 相似系数为 0.947，亲缘关系较近。

6.2.3　X 射线慢性辐照百合耐盐突变率及同工酶电泳分析

对前述 X 射线慢性辐照百合鳞片后组培得到的不定芽，培养 20d 后将存活的百合不定芽分别转接到 NaCl 浓度为 0、0.25%、0.50%、0.75%、1.00%、1.25%、1.50%的培养基中进行耐盐筛选。将生长较快的材料采取逐步提高含盐浓度的方法，每 3 周转移 1 次，直到筛选出耐 0.75%(T1)、1.00%(T2)、1.25%(T3)NaCl 的百合耐盐突变体。分别统计东方百合 X 射线慢性辐照筛选到的耐 0.75%、1.00%、1.25% NaCl 的不定芽数目，计算耐盐突变体的比例，结果见表 6-9。

表 6-9　X 射线慢性辐照不同剂量处理下百合耐盐突变率的差异

辐射剂量/Gy	T1 芽数/株	T1 芽比例/%	T2 芽数/株	T2 芽比例/%	T3 芽数/株	T3 芽比例/%	耐盐突变体总数/株	耐盐突变体总比例/%
0.00	15	0.83	6	0.33	2	0.11	23	1.28
5.00	16	0.87	6	0.54①	2	0.11	24	1.52
9.22	11	0.61	4	0.22	1	0.06	16	0.88
10.55	18	0.97	13	0.70②	4	0.22①	35	1.88①
13.67	25	1.41②	11	0.62①	6	0.34①	42	2.37②

续表

辐射剂量/Gy	T1 芽数/株	T1 芽比例/%	T2 芽数/株	T2 芽比例/%	T3 芽数/株	T3 芽比例/%	耐盐突变体总数/株	耐盐突变体总比例/%
24.63	14	0.76	7	0.38	3	0.16	24	1.30
总数	99		47		18		164	1.59（平均）
10.55Gy、13.67Gy 处理筛选耐盐突变体数占突变体总数的比例/%	43.43		51.06		55.56		46.95	

注：T1 为耐 0.75% NaCl 的突变体；T2 为耐 1.00% NaCl 的突变体；T3 为耐 1.25% NaCl 的突变体；n=3；①P<0.05；②P<0.01 vs 对照。

由表 6-9 可以看出，X 慢性辐照处理对东方百合的耐盐突变的诱导有显著的影响。X 射线慢性辐照与 NaCl 复合处理共筛选到 T1 芽 99 个，T2 芽 47 个，T3 芽 18 个，总突变体不定芽 164 个。X 射线慢性辐照东方百合的耐盐突变率为 1.59%，与对照组比较，13.67Gy 处理东方百合耐 0.75% NaCl 的突变体（T1）的比例明显提高（P<0.01）；5.00Gy、13.67Gy 处理耐 1.00% NaCl 的突变体（T2）的比例与对照相比有统计学差异（P<0.05），10.55Gy 处理突变体（T2）的比例明显高于对照（P<0.01）；10.55Gy、13.67Gy 处理与对照相比较，耐 1.25% NaCl 的突变体（T3）提高了（P<0.05）。从总突变体数目比例来看，10.55Gy 处理与对照比较有显著性差异（P<0.05），13.67Gy 处理与对照比较差异极显著（P<0.01），其他处理与对照比较无统计学意义（P>0.05）。10.55Gy 和 13.67Gy 辐照处理筛选到的 T1 占所有处理 T1 总数的 43.43%，T2 占所有处理 T2 总数的 51.06%，T3 占所有处理 T3 总数的 55.56%。说明 10.55Gy、13.67Gy 剂量 X 射线慢性辐照能够有效地诱导东方百合的耐盐突变，这在百合的耐盐育种中有较大的应用价值。

对 X 射线慢性辐照耐盐突变体进行 SOD、POD 同工酶电泳分析，结果见图 6-11 和图 6-12。

由图 6-11a 可以看出，取东方百合的不同部位（叶片和不定芽）电泳，结果不尽相同，东方百合叶片的 SOD 同工酶仅有一条酶带，R_f值为 0.615。与对照比较，耐盐突变体 SOD 同工酶酶带颜色变亮，酶活性增强。由图 6-11b 可以看出，东方百合耐盐突变体与对照之间不定芽 SOD 同工酶带型存在着显著差异，耐盐突变体在 R_f值为 0.450 处出现了一条特异性酶带，东方百合 SOD 酶带的变异可能与百合的耐盐性有关。

由图 6-12 可以看出，对照百合不定芽 POD 同工酶有 7 条，R_f值分别为 0.105、0.165、0.206、0.285、0.324、0.550、0.724。与对照比较，耐盐突变体的酶带数增加，突变体 T1、T2、T3 均出现了 3 条特异性酶带（R_f值分别为 0.472、0.580、0.655），同时在 R_f值为 0.324 处的 POD 同工酶带消失了。对耐不同盐浓度的突变体进行比较可以看出，耐 0.75% NaCl 的突变体 T1 和耐 1.00% NaCl 的突变体 T2 之间酶谱带无显著性差异，而耐 1.25% NaCl 的突变体 T3 相比于 T1、T2 出现了 R_f值为 0.504 的特异性同工酶带。

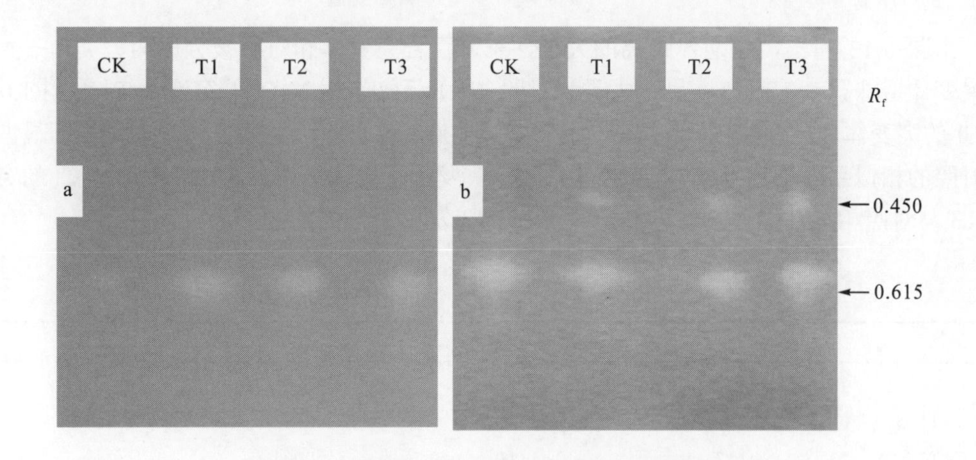

图 6-11　耐盐突变体和对照 SOD 同工酶电泳图谱

a. 叶片 SOD 同工酶；b. 不定芽 SOD 同工酶

CK：原始对照株；T1：耐 0.75% NaCl 的突变体；T2：耐 1.00% NaCl 的突变体；T3：耐 1.25% NaCl 的突变体

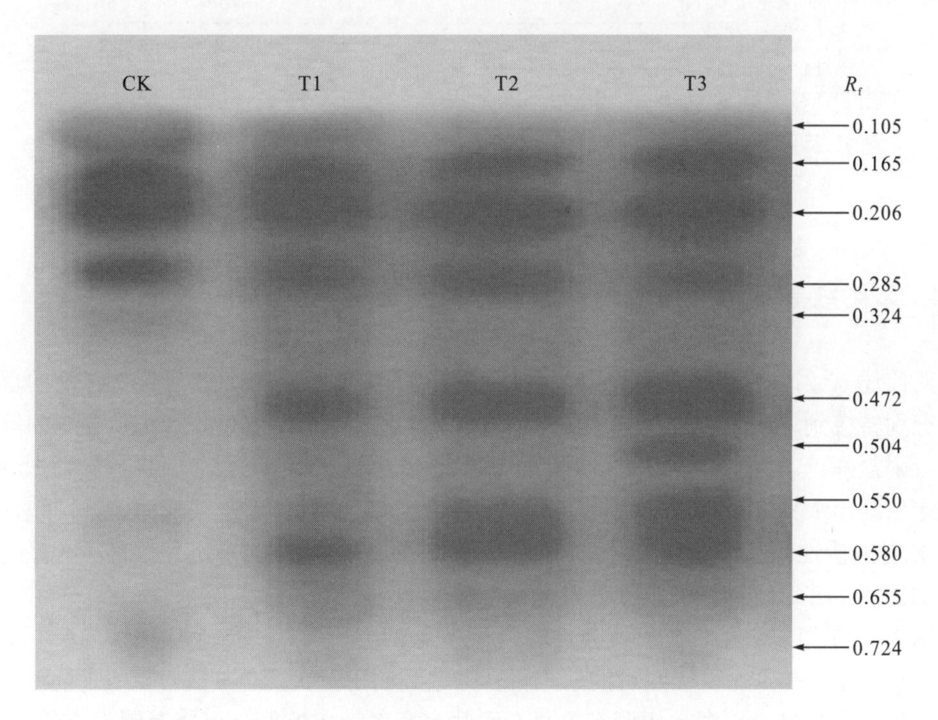

图 6-12　百合耐盐突变体和对照不定芽 POD 同工酶电泳图谱

CK：原始对照株；T1：耐 0.75% NaCl 的突变体；T2：耐 1.00% NaCl 的突变体；T3：耐 1.25% NaCl 的突变体

使用统计分析软件 SPSS11.5 进行层次聚类分析中的 Q 型聚类，对同工酶图谱上各泳道每一相同迁移位置，清晰且重复性好的酶记为“1”，无酶带的记为“0”。聚类方法使用类内平均连锁法连结，建立样品间的聚类图(图 6-13)，同时得到了 SPSS 层次聚类分析各样本(CK、T1、T2、T3)的相似系数矩阵(表 6-10)，从中可以看出各个样本之间的距离。

由图 6-13 看出，按遗传距离的大小，东方百合突变体和对照被分成两大类：一大类为突变体植株(T1、T2、T3)；另一大类为对照(CK)。耐 0.75% NaCl 的突变体 T1 和耐 1.00% NaCl 的突变体 T2 之间酶谱带相似性极高为 1.000，说明此两类突变体间差异不明显。但与对照的相似系数均为 0.667，亲缘关系较远，发生了较大的变异；耐 1.25% NaCl 的突变体 T3 与对照相似性最低，仅为 0.611，表明 T3 发生了最大的变异。

表 6-10 CK、T1、T2、T3 间的相似系数矩阵

	CK	T1	T2	T3
CK	1.000			
T1	0.667	1.000		
T2	0.667	1.000	1.000	
T3	0.611	0.944	0.944	1.000

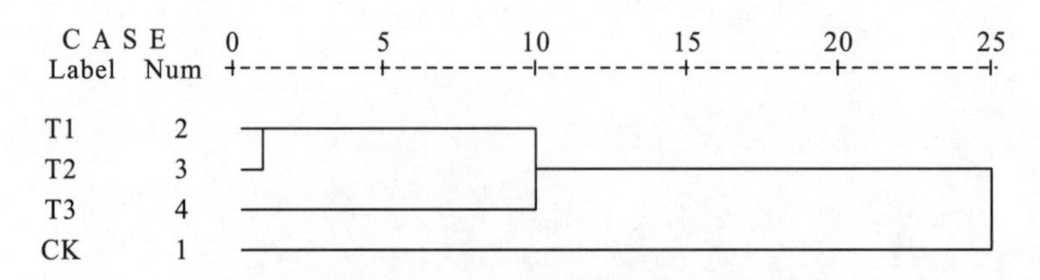

图 6-13 基于 SOD 和 POD 同工酶酶谱的聚类图

6.2.4 X 射线急性辐照百合耐盐突变率及同工酶电泳分析

对前述 X 射线慢性辐照百合鳞片后组培得到的不定芽培养 20d 后，将存活的百合不定芽分别转接到 NaCl 浓度为 0、0.25%、0.50%、0.75%、1.00%、1.25%、1.50%的培养基中进行耐盐筛选。将生长较快的材料采取逐步提高含盐浓度的方法，每 3 周转移 1 次，直到筛选出耐 0.75%(T1)、1.00%(T2)、1.25%(T3)NaCl 的百合耐盐突变体。分别统计东方百合 X 射线慢性辐照筛选到的耐 0.75%、1.00%、1.25% NaCl 的不定芽数目，计算耐盐突变体的比例，并对统计结果进行 F 测验，结果见表 6-11。

由表 6-11 可以看出，X 射线急性辐照筛选到 97 个 T1 芽，35 个 T2 芽，16 个 T3 芽，总突变体不定芽 149 个。辐照后的东方百合筛选到的耐盐突变体 T1、T2、T3 数与对照比较都无显著性差异。X 急性辐照东方百合耐盐突变率为 1.25%，可能是因为 X 射线急性辐射剂量偏低，未能提高东方百合的突变率和突变谱，从而未能引起东方百合耐盐突变的发生。

表 6-11 不同剂量处理东方百合耐盐突变率的差异

辐射剂量/Gy	T1 芽数/株	T1 芽比例/%	T2 芽数/株	T2 芽比例/%	T3 芽数/株	T3 芽比例/%	耐不同浓度盐的突变体总数/株	耐盐突变体总比例/%
0.00	16	0.85	5	0.27	3	0.16	24	1.28
0.05	16	0.87	6	0.33	2	0.11	24	1.30

续表

辐射剂量/Gy	T1 芽数/株	T1 芽比例/%	T2 芽数/株	T2 芽比例/%	T3 芽数/株	T3 芽比例/%	耐不同浓度盐的突变体总数/株	耐盐突变体总比例/%
0.11	14	0.74	4	0.21	2	0.11	20	1.06
0.20	18	0.91	7	0.35	3	0.15	28	1.42
0.44	14	0.70	5	0.25	2	0.10	24	1.05
1.76	19	0.99	5	0.26	3	0.16	27	1.41
总数	97		35		16		149	1.25(平均)
F 值		0.93		0.59		0.54		0.87

注：T1 为耐 0.75% NaCl 的突变体；T2 为耐 1.00% NaCl 的突变体；T3 为耐 1.25% NaCl 的突变体；n=3；$F_{0.05}$=3.33。

对 X 射线急性辐照筛选的耐盐突变体分别进行 SOD、POD 同工酶电泳分析，结果如图 6-14 和图 6-15。由图 6-14a 可以看出，东方百合叶片耐盐突变体和对照叶片 SOD 同工酶都只有一条酶带，R_f 值为 0.620。在此时期，突变体和对照的 SOD 酶活性均较弱，但与对照比较，耐盐突变体 SOD 同工酶酶带增强。由图 6-14b 可以看出，东方百合的不定芽耐盐突变体与对照比较，SOD 同工酶带型发生了明显变化，3 种耐盐突变体均比对照多了一条特征带(R_f 值为 0.442)，这些同工酶的表达可能与百合的耐盐性有关。此电泳结果与用 X 射线慢性辐照材料所得结果非常相似。

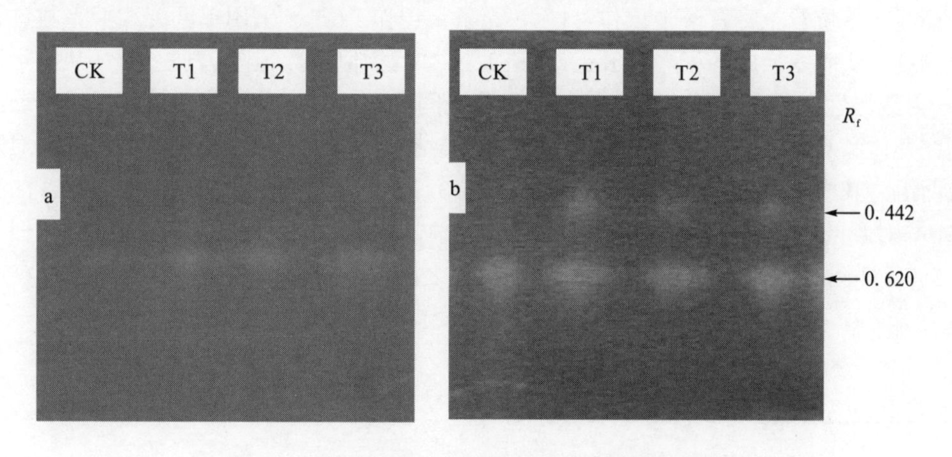

图 6-14　耐盐突变体和对照 SOD 同工酶电泳图谱

a. 叶片 SOD 同工酶；b. 不定芽 SOD 同工酶

CK：原始对照株；T1：耐 0.75% NaCl 的突变体；T2：耐 1.00% NaCl 的突变体；T3：耐 1.25% NaCl 的突变体

由图 6-15 可以看出，盐胁迫下耐盐突变体和对照不定芽 POD 同工酶谱仅有 6 条酶带表达，R_f 值分别为 0.115、0.190、0.238、0.414、0.572、0.666。但随耐盐能力的增高，出现了一些特异性条带，T1 在 Rf 值为 0.462 和 0.528 处出现了特异性的酶带，T2、T3 在 R_f 值为 0.462、0.528 和 0.710，比对照多了 3 条特征带。

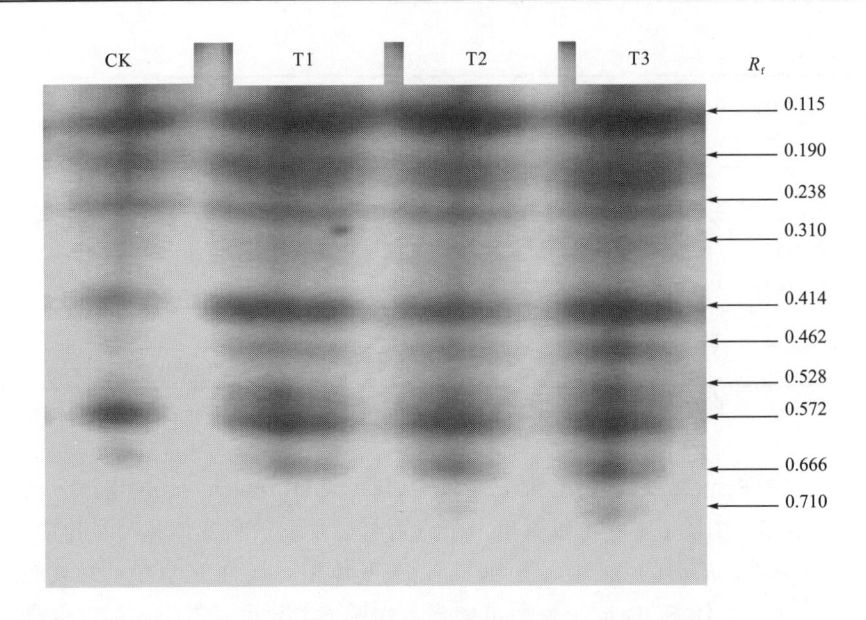

图 6-15 耐盐突变体和对照百合不定芽 POD 同工酶电泳图谱

CK：原始对照株；T1：耐 0.75% NaCl 的突变体；T2：耐 1.00% NaCl 的突变体；T3：耐 1.25% NaCl 的突变体

数据分析使用 SPSS11.5，利用溴酚蓝确定同工酶条带在凝胶成像上的相对位置。在每一相同迁移位置上，有条带记作“1”，无条带记作“0”。采用单匹配相似系数进行相似性测度，从而变换成各样本(CK、T1、T2、T3)的相似系数矩阵(表 6-12)，从中可以看出 X 射线慢性辐照所得的耐盐突变体和对照之间的亲疏程度。聚类方法使用组内连结，得到突变体和对照之间的亲缘关系树形图。聚类结果见图 6-16，耐盐突变体植株和对照被分成两组：其中一组为突变体植株(T1、T2、T3)；另一组是对照。耐 0.75% NaCl 的突变体 T1 与对照的酶带相似系数为 0.700，耐 1.00%的 NaCl 的突变体 T2 与对照的相似系数为 0.550，而耐 1.25% NaCl 的突变体 T3 和对照之间酶谱带相似性系数为 0.500(表 6-12)。从这方面来看，随着耐盐能力的增强，耐盐突变体发生的变异越来越大。

表 6-12 CK、T1、T2、T3 间的相似系数矩阵

	CK	T1	T2	T3
CK	1.000			
T1	0.700	1.000		
T2	0.550	0.850	1.000	
T3	0.500	0.800	0.950	1.000

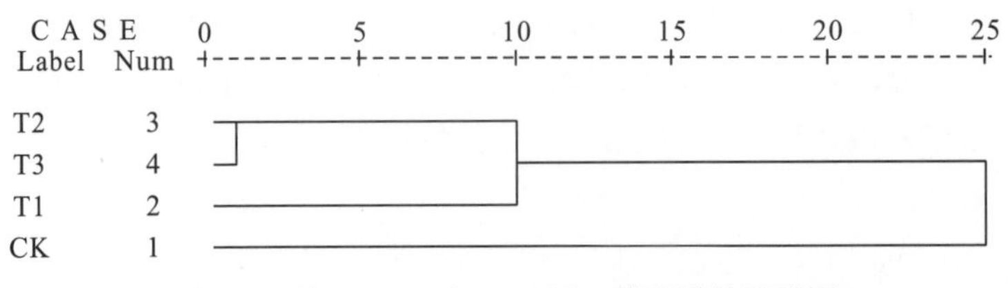

图 6-16 基于 SOD 和 POD 同工酶酶谱的聚类图

目前获得耐盐突变体的方法主要有两种：一种是对原始材料进行诱变处理，得到原始群体中没有的耐盐性变异；另一种是利用材料的自发突变，对材料进行盐胁迫处理，经长期选择获得同质突变体。人工诱变是人为地利用理化因素诱发植物遗传变异的育种手段，与组织培养结合能够大大丰富培养物中可供选择的突变类型，提高突变率，而且还能获得在自发突变中极难产生的新突变，能够在较短时间内创造更有价值的新品种。但是辐射诱变目前存在着突变率不高、突变谱不够广、突变没有方向性的问题。本研究通过以百合的不定芽来代替整株百合，大大增加了可筛选的原始材料的数目，在培养基中加入一定含量的 NaCl 筛选耐盐突变体，这样就弥补了突变无方向性的缺陷。将东方百合辐照材料采取逐步提高 NaCl 浓度的方法进行耐盐突变体的筛选，试验结果表明 3 种辐照方法和 NaCl 复合培养百合离体不定芽诱导都能得到了耐盐突变体，同时发现百合在组织培养过程中，自发的耐盐突变率也比较高，说明离体条件下进行百合耐盐突变体的筛选有一定的优越性。

不同的辐射诱变射线由于辐射物理性质不同，对生物有机体的作用不一，因此不同射线的辐射生物学效应是不同的。相同射线的急性和慢性辐照由于辐射剂量率不同，辐射生物学效应也不相同。而辐射生物学效应一方面表现为对植物的生理损伤效应，另一方面表现为对植物的遗传诱变效应。从试验辐射生物学效应研究结果来看，不同射线造成不同的损伤效应。同时 X 射线慢性辐照和 γ 射线急性高剂量辐照处理引起了 POD 同工酶较大的变异，有诱发突变的效应，X 射线急性辐照诱变作用不明显。本研究诱发突变的目标是筛选耐盐突变体，因此东方百合辐照处理的主要目的是耐盐诱变。试验结果显示：γ 射线急性辐照东方百合耐盐突变率为 2.11%，X 射线慢性辐照东方百合的耐盐突变率为 1.59%，X 射线急性辐照东方百合的耐盐突变率为 1.25%。可以看出，3 种辐照方法的耐盐诱变效果为 γ 射线急性辐照＞X 射线慢性辐照＞X 射线急性辐照。试验同时发现：X 射线急性辐照的耐盐突变体 T1、T2、T3 数与对照比较都无显著性差异。X 射线慢性辐照 10.55Gy、13.67Gy 剂量处理和 γ 射线急性辐照 2.0Gy、4.0Gy 剂量处理时，耐盐突变率显著高于对照。γ 射线急性辐照 2.0Gy 和 4.0Gy 剂量处理筛选到的 T1 占其所有处理 T1 总数的 51.13%，T2 占其所有处理 T2 总数的 61.40%，T3 占其所有处理 T3 总数的 54.17%；X 射线慢性照射 10.55Gy 和 13.67Gy 剂量处理筛选到的 T1 占其所有处理 T1 总数的 43.43%，T2 占其所有处理 T2 总数的 51.06%，T3 占其所有处理 T3 总数的 55.56%。这说明 γ 射线急性辐照 2.0Gy、4.0Gy 剂量处理和 X 射线慢性辐照 10.55Gy、13.67Gy 剂量处理能够有效地诱导东方百合的耐盐突变，这些处理是东方百合离体筛选耐盐突变体的诱变源和辐射剂量的较佳组合，在东方百合耐盐诱变育种工作中有重要的应用价值。

第 7 章　影响植物辐射生物效应的因素

7.1　植物辐射敏感性

生物体的组织、细胞内含物或生物分子在一定剂量射线的影响下在形态和机能上发生相应变化的大小称为辐射敏感性。植物辐射敏感性是指植物体对辐射作用的敏感程度，它反映了辐射剂量与生物效应之间的关系，在较高剂量下植物的生物效应不明显说明其辐射敏感性较低，反之则说明其辐射敏感性较高。它是评定植物对辐射反应的重要指标，也是选用辐照亲本，确定诱变因素和剂量以及处理方法的依据。植物的辐射敏感性在放射植物学和植物辐射诱变育种工作中具有重要的理论和实践意义。

辐射剂量对植物产生生物效应因效应的不同一般用致死剂量、半致死剂量、临界剂量、半致矮剂量等表示，致死剂量为辐射植物后使受照植物群体全部死亡的剂量；半致死剂量则为使植物群体死亡 50%、存活 50%的剂量，临界剂量为植物群体死亡 60%、存活 40%的剂量。一般致死剂量、半致死剂量越高表明其辐射敏感性越低。

用于测量植物辐射敏感性的指标因植物种类、辐照方式、植物培养方式及研究目的的不同而不同。最常用的指标包括发芽率、出苗率、存活率、生长受抑制程度(如致死程度、致矮程度、致畸程度等)、结实率、细胞状态、愈伤组织诱导率、染色体畸变率等，也可采用 POD、CAT、淀粉酶和酯酶等同工酶电泳图谱建立各辐射剂量处理及未辐射对照间的聚类树状图来反映。

7.1.1　植物辐射敏感性表现的一般规律

植物辐射敏感性差异因植物本身内因及外界环境条件的不同而发生变化。影响植物辐射敏感性的植物内因的一般规律为：

(1) 植物分类学影响。植物对辐射的敏感性在不同的科、属、种和品种中存在很大差异。一般高等植物比低等植物敏感，栽培植物比野生种敏感，常规品种比杂交种敏感。豆科植物对辐射最敏感，禾本科植物次之，十字花科植物对辐射反应最迟钝。在同一科不同属、同一属不同种、不同亚种的敏感性也不同。其产生辐射敏感性差异的原因是因其生理生化特性的不同。如耐辐射的十字花科植物油菜因含有天然的辐射防护剂——丙烯芥子油——可使植物细胞内的过氧化物浓度降低，从而对植物起到保护作用。此外，油料植物中的不饱和脂肪酸以及氰化物等都是天然的辐射防护剂。同时植物品种间的辐射敏感性低于种间，某些杂交种通常比品种更耐辐射，杂种优势越高越耐辐射。

(2) 植物器官及细胞类型的影响。不同的器官和细胞对辐射的敏感性也不同。叶芽生长点及薄壁组织和花芽及根尖分生组织比其他组织敏感，这是由于这些组织细胞正处于分裂旺盛时期；同样，分裂中的细胞辐射敏感性也不同，其敏感程度依次为小孢子母细胞＞发育中的小孢子＞根尖分生组织，而同是雄配子，其辐射敏感性依次是减数分裂期＞单核期＞二核期＞三核期。细胞核比细胞质敏感；性细胞比体细胞敏感；卵细胞比花粉细胞敏感。减数分裂的细胞比正在进行有丝分裂的细胞敏感。有丝分裂中，单细胞比二倍体细胞敏感。细胞分裂过程中，DNA 合成时期对辐射极为敏感，越是分裂旺盛的细胞其辐射敏感性越强。

(3) 植物染色体体积的影响。植物细胞染色体体积、细胞间期染色体体积和 DNA 含量与辐射敏感性相关。一般染色体体积与半致死剂量呈负相关，即染色体体积越大对辐射越敏感。DNA 含量与辐射敏感性成正相关。许多学者认为细胞辐射敏感性取决于 DNA 的修复能力，细胞核染色体体积、细胞间期染色体体积和 DNA 含量是造成植物辐射敏感性差异的主要原因，此观点可用靶学说和 DNA 是关键靶的概念加以解释。因此，DNA 含量高的细胞更易遭受辐射损害，对辐射更敏感。

(4) 植物染色体倍性的影响。植物染色体倍性是一个重要的遗传因素，随植物倍性的增加其辐射敏感性降低，同源多倍体比二倍体更耐辐射。多倍体耐辐射的原因是其有多套染色体组，每套染色体组均有正常功能的基因，即使有染色体发生畸变，而其他几套染色体组仍有正常功能的基因，所以在多倍体中基因突变不容易表现，植物也不容易死亡。

(5) 植物生长发育不同阶段及其生理状况的影响。在植物生育的不同阶段及不同的生理状况下，植物对辐射的敏感性也不同。通常幼苗较成株敏感；未成熟种子比成熟种子敏感；细胞分裂活动期比间期敏感；染色体在有丝分裂和减数分裂的前期比其他时期敏感；萌发种子比休眠种子敏感。植物不同发育阶段各种器官辐射敏感程度依次为配子体＞枝条＞种子；胚胎发育过程中其辐射敏感程度为合子期＞原胚期＞分化胚；种子成熟过程中的辐射敏感程度依次为乳熟期＞蜡熟期＞完熟期。

7.1.2　植物辐射敏感性评价指标

植物辐射敏感性的衡量需要用特定的指标，目前较多的是以当代植株生长的抑制、细胞学及生理生化方面的变化来衡量。较高剂量辐射对植物的整个生长阶段都有影响，主要表现为生长受抑制、生育期延迟、形态变异、育性及存活率下降，进而产量下降，其受影响程度与辐照的剂量和植物材料的敏感性有关。

种子发芽特性与幼苗性状。在植物诱变育种中采用种子进行辐照，具有处理量大、运输方便、处理效果好等特点，是最常采用的辐照材料。同时，种子发芽及幼苗生长周期短，条件更易控制，因此常用种子发芽及幼苗性状以快速评定辐射敏感性，包括种子活力、种子发芽势、种子发芽率、出苗时间、幼苗根长、根数、苗高、叶片数、幼苗生物量等。

植株性状。较高剂量辐照后植物的植株在形态上会出现植株矮化、徒长、叶片缺绿、白化、卷缩、扭曲茎、多主茎、嵌合体等变异，成活率、成株率、开花率等也会因辐照后的抑制作用明显下降；在育性上，随辐射剂量的增加，育性下降，不育率增高，且植物种类间差异显著；在许多作物农艺性状上，如株高、茎粗、单株开花数、结实数、种子数和单株产量等都有一定幅度的降低。因此，植物辐射敏感性的评定也较多采用测定相对简单的成活率、株高、叶片数、结果数、育性等成年期指标。

细胞学指标。在研究植物辐射敏感性的细胞学指标中，运用较多的是根尖细胞染色体畸变率、微核细胞率及细胞有丝分裂指数。射线会使作为遗传物质载体的染色体发生各种畸变，影响细胞的正常分裂；微核是在高剂量辐射状态下由染色体演化而来的，微核是衡量辐射对染色体损伤的可靠指标。研究表明，随着辐射剂量的增大，微核细胞率与染色体畸变率升高，有丝分裂指数下降。对植物种类间的辐射敏感性研究表明，在相同照射条件下，辐射敏感性越高的品种，其染色体畸变率和微核细胞率越高，且染色体畸变与生长抑制呈显著正相关。

生理生化指标。植物接受辐射后其根系、叶片、花粉、果实、种子等的生理生化指标也可反映植物辐射敏感性。包括：

(1) 自由基含量。电离辐射使植物大分子和周围的介质分子发生电离和激发而产生自由基，导致植物分子与细胞结构的氧化或过氧化，从而引起植物生命活动的紊乱或终止。一般随着照射剂量的增加，自由基相对含量增加的趋势越快，植物的辐射敏感性越强。

(2) 各类酶系的活性。辐射对植物 M_1 代幼苗体内的保护酶的活性存在影响。一般辐照对植物幼苗叶片超 SOD 和 CAT 酶活性的影响是随着剂量的增加，先上升后下降，说明低剂量辐照对 SOD 和 CAT 有激活和促进合成作用，从而刺激其活性增大，而高剂量辐照对其活性起抑制作用。抗氧化酶系的活性存在一个阈值，SOD、CAT 等酶对膜系统的保护作用是有一定限度的，是否可以用其峰值出现的剂量大小来评定辐射敏感性，尚待进一步研究。

(3) 同工酶酶谱。同一植物体内随辐射剂量的变化，POD、CAT 等酶活性也随之变化，其同工酶谱中酶带颜色深浅、酶带宽度和是否出现新酶带也可作为研究辐射敏感性的依据。

(4) 膜脂过氧化程度。辐射引起植物体活性氧等有害物质的增加，在调节植物体抗氧化系统的同时，还通过一系列反应促进膜质过氧化。已有研究表明，植物幼苗的细胞膜透性、脯氨酸(Pro)含量以及 MDA 浓度等都会随辐射剂量的变化而变化。

(5) 光合生理。研究表明，辐照会对植物 M_1 植株的光合生理产生影响，表现在植物辐射后其叶片叶绿素 a、叶绿素 b、总叶绿素含量及叶绿素 a/b 比值、净光合速率、蒸腾速率、气孔导度和细胞间隙 CO_2 浓度等指标发生变化。这些可作为评价及鉴别种子或幼苗的辐射敏感性可靠的生理生化指标。

其他生物学效应指标。关于辐照对植物影响的其他生物学效应，还包括生物超弱发光强度，如种子的辐射剂量/发光强度响应能动态地反映出种子的辐射敏感性，具有灵敏、快速和能无损检测等优点，因此可将测试种子辐射诱导生物发光的方法运用于种子辐射敏感性研究。种子辐照后下胚轴细胞 DNA、膜脂的异常合成的合成率以及植物种子辐照后其幼苗 DNA、RNA 及 IAA 含量随辐射剂量的变化而变化，也可将其用于植物辐射敏感性的评定。

7.1.3　植物辐射敏感性实例

1. ^{60}Co-γ 射线辐照不同品种百合鳞茎的辐射敏感性差异

以 ^{60}Co-γ 射线进行 9 个品种百合鳞茎辐照处理，辐射剂量为 20Gy、30Gy、40Gy、50Gy、60Gy，剂量率为 1.59Gy/min，以不辐照为对照，研究辐照后百合植株生长发育状况，从而探索不同品种的辐射敏感性。辐照后 40d 对百合各品种的生长情况进行统计分析得表 7-1。

表 7-1　百合各品种各处理生长状况

品种		对照	20Gy	30Gy	40Gy	50Gy	60Gy
内图卢	发芽率/%	51.22a	51.22a	34.15b	26.39c	24.32c	12.20d
	株高/cm	23.03a	4.85b	4.54b	4.85b	4.32b	3.14b
	叶片数	20.00a	15.64b	14.57b	11.25c	10.00c	9.60c
奉献	发芽率/%	80.65a	33.33b	43.33b	35.48	44.83b	23.33c
	株高/cm	23.95a	6.29b	5.49b	4.98b	6.17b	5.18b
	叶片数	14.00a	9.00b	10.49b	9.09b	11.00b	11.63b
爱纳斯	发芽率/%	91.67a	87.50b	86.84b	86.84b	79.41bc	70.00c
	株高/cm	29.13a	5.63b	5.96b	4.23b	4.23b	3.05b
	叶片数	27.15a	21.24b	21.24b	22.43b	21.1b	21.64b
索邦	发芽率/%	92.50a	96.30a	37.84b	28.13bc	21.21c	12.12c
	株高/cm	24.80a	3.22b	2.67b	3.27b	2.43b	3.25b
	叶片数	29.76a	18.68b	15.33b	13.50b	11.00c	8.00c
蒂白	发芽率/%	84.40	84.38a	68.57b	62.5	67.74b	39.39c
	株高/cm	24.05a	2.38b	2.54b	2.19b	1.97b	1.61b
	叶片数	29.07a	20.54b	18.30b	15.00c	15.64c	14.86c
荷尔微西亚	发芽率/%	90.32a	36.11b	0.00	16.28c	0.00	3.92d
	株高/cm	16.79a	2.39b	—	1.98b	—	2.05b
	叶片数	19.68a	12.00b	—	8.25b	—	10.00b
卢浮宫	发芽率/%	82.86a	8.57b	0.00	0.00	0.00	0.00
希白伦	发芽率/%	40.51	0.00	0.00	0.00	0.00	0.00
格兰莎	发芽率/%	57.14	0.00	0.00	0.00	0.00	0.00

注：表中同行中不同小写字母表示 0.05 水平的差异显著性。

表 7-1 表明，9 个品种鳞茎发芽率均表现对照高于各处理，且各品种均有随剂量增加发芽率降低的趋势，辐照处理严重影响百合的发芽。但不同品种具体表现不同，‘爱纳斯’和‘奉献’均表现各处理与对照发芽率差异显著，而 20～50Gy 剂量处理发芽率则无显著差异，60Gy 剂量处理发芽率最低；‘索邦’和‘内图卢’均表现除 20Gy 剂量处理的发

芽率与对照相当外，其余各处理均表现随剂量增加发芽率降低，但‘索邦’在30Gy剂量处理时发芽率降低的程度远大于‘内图卢’；‘蒂白’也表现随剂量增加发芽率降低，但20～40Gy剂量处理间则不明显；‘荷尔微西亚’则表现出对照与处理间发芽率明显不同；‘卢浮宫’‘希白伦’和‘格兰莎’3品种对辐照均较敏感，除‘卢浮宫’在20Gy剂量处理时有8.57%的发芽外，其余各处理发芽率均为零。

从表7-1还可看出，株高性状各品种均表现对照与处理间有极显著的差异，对照明显高于各辐照处理，而各处理间则差异不明显，而且所有经辐照处理的植株均表现不拔节，呈莲座状。叶片数各品种也都表现对照明显高于处理，但处理间各品种表现不同。‘奉献’‘爱纳斯’各处理叶片数无显著差异；‘内图卢’‘索邦’‘蒂白’‘荷尔微西亚’则表现随剂量的增加叶片数减少。

进一步对其发芽及生长进程进行观察分析，结果如表7-2。

表7-2 百合各品种发芽及生长变化时间

品种	处理	对照	20Gy	30Gy	40Gy	50Gy	6OGy
内图卢	发芽时间	2月9日	2月14日	2月16日	2月17日	2月15日	2月16日
	开始变黄时间	—	3月21日	3月21日	3月21日	3月21日	3月21日
	开始死亡时间	—	3月27日	4月2日	3月31日	4月3日	3月27日
奉献	发芽时间	2月10日	2月17日	2月17日	2月16日	2月15日	2月17日
	开始变黄时间	—	3月31日	3月31日	3月31日	3月31日	3月31日
	开始死亡时间	—	4月7日	4月11日	4月9日	4月9日	4月9日
爱纳斯	发芽时间	2月12日	2月17日	2月18日	2月19日	2月18日	2月19日
	开始变黄时间	—	3月31日	3月31日	3月31日	3月31日	3月31日
	开始死亡时间	—	4月6日	4月11日	4月12日	4月9日	4月8日
索邦	发芽时间	2月14日	2月17日	2月17日	2月17日	2月19日	2月19日
	开始变黄时间	—	3月21日	3月31日	3月21日	3月21日	3月21日
	开始死亡时间	—	3月31日	4月6日	3月31日	3月31日	3月31日
蒂白	发芽时间	2月13日	2月17日	2月16日	2月19日	2月22日	2月23日
	开始变黄时间	—	3月19日	3月21日	3月19日	3月17日	3月21日
	开始死亡时间	—	3月26日	3月26日	3月26日	3月26日	3月31日
荷尔微西亚	发芽时间	3月2日	3月2日	—	3月2日	—	3月5日
	开始变黄时间	—	3月31日	—	3月31日	—	3月31日
	开始死亡时间	—	4月6日	—	4月6日	—	4月6日

从表7-2可见，各品种普遍表现对照比各辐照处理先发芽，一般早3～5d，而且有随辐射剂量增加，发芽推迟的趋势。发芽后30d左右，经辐照处理后的植株均开始表现叶片发黄，逐渐枯萎、死亡。但开始变黄时间各品种表现不同，‘内图卢’‘索邦’和‘蒂白’开始变黄的时间较早，‘奉献’‘爱纳斯’和‘荷尔微西亚’则较晚；开始死亡时间也表现为‘内图卢’‘索邦’和‘蒂白’三品种较早，而另三品种则较晚。剂量大小在本试验中表现为，对开始变黄和死亡的时间影响规律性不明显。

综合辐照后不同百合品种的发芽率、株高、叶片数和生长进程 4 个指标的情况，9 个百合品种对辐射最敏感的指标不是发芽率而是株高和叶片数，辐照对百合有强烈的致矮作用，但不同辐射剂量间株高差异不显著。综合来看，百合辐射敏感性可分为三类：①辐射高度敏感品种为‘卢浮宫’‘希白伦’‘格兰莎’；②辐射低度敏感品种为‘爱纳斯’‘蒂白’；③辐射中度敏感品种为‘内图卢’‘奉献’‘索邦’和‘荷尔微西亚’。

2. 离体培养条件对百合鳞片辐射敏感性的影响

以东方百合‘索邦’一代开花种球为试验材料，对其外部和中部鳞片分别进行 0.5Gy、1.0Gy、2.0Gy、4.0Gy 和 8.0Gy，剂量率 0.799Gy/min 的 ^{60}Co-γ 射线辐照，辐照后在两种培养基 A1(MS+6-BA 1.0mg/L+NAA 0.1mg/L)和 A2(MS+6-BA 2.0mg/L+NAA 0.2mg/L)上培养，采取再裂区试验。接种后 28d、42d 和 70d 分别统计出芽外植体数目、芽数目，接种 28d 统计存活外植体数，结果见表 7-3。

表 7-3　辐照对百合鳞片存活率的影响

辐射剂量/Gy	存活率%	存活率占对照的百分比/%	出芽数/株			出芽率/%		
	28d	28d	28d	42d	70d	28d	42d	70d
0.0	64.64a	100.00	2.47a	3.01a	3.21a	55.73	62.04	62.51
0.5	55.14ab	85.30	1.65b	1.95bc	2.58a	38.96	44.46	56.62
1.0	62.63a	96.89	1.39b	2.52ab	2.78a	38.88	47.49	53.58
2.0	46.78ab	72.37	0.99b	1.55c	2.31a	23.54	33.79	38.04
4.0	48.76ab	75.43	0.04c	0.62d	4.52b	1.64	18.51	36.86
8.0	40.21b	62.21	0.00c	0.00d	0.00b	0.00	0.00	0.00

注：表中同列中不同小写字母表示 0.05 水平的差异显著性。

由表 7-3 可知，离体培养的百合鳞片存活率受辐射处理影响显著。经过辐照的鳞片存活率显著低于未经辐照的对照，且 8.0Gy 辐射剂量显著低于其余辐射剂量。离体培养鳞片存活率约为对照 3/4(辐照致死率为 1/4)时的辐射剂量为 2.0～4.0Gy，存活率为对照 2/5 时的辐射剂量约为 8.0Gy。

辐照组鳞片的出芽率和出芽数均明显低于未辐照组，辐照处理对离体培养百合鳞片出芽情况有明显的抑制效果。在本试验剂量范围内，随着辐射剂量的增加，鳞片出芽率和出芽数均逐渐减少。在不同的培养阶段里，不同辐照处理间鳞片的出芽率和出芽数的差异显著性有所不同。以辐照后鳞片的出芽率为对照的 50%为鳞片诱变适宜剂量的标准，培养 28d 时适宜剂量约为 2.0Gy，培养 42d 时适宜剂量为 2.0Gy，培养 70d 时适宜剂量为 4.0Gy 左右。以辐照后鳞片的出芽数为对照的 50%为选择适宜剂量的标准，培养 28d 时适宜剂量约为 1.0Gy，培养 42d 时适宜剂量为 2.0Gy，培养 70d 时适宜辐射剂量为 4.0Gy 左右。可以看出，分别以出芽率和出芽数为指标得出的诱变适宜剂量基本相同。随着培养时间的延长，离体培养百合鳞片的辐射敏感性逐渐降低。对再裂区设计的百合鳞片出芽数和出芽率进行方差分析得表 7-4。

表 7-4　百合鳞片出芽率和出芽数的方差分析结果

	变异来源	DF	出芽数 F 值			出芽率 F 值			显著性标准	
			28d	42d	70d	28d	42d	70d	$F_{0.05}$	$F_{0.01}$
主区	区组	2	8.65	0.45	0.72	1.03	0.68	2.94	19.0	99.0
	A	1	171.14**	6.73	3.79	8.09	3.6	21.58*	18.5	98.5
	Ea	2	—	—	—	—	—	—	—	—
裂区	B	1	0.52	2.43	0.67	0.05	1.22	3.46	7.71	21.2
	A×B	1	0.07	1.66	1.08	0.03	0.06	0.01	7.71	21.2
	Eb	4	—	—	—	—	—	—	—	—
再裂区	C	5	18.56**	16.56**	15.36**	31.95**	21.18**	25.87**	2.45	3.51
	A×C	5	1.82	2.43	2.78*	0.64	1.33	1.47	2.45	3.51
	B×C	5	0.20	0.12	0.88	0.14	0.44	0.54	2.45	3.51
	A×B×C	5	2.03	1.28	0.89	1.62	1.75	1.30	2.45	3.51
	EC	40	—	—	—	—	—	—	—	—

注：“*”表示 F 测验在 0.05 水平上差异显著；“**”表示 F 测验在 0.01 水平上差异显著。

分别在鳞片接种 28d、42d 和 70d 时统计离体培养百合鳞片的出芽率和出芽数，以考察试验指标随时间的变化规律。从表 7-4 可以看出，在 3 个不同的培养阶段，辐射剂量对百合鳞片的出芽率和出芽数的影响均达到极显著水平。培养基成分对鳞片出芽数在培养 28d 时影响达极显著水平，随着培养时间的延长显著性消失；培养基成分对出芽率的影响是随培养时间的延长而增强，70d 时达到显著差异。鳞片部位对出芽率和出芽数的影响均不显著。培养基成分与辐照处理的交互作用对鳞片出芽数的影响，随培养时间的延长而增强，在培养 70d 时达到显著水平；培养基成分与辐照处理交互作用对鳞片出芽率的影响也随时间延长而增加，但未达到显著水平。鳞片部位与辐照处理的交互作用的 F 值小于 1，可以说鳞片部位与辐照处理间不存在交互作用。培养基成分与鳞片部位的交互作用对鳞片出芽数、出芽率的影响各阶段均未达到显著水平。培养基成分、鳞片部位和辐射剂量三者的交互作用对出芽数和出芽率均存在一定的影响，但在 3 个培养阶段中均未达到显著水平。

以辐照后鳞片的出芽数为对照的 50%为选择适宜剂量的标准(图 7-1)，培养 28d 时，不同鳞片部位适宜剂量：外部鳞片为 1.0～2.0Gy，中部鳞片为 1.0～2.0Gy；不同培养基成分适宜剂量：A1 为 2.0Gy，A2 为 0.5Gy。培养 42d，不同鳞片部位适宜剂量：外部鳞片约为 2.0Gy，中部鳞片约为 2.0Gy；不同培养基成分适宜剂量：A1 为 2.0～3.0Gy，A2 为 0.5Gy。培养 70d，不同鳞片部位适宜剂量：外部鳞片约为 4.0Gy，中部鳞片约为 4.0Gy；不同培养基成分适宜剂量：A1 为 3.0～4.0Gy，A2 为 1.0Gy。

由以上分析可知，辐射处理与鳞片部位间几乎不存在交互作用(图 7-1a、b、c)，外部鳞片与中部鳞片的适宜剂量在不同的培养阶段均无明显差异；辐射处理与培养基成分间的交互作用对鳞片的出芽数有一定影响。从图 7-1d、e、f 可知，总趋势为随剂量的增加出芽数降低，但是不同培养基的变化规律不同。在 4.0Gy 前，A1 的出芽数显著高于 A2，说明在一定辐射剂量范围内高浓度激素的培养基增强了辐射鳞片出芽的抑制作用。在培养基

A1 中鳞片出芽数在培养 42d 和 70d 时均于 1.0Gy 处理后出现峰值，这种现象同样出现在外部鳞片 B1 上(图 7-1a、b、c)，推测是辐射剂量 1.0Gy 与培养基 A1、鳞片部位 B1 三者交互作用的结果，仍需进一步探索。

在不同的培养时间阶段，鳞片出芽数受辐射处理的影响程度不同。随着培养时间的延长，百合鳞片对辐射处理引起损伤的恢复能力不断增强，表现在：以辐照后鳞片的出芽数为对照的 50%为选择适宜辐射剂量的标准，培养时间分别为 28d、42d 和 70d 时，适宜辐射剂量分别为 1.0～2.0Gy、2.0Gy 和 4.0Gy 左右。

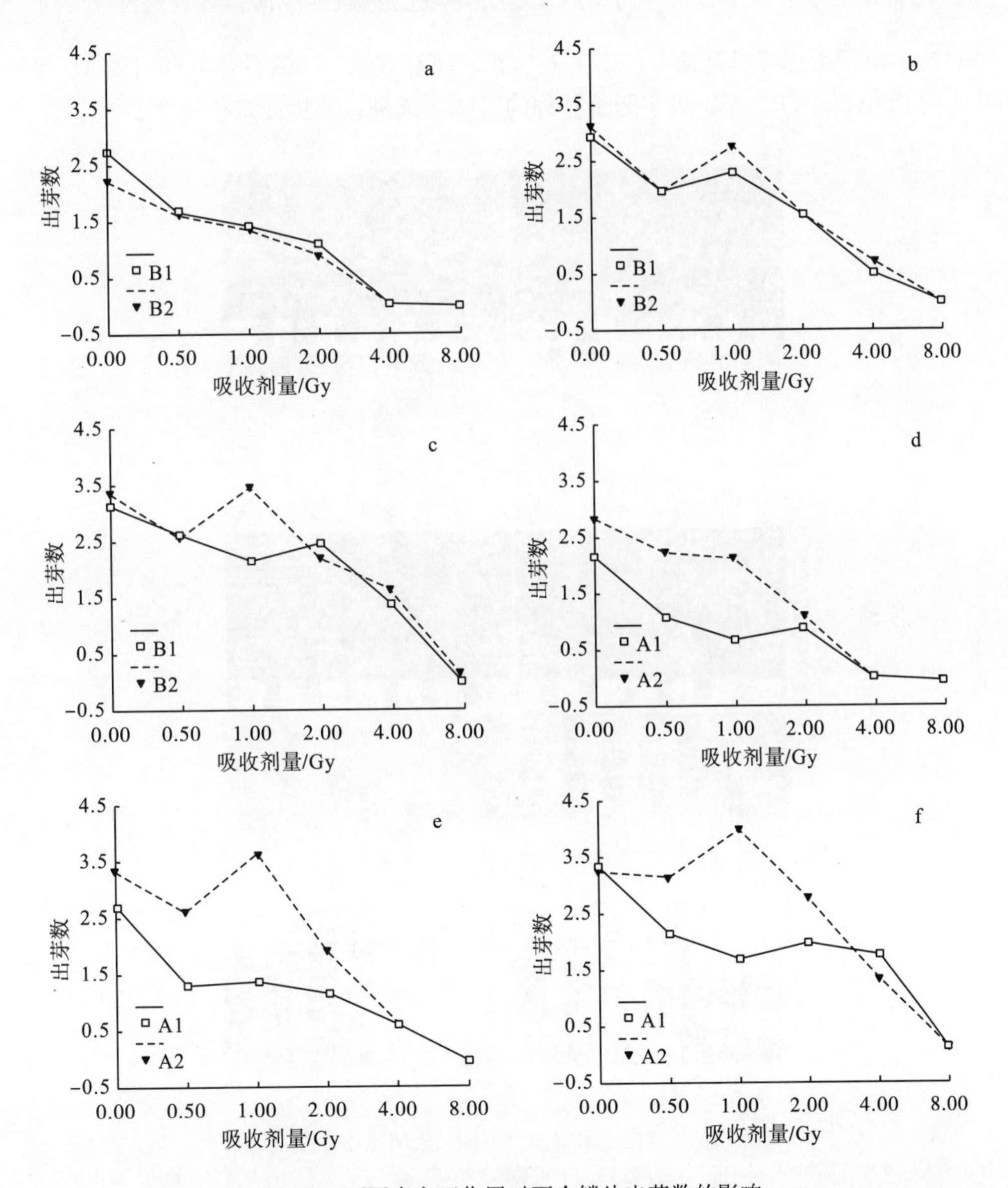

图 7-1　两因素交互作用对百合鳞片出芽数的影响

a. 外植体类型与辐照对出芽数 28d 的影响；b. 外植体类型与辐照对出芽数 42d 的影响；c. 外植体类型与辐照对出芽数 70d 的影响；d. 培养基种类与辐照对出芽数 28d 的影响；e. 培养基种类与辐照对出芽数 42d 的影响；f. 培养基种类与辐照对出芽数 70d 的影响

总之，在本试验统计的存活率、出芽率、出芽数 3 个指标中，出芽数受辐射剂量及其他因素的影响最为明显，其次为出芽率，存活率受辐射剂量影响最小，培养基、培养时间在一定程度上影响鳞片辐射敏感性。培养基 A2 中的鳞片辐射敏感性明显不同于培养基 A1（图 7-1）；随着培养时间的增加，以出芽率和出芽数为指标的适宜剂量有些提高。这说明不同离体培养条件对辐照材料的辐射敏感性有一定影响，深入探讨其影响机制将更有利于离体诱变创造新型种质资源优势的发挥。

2. 唐菖蒲电子束诱变作用的同工酶及 SDS-PAGE 分析品种间辐射敏感性

对前述电子束辐照唐菖蒲‘江山美人’和‘超级玫瑰’休眠种球后获得的 M_1 代盛花期叶片的 POD、CAT、淀粉酶和酯酶 4 种同工酶电泳进行分析测定得图 7-2。

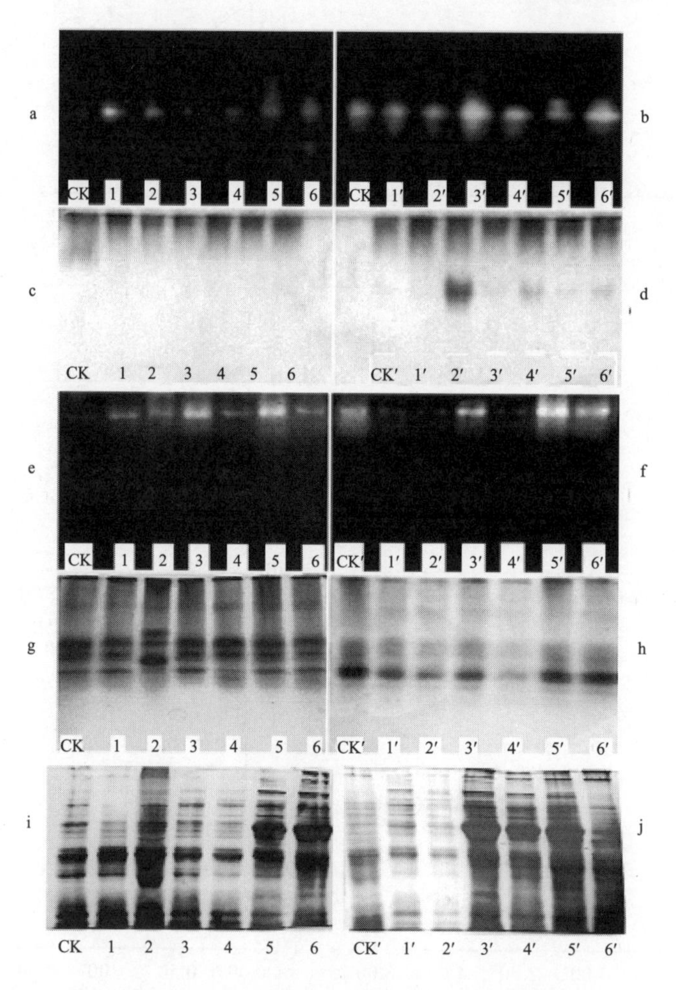

图 7-2　电子束辐照唐菖蒲同工酶电泳谱图

a. ‘江山美人’叶片淀粉酶酶谱图；b. ‘超级玫瑰’叶片淀粉酶酶谱图；c. ‘江山美人’叶片过氧化物酶酶谱图；d. ‘超级玫瑰’叶片过氧化物酶酶谱图；e. ‘江山美人’叶片过氧化氢酶酶谱图；f. ‘超级玫瑰’叶片过氧化氢酶酶谱图；g. ‘江山美人’叶片酯酶酶谱图；h. ‘超级玫瑰’叶片酯酶酶谱图；i. ‘江山美人’SDS-PAGE 电泳图谱；j. ‘超级玫瑰’SDS-PAGE 电泳图谱；CK/CK′：原始对照株；1/1′：40Gy 剂量处理组；2/2′：80Gy 剂量处理组；3/3′：120Gy 剂量处理组；4/4′：160Gy 剂量处理组；5/5′：200Gy 剂量处理组；6/6′：240Gy 剂量处理组

从图 7-2 可以看出，‘江山美人’对照株淀粉酶在盛花期表达较弱，且除 240Gy 处理组外均只表达一条酶带(图 7-2a)，而‘超级玫瑰’淀粉酶酶活性较强，且处理株活性较对照并未减弱(图 7-2b)。

‘江山美人’的 POD 同工酶在盛花期均只有一条酶带，且带型及酶活性基本没有变化(图 7-2c)，而‘超级玫瑰’在剂量高于 80Gy 时开始出现一条特异表达谱带(图 7-2d)。

‘江山美人’对照株 CAT 在盛花期酶活性非常弱，而辐照株酶活性有所增强，但均没有新酶带出现(图 7-2e)，而超级对照及各处理植株均只有一条酶带，且酶带位置及酶活性均相同(图 7-2-f)。

酯酶同工酶多态性较好，均至少有 4 条酶带，‘江山美人’40Gy 辐照处理带型与酶活性同对照基本相同，而高于 80Gy 辐照处理的酶带出现特异性表达(图 7-2g)；‘超级玫瑰’酶带带型并未有明显变化，只是酶活性有所不同(图 7-2h)。

从图 7-2i 及图 7-2j 可以看出，处理组叶片 SDS-PAGE 电泳图谱与对照株相比部分条带均有减少，且条带颜色与对照有所不同，说明部分蛋白表达量较对照有所变化，且处理组有一些特异性条带出现。

使用 SPSS11.5 进行数据分析，对同工酶及 SDS-PAGE 电泳图谱上各泳道每一相同迁移位置，清晰且重复性好的条带记为“1”，无酶带的记为“0”，从而变换成二态性状矩阵，对二值数据的相似性测度采用单匹配相似系数（表 7-5、表 7-6），采用分层聚类，聚类方法使用 Within-Groups Linkage 组内连结，对两品种分别进行分析，建立各处理及对照间的聚类树状图。

表 7-5　基于同工酶及 SDS-PAGE 带谱的‘江山美人’单匹配相似系数矩阵

1	1.000						
2	0.943	1.000					
3	0.857	0.914	1.000				
4	0.857	0.914	0.829	1.000			
5	0.771	0.829	0.800	0.800	1.000		
6	0.657	0.714	0.686	0.686	0.886	1.000	
CK	0.914	0.971	0.886	0.886	0.800	0.686	1.000

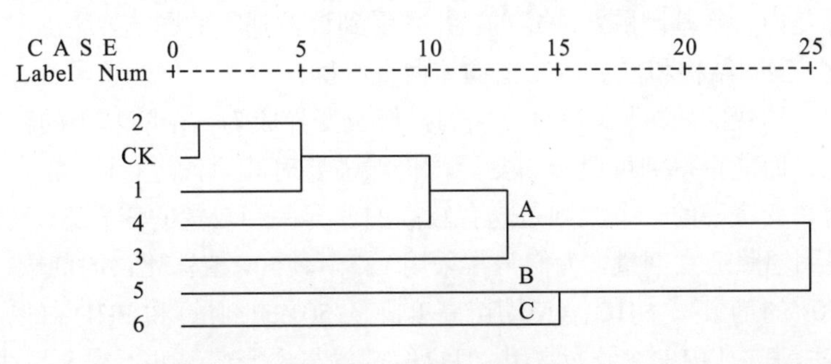

图 7-3　基于同工酶及 SDS-PAGE 带谱的唐菖蒲‘江山美人’聚类图

由图 7-3 的聚类图，7 个供试材料可以明显划分为 3 组，其中两组分别为 200Gy 处理材料和 240Gy 处理材料，另一组包含了小于等于 160Gy 剂量处理材料及对照。可以看出低剂量处理与对照的相似性程度比较高，受低剂量辐照后变化并不大，只有在逐渐增大剂量后才出现明显变异，这说明‘江山美人’对电子束辐照的耐受性较强。

表 7-6 基于同工酶及 SDS-PAGE 带谱的‘超级玫瑰’单匹配相似系数矩阵

1	1.000						
2	0.947	1.000					
3	0.816	0.868	1.000				
4	0.789	0.842	0.974	1.000			
5	0.737	0.789	0.921	0.947	1.000		
6	0.711	0.658	0.737	0.763	0.763	1.000	
CK	0.737	0.789	0.658	0.632	0.579	0.553	1.000

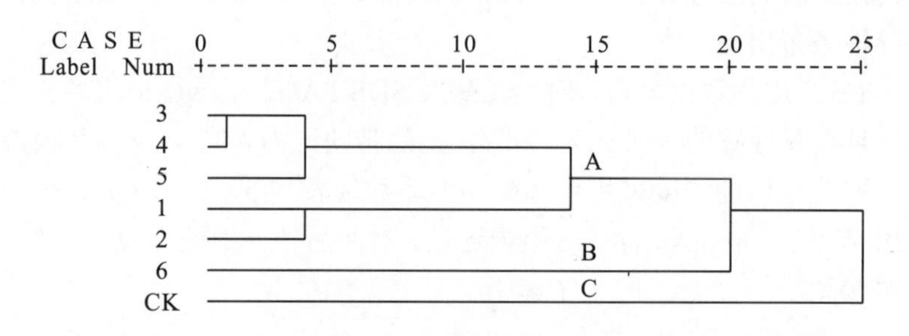

图 7-4 基于同工酶及 SDS-PAGE 带谱的唐菖蒲‘超级玫瑰’聚类图

由图 7-4 的聚类图可以看出，7 个供试材料可以明显划分为 3 组，其中两组分别为对照和 240Gy 处理材料，另一组包含了小于等于 200Gy 的各处理材料。可以看出，低剂量处理材料与对照出现明显差异，这表明‘超级玫瑰’对电子束辐照较敏感。

本试验中各处理与对照在酶谱谱带上存在差异，而不同同工酶表现又不尽相同，这可能是因为不同同工酶对辐射的敏感性不同。同时，这从另一侧面证明了辐照处理后材料发生了一定程度上的变异，也说明变异的复杂性、随机性和不确定性。但生物体内任何蛋白分子的合成都是由特定基因顺序决定的，并且受到调控基因的影响，这决定了蛋白质的合成时间、数量、空间结构和蛋白质在生物体内及细胞内存在部位的特异性；并且由于辐射对植株遗传序列诱变的随机性，使得植株的损伤及变异成为一个随基因的程序性表达而逐渐表现的过程，而能否得到可遗传的变异，仍然需要对其后代进行研究。

电离辐射诱变育种的一个原则是既有较高的变异率和较宽的变异谱，又能保证较高存活率。为了得到辐照适宜剂量，人们常常采用 LD_{50}(使50%植株死亡的剂量)、VID_{50}(使活力指数下降 50%的剂量)、SHD_{50}(使幼苗高度降低 50%的剂量)和 PHD_{50}(使株高降低 50%的剂量)等方法，其中以 LD_{50} 最为常用。但辐射剂量与诱变情况并不完全呈线性相关关系，仅从各种调查指标的数值减少一半来确定最佳辐射剂量并不能全面而灵活地把握诱变结果，而通过聚类分析则可以更全面地把握各辐射剂量对植株的具体诱变情况。

在辐照诱变所造成的酶谱条带变化中，新条带的产生和原有条带的消失这两种结果均是辐照诱变所造成的，对结果的分析同等重要；而单匹配相似系数同等对待正匹配与负匹配，均给予一倍的权值，因此本试验采用单匹配相似系数进行分析能较客观地反映真实变异结果。由电泳图谱的聚类分析结果可以看出，唐菖蒲不同品种间对电子束的敏感性存在较大差异，‘江山美人’的耐受性明显高于‘超级玫瑰’，而‘超级玫瑰’则更易发生变异，从两个品种的田间种植情况及变异情况观察同样证明了这一结果。

综合考虑花粉母细胞减数分裂观察及 SDS-PAGE 电泳分析的结果，可以看出辐射剂量在 160Gy 处观察材料均发生明显变化，初步推断唐菖蒲‘超级玫瑰’电子束诱变处理的适宜辐射剂量为 160Gy。

3. 中子辐照下羽衣甘蓝 2 个品种的辐射敏感性

以 CFBR-Ⅱ快中子脉冲堆对羽衣甘蓝 2 个品种‘红欧’和‘白鸥’种子进行中子辐照处理，辐照能量平均为 1.12MeV，辐射剂量分别为 50Gy、100Gy、200Gy 和 300Gy，剂量率为 4.5Gy/min，以不辐照为对照，对辐照后的羽衣甘蓝当代植株发芽率、成活率、株高、叶片数、冠径等生长指标进行统计分析得表 7-7。

表 7-7　不同剂量中子辐照对羽衣甘蓝植株生长的影响

品种	辐射剂量/Gy	发芽率/%	发芽率为对照的百分比/%	苗高/cm	株高/cm	叶片数	冠径/cm
红欧	0	40.1a	100.0	5.96a	17.2a	22.8a	34.6a
	50	21.0b	52.4	5.57a	17.0a	26.2a	32.6a
	100	11.3c	28.2	5.06a	16.9a	25.8a	30.4a
	200	8.9c	22.2	4.81a	19.3a	23.5a	33.2a
	300	0.00d	—	—	—	—	—
白鸥	0	83.3a	100.0	4.62a	18.4a	26.8a	33.2a
	50	45.0b	54.0	4.07a	16.7a	22.0a	29.7a
	100	24.6c	29.5	5.11a	18.9a	24.4a	30.7a
	200	6.8d	8.2	5.13a	15.8a	22.9a	30.3a
	300	0.00d	—	—	—	—	—

注：同列数字后附不同字母表示差异达 0.05 显著水平。

从表 7-7 可见，不同剂量中子辐照对‘红欧’‘白鸥’羽衣甘蓝植株生长的影响均表现为除各处理发芽率有显著差异外，不同处理对苗高、株高、叶片数和冠径等指标的影响差异不明显，说明不同剂量中子辐照对成活后的植株生长影响并不明显，其他植物种类以苗高或株高等生长指标作为适宜辐射剂量的判断依据在羽衣甘蓝上不适用。

本试验中两品种中子辐照处理的发芽率明显低于对照，并随剂量的提高发芽率降低，当辐射剂量达到 300Gy 时，则完全不能萌发。因此，300Gy 甚至更低的剂量应为羽衣甘蓝的致死剂量；两品种各剂量处理的发芽率均低于对照，各种剂量处理间的发芽率差异也达到显著水平；同时‘红鸥’种子的发芽率包括对照在内普遍表现低于‘白鸥’种子。将‘红欧’‘白鸥’不同处理的发芽率与处理剂量间进行相关回归分析得到其发芽率依辐射剂量而变化的回归方程如下。‘红欧’：y=31.0733−0.1139x，相关系数 r=−0.8980。‘白鸥’不同：y=64.8681−0.2533x，r=−0.9079。经相关系数显著性检验，两个回归方程均达到显著水平。因此，以两个回归方程分别计算半致死剂量，‘红欧’LD_{50}=166.17Gy，‘白鸥’LD_{50}= 58.70Gy。由此可见，羽衣甘蓝两品种的半致死剂量有较大差异，‘红欧’>‘白鸥’，也说明‘红欧’的辐射敏感性低于‘白鸥’。

7.1.4 植物辐射诱变育种适宜剂量预测

辐射剂量广义上泛指电离辐射领域与辐射和辐射与物质的相互作用有关的量，包括吸收剂量、照射量、通量密度等；同时也包括计算媒质在辐射场中吸收辐射的能量和推断辐射对生物造成的影响两个方面。

电离辐射诱变育种的一个原则是既有较高的变异率和较宽的变异谱，又能保证较高的存活率。辐射诱变剂量是指对生物材料进行辐射诱变时使用的处理剂量。适宜辐射剂量的选择是辐射育种的关键技术。在一定的剂量范围内，随着剂量的增加，突变率提高，生理损伤与死亡率增加。剂量太高成活率大幅降低，突变率反而下降。剂量太小，突变率低。适宜的辐射剂量是指既能诱导产生较多的突变个体，又能保证变异个体有较高的成活性与繁育性。辐射诱变育种适宜剂量是按照材料的辐射敏感性来确定的，是评定植物对辐射反应的重要指标，也是选用辐照亲本、确定诱变因素和剂量以及处理方法的依据。

不同生物及相同生物不同器官或组织的适宜剂量是不同的。为了得到辐照适宜剂量，人们常常采用 LD_{50}、VID_{50}、SHD_{50} 和 PHD_{50} 等方法，其中以 LD_{50} 最为常用。但也有主张采用 $LD_{25\text{-}40}$，即成活率为 60%～75%的中等剂量辐照，成活的个体中能获得较多的有利突变。

此外，诱变育种的选育工作是一个相对漫长的过程，LD_{50} 只用于反映诱变当代的早期存活率情况，而不能很好地反映后代的损伤与变异情况。而花粉的遗传物质将完全传给下一代植株，针对花粉活力的统计结果，不仅可以反映辐照对植株直至花期的损伤与变异情况，而且所反映的结果可以最大程度地与后代变异情况相一致。因此，测定一定剂量辐射下的花粉生活力或花粉发芽率也能反映植物的辐射敏感性。

MDA 含量及抗氧化酶活性等生理指标也可用来反映植物的辐射敏感性，但由于植物体生理反应的复杂性，目前应用较少。

1. 电子束处理羽衣甘蓝和鸡冠花种子的适宜剂量预测

对前述电子束处理鸡冠花种子生长各指标进行相关回归分析得表 7-8。

表 7-8 根据不同生长指标推测的鸡冠花电子束辐照的半致死剂量

生长指标	生长指标与辐射剂量间的相关系数 r	回归方程	推测的半变化剂量/Gy
发芽率	-0.9915^{**}	y=45.3210−0.0169x	1300.63
成活率	-0.9894^{**}	y=2565.5416−2617.4470x	1256.82
株高	-0.9819^{**}	y=4.8536−0.00122x	1937.11

续表

生长指标	生长指标与辐射剂量间的相关系数 r	回归方程	推测的半变化剂量/Gy
叶片数	-0.9929^{**}	y=11.0624−0.00296x	1856.09
开花株率	-0.9218^{**}	y=62.3474−0.0160x	2059.23

由表 7-8 可见，不同剂量电子束辐照后的鸡冠花种子发芽率、成活率、株高、叶片数、开花株率与剂量高低均成极显著负相关，即均表现随辐射剂量的增加而降低。根据其回归方程计算的半变化剂量不同，发芽率、成活率计算的半致死剂量为 1256.82～1300.63Gy；而根据株高、叶片数、开花株率的回归方程计算的半变化剂量为 1856.09～2059.23Gy，要高于半致死剂量约 600Gy。这说明在一定剂量辐照后能存活的植株产生了一定程度对辐射损伤的修复，使其生长有关指标为未辐照对照一半的剂量较半致死剂量有一定程度的提高。植物辐射敏感性既可以按常规以半致死剂量表示，也可以用有关生长指标的半变化剂量表示，后者更能表现成活植株对辐射的敏感程度。

2. 电子束辐照不同品种百合鳞茎的适宜剂量预测

根据前述电子束辐照不同品种百合鳞茎后的生长指标(表 7-3)进行各生长指标与辐射剂量间的相关回归分析，推测其相应指标降低一半所需剂量(半变化剂量)得表 7-9。

表 7-9 根据不同生长指标推测的百合鳞茎电子束辐照的半变化剂量

	生长指标	生长指标与辐射剂量间的相关系数 r	回归方程	推测的半变化剂量/Gy
西伯利亚	成活率	−0.8271	y=93.5099−10.6231x	4.4582
	拔节率	-0.9429^{*}	y=69.5379−12.9758x	2.3951
	节数	−0.8313	y=22.1510−3.4572x	2.1538
	叶片数	−0.8189	y=29.1689−2.6068x	6.1144
	株高	-0.9138^{*}	y=59.4701−6.6022x	4.6508
卡萨布兰卡	成活率	-0.9732^{**}	y=81.0495−15.4217x	2.3817
	拔节率	−0.8309	y=44.2558−9.0020x	1.4981
	节数	-0.9795^{**}	y=15.6613−2.2123x	3.3478
	叶片数	-0.9967^{**}	y=32.7586−4.4656x	3.6901
	株高	-0.9775^{**}	y=63.7822−7.9685x	4.1215
欧宝	成活率	−0.7891	y=58.7913−12.3849x	1.1580
	节数	-0.9749^{**}	y=10.4000−2.0726x	2.2628
	叶片数	-0.9725^{**}	y=22.5826−4.2719x	2.3263
	株高	-0.9060^{*}	y=41.7404−8.3108x	1.8055
索邦	成活率	-0.9732^{**}	y=99.5151−21.8395x	2.2672
	拔节率	-0.9827^{**}	y=39.0729−7.5184x	2.4683
	节数	-0.9494^{*}	y=12.0085−2.1308x	3.1061
	叶片数	-0.9614^{**}	y=21.8231−3.4353x	3.3121
	株高	-0.9604^{**}	y=48.0935−7.9260x	3.2057

注：因‘欧宝’拔节率为 0，无法根据其推测半变化剂量，故未推算。

从表 7-9 可见，根据成活率计算的百合不同品种的半致死剂量，以‘西伯利亚’最高，为 4.4582Gy；‘卡萨布兰卡’和‘索邦’次之，分别为 2.3817Gy 和 2.2672Gy；‘欧宝’最低为 1.1580Gy。4 个品种的辐射敏感性表现为‘西伯利亚’＞‘卡萨布兰卡’＞‘索邦’＞‘欧宝’。以株高、叶片数、节数、拔节率等生长指标计算的半变化剂量衡量的 4 个品种的辐射敏感性表现依然为‘西伯利亚’＞‘卡萨布兰卡’＞‘索邦’＞‘欧宝’，‘索邦’依然为中度辐射敏感品种。同时，推测‘西伯利亚’的适宜辐射剂量为 3～4Gy，而‘卡萨布兰卡’‘索邦’‘欧宝’的适宜辐射剂量为 2～38Gy。

7.2 影响植物辐射生物效应的外因

7.2.1 影响植物辐射生物效应外因的一般规律

植物辐射生物效应的强弱和表现与植物辐射敏感性密切相关，一般植物辐射敏感性越强其表现的生物效应就越显著。植物辐射敏感性不仅因植物种类、植物不同发育阶段、植物不同器官组织等植物内因而不同，也受辐射时环境条件的影响，包括辐射时的气体成分、含水量、温度及辐射时和辐射前后化学物质处理等因素的影响，其影响的一般规律如下。

(1)氧。在空气中照射植物时，其敏感性高于在真空或惰性气体中照射。种子或植物在完全无氧的空气中照射，幼苗损伤与染色体畸变减少，突变率增加。氧存在使细胞对辐射的敏感性显著增加的现象，称为氧效应。氧效应的机制在于电离辐射后植物体中的分子一方面被大量电离，另一方面也在不断修复，而氧的存在减少或阻止修复的进行，从而加重了损伤。同时，氧与辐射产物相互作用形成活性极强的过氧化物自由基，使辐射损伤加剧。

(2)含水量。含水量高的植物繁殖体如浸泡后的种子、植物嫩枝、鳞茎等辐射敏感性较风干种子、休眠枝条等高，原因是水分子产生的自由基可能参与一些新的化学反应，从而增加了辐射敏感性。当种子含水量达到一定的量，致使种子萌动代谢活动开始，辐射敏感性急剧增加。因此，辐射中应严格控制植物含水量，使其在辐射不敏感范围中，不会因水分的微小变化而引起生物效应的极大差异，并可降低氧效应的作用，有望得到较高的突变率和较小的生理损伤。

(3)温度。植物辐射敏感性随照射时温度的升高而升高，低温对辐射有防护作用，其原因可能是低温使辐射产生的自由基活动能力减弱，降低了其与氧的相互作用，从而降低了氧效应产生的损伤。温度对辐射敏感性的影响，一是温度直接对大分子作用，如 DNA 碱基对之间的氢键，一定温度能使它松开；二是温度影响到自由基的产生、扩散和重结合。结冰时会使酶钝化，敏感性降低到百分之一，因为在冰中限制了自由基的活动。

(4)化学物质。化学因素与辐射复合处理植物可起到增强或减弱其敏感性的作用。过氧化物及各种氧化剂(如咖啡因和 EDTA)有增效作用；而松籽提取液、芥子碱、吲哚乙酸和 GA、乙烯、维生素 E、亚硒酸钠、小苏打、氯化钠和柠檬酸钠等有减敏作用，这已被许多研究所证实。在辐射前后用植物辐射敏化剂或辐射保护剂能改变辐射敏感性。一定浓度的 EDTA、EMS、秋水仙素、咖啡因、丙烯酰胺、DES、EI 等化学物质能增加由 X 射线、γ 射线等电离辐射引起的突变谱和突变率，应用后降低了同种植物品种的半致死剂量，被称为辐射敏化剂。另一类利用化学物质如半胱氨酸、肌醇、三磷酸腺苷、抗坏血酸、氯化钠、植物生长调节剂如生长素、赤霉素、细胞分裂素、水杨酸等进行生物材料的辐射前后处理，以减轻辐射损伤效应，提高存活率及育性来提高后代的突变频率，被称为辐射防护剂。

(5)其他。植物组织培养中培养基的成分也会影响植物辐射敏感性，如在缺铁、磷、钙、锌等的培养基上的培养物对辐射的敏感性就强于正常培养基上的培养物。

7.2.2　GA 对一串红干种子的辐射保护作用

以辐射剂量为 25.87Gy、55.00Gy、85.00Gy、115.00Gy、145.00Gy 的电子束辐照处理一串红干种子，0Gy 为对照，将对照和辐射后的每个处理的种子平均分成 3 份用浓度为 0mg/L、25mg/L、50mg/L 的 GA 浸种 24h 后播种繁殖。对电子束和 GA 复合处理后的一串红植株发芽率和存活率进行统计分析得表 7-10。

表 7-10　电子束和 GA 复合处理对一串红植株发芽率和成活率的影响

测定指标	GA 浓度/(mg/L)	电子束处理剂量/Gy					
		0.00	25.87	55.00	85.00	115.00	145.00
发芽率/%	0	50.4a	28.4b	25.0c	0.0d	0.0d	0.0d
	25	43.4a	37.5b	30.9c	1.8d	1.9d	0.0d
	50	37.1a	30.1b	23.9c	1.4d	0.0d	0.0d
成活率/%	0	38.2a	12.1b	8.67c	0.0d	0.0d	0.0d
	25	22. 8a	23.6a	13.2b	0.0c	0.7c	0.0c
	50	17.5a	12.3b	10.4b	0.0c	0.0c	0.0c

注：表中同行中不同小写字母表示 0.05 水平的差异显著性。

由表 7-10 可以看出，电子束处理一串红的发芽率和成活率均显著低于对照的发芽率和成活率，且随着辐射剂量的增高，呈现减小的趋势。除对照外，一串红种子经电子束辐射后进行 GA 处理的发芽率和成活率均高于未进行 GA 处理的发芽率和成活率，且发芽率和成活率为 25mg/L＞50mg/L＞0mg/L，说明电子束辐射后进行 GA 处理能减轻辐射对种子的损伤。在未进行 GA 处理条件下(即 GA 浓度为 0mg/L)，55.00Gy 辐射处理的发芽率为对照的发芽率的近一半，且在辐射剂量高于 85.00Gy 后，未进行 GA 处理的种子发芽率均为零。因此，我们认为 85.00Gy 为电子束辐射一串红种子的致死剂量。

进一步于花期测量各处理后的单株株高、花轴长度(第一个花絮到花顶端的距离)、花轴上的花朵数，采用花粉萌发法测定花粉活力得表 7-11。

表 7-11 一串红不同处理盛花期性状

电子束剂量/Gy	GA 浓度/(mg/L)	株高/cm	花轴长/cm	单轴花朵数/朵	花粉萌发率/%
0.00	0	28.8	9.5	35.2	0.016
	25	30.7	10.5	41.7	0.024
	50	19.2	6.8	25.6	0.037
25.87	0	30.0	9.8	39.7	0.025
	25	32.9	11.4	46.1	0.048
	50	37.6	9.1	37.4	0.083
55.00	0	16.2	7.5	23.0	0.087
	25	26.0	7.7	35.4	0.123
	50	19.2	6.1	21.2	0.158
85.00	0	—	—	—	—
	25	—	—	—	—
	50	—	—	—	—
115.00	0	—	—	—	—
	25	31.6	7.7	35.3	0.159
	50	—	—	—	—
145.00	0	—	—	—	—
	25	—	—	—	—
	50	—	—	—	—

注：“—”表示缺区。

由表 7-11 可以看出，与对照相比，25.87Gy 处理株高、花轴长、单株花朵数均高于对照，而 55.00Gy 处理株高、花轴长、单株花朵数均低于对照，可能是低剂量电子束处理有促进植株生长发育的作用，高剂量电子束处理对植株生长发育有抑制作用。在 115.00Gy 高剂量处理下，由于发芽率较低，所剩单株过少，该处理与低剂量处理相比较，变化并无规律性。在 GA 处理上，一串红盛花期不同处理各个性状呈现出一定差异，且各个辐射剂量在 GA 浓度 25mg/L 处理后其株高、花轴长、单株花朵数均高于未进行 GA 处理的一串红材料。电子束辐射后进行 50mg/L GA 处理的株高高于未进行 GA 处理的一串红材料，而花轴长、单株花朵数却低于未进行 GA 处理的一串红材料。从花粉不萌发率来看，与对照比较，辐射后花粉的不萌发率增加，且随着辐射剂量的增加，花粉的不萌发率呈上升的趋势，GA 处理后花粉的不萌发率也增加。

在一串红生长盛花期测定叶片叶绿素含量、叶长、叶宽、叶面积、栅栏组织厚度和海绵组织厚度(表 7-12)等性状指标。

表 7-12　一串红不同处理叶性状指标

电子束剂量/Gy	GA 浓度/(mg/L)	叶绿素含量/(mg/g)	叶长/cm	叶宽/cm	叶面积/cm^2	栅栏组织厚/μm	海绵组织厚/μm
0.00	0	1.691	7.348	6.301	27.9	120	121
	25	2.098	8.350	7.041	35.2	85	136
	50	1.439	7.116	5.585	26.5	93	125
25.87	0	1.503	7.937	6.371	32.8	99	130
	25	1.463	8.410	7.116	36.5	92	129
	50	1.129	7.995	6.860	37.4	93	123
55.00	0	1.127	6.381	5.002	19.6	90	141
	25	1.364	7.231	6.386	30.3	83	130
	50	1.160	7.045	5.411	24.8	92	117
85.00	0	—	—	—	—	—	—
	25	—	—	—	—	—	—
	50	—	—	—	—	—	—
115.00	0	—	—	—	—	—	—
	25	1.577	7.520	6.168	28.7	66	112
	50	—	—	—	—	—	—
145.00	0	—	—	—	—	—	—
	25	—	—	—	—	—	—
	50	—	—	—	—	—	—

注:“—”表示缺区。

与对照相比较，电子束辐射后一串红植株的叶绿素含量有减小的趋势，可能是因为电子束辐射后植株的叶绿体缺失造成。25.87Gy 剂量处理其叶长、叶宽、叶面积与对照相比较增大了，55.00Gy 处理叶长、叶宽、叶面积与对照相比较减小了。但栅栏组织厚度、海绵组织厚度都无规律性变化。从 GA 处理效果来看，25mg/L GA 处理后的植株的叶长、叶宽、叶面积较未进行 GA 处理的植株都增大了，分析原因是适宜浓度的 GA 处理有刺激细胞分裂、伸长、茎伸长及叶片扩大的作用，减小了辐射损伤。

一串红经电子束辐射处理后，发芽率和成活率均显著低于对照。电子束处理一串红的半致死剂量在 55.00Gy 左右，致死剂量为 85.00Gy。试验发现，与对照相比，25.87Gy 处理株高、花轴长、单株花朵数、叶长、叶宽、叶面积均高于对照，而 55.00Gy 处理株高、花轴长、单株花朵数、叶长、叶宽、叶面积均低于对照，可能存在低剂量电子束处理有刺激植株生长的效应，而随着剂量的增高，辐射损伤增高，抑制植株的生长。

植物受辐射后对机体造成生理损伤、发芽延迟、代谢紊乱或减弱、植株生长缓慢等。辐射后采取适当的措施可以减轻植株的生理损伤，提高诱变效果。本试验研究表明，植株辐射处理经适宜 GA 浸种处理可明显减轻植株的损伤，植株的发芽率和成活率均得到提高，且发芽率和成活率都为 25mg/L＞50mg/L＞0mg/L，也减轻了辐射对株高的抑制作用。从研究结果来看，为减轻辐射对一串红植株的生理损伤，GA 最适宜处理浓度应为 25mg/L。

第 8 章　观赏植物辐射诱变育种的方法和技术

观赏植物通常是指人工栽培的，具有一定观赏价值和生态效应的，可应用于花艺、园林，以及室内外环境布置和装饰，以改善和美化环境、增添情趣为目标的植物总称。它有木本、草本之分，其中木本者称观赏树木或园林树木，草本者称花卉，也可分为草本植物、木本植物(灌木、乔木、藤本)、地被植物、盆景植物等，一般以观花为主，也有观果、观根等。中国的观赏植物资源非常丰富，被誉为“世界园林之母”。据统计，我国现有高等植物种类 3 万余种，居世界第三位。其中，著称于世的观赏植物达 100 多属，3000 多种。

8.1　观赏植物辐射诱变育种的特点

辐射诱变育种就是利用物理诱变源处理植物的种子、植株或其他器官，使其遗传物质发生改变，产生各种各样的突变，然后在发生突变的个体中选择符合人们需要的植株进行培育，从而获得新品种。辐射诱变育种广泛应用于粮食作物、观赏植物、牧草蔬菜等的育种工作中。诱变育种的特点表现在以下方面。

8.1.1　提高植物的变异率，扩大变异范围

突变是自然界普遍存在的一种遗传性变异。但各种植物的自然突变率较低，一般在十万分之几到几百万分之几左右，而人工诱发的突变频率可达二十分之一左右，比自然突变高出 100～1000 倍。同时人工诱变引起的变异类型多、范围广，对于花卉来说，更易发生花杂色等变异性状。

8.1.2　改良品种单一性状，并保持其他优良性状基本不变

一个多种性状优良的品种只希望改变一两个不良性状时，采用诱变育种效果较好。在进行早花、抗病、矮化和品质育种时，能够将这些新的性状引入原来的花卉品种中，同时又不明显改变原品种其他优良特性。

8.1.3　诱变引起的变异稳定快，育种年限短

诱发的变异大多是一个主基因的改变，因此变异稳定快，在较短的时间内可选育出适合生产需要的新品种。

8.1.4　能改变植物的育性，促进远缘杂交成功

用射线处理边缘杂种的花粉，在某些情况下可以促进受精结实，克服杂种不育性。

花卉辐射诱变育种的有利条件主要表现在：观赏植物的多样性，能提供更多、更丰富的植物种类；多数产业化应用的花卉均为无性繁殖，如百合、唐菖蒲等球根花卉，应用辐射诱变育种后获得的优良突变体能较快应用无性繁殖技术得到应用；多数所需性状应用人体感官便能辨识，测试简单；应用安全等。

因此，观赏植物育种目标依植物的种类和栽培地区以及人们的要求而异，但其主要育种目标包括以下几个方面。如观赏品质包括花形、花色、叶形、叶色、株型、芳香等；抗逆性包括抗病、抗虫、抗盐、抗寒、抗热等；延长花期、适宜切花及耐储运等。

但辐射也会出现一些不利效应，主要表现为：难以实现定向诱变；诱变效果常限于个别基因的表型效应，而且基因型间对诱变因素的敏感性差异大；有利突变概率低，有时发生逆突变。一些辐照手段对花卉繁殖材料要求较高，有些花卉难以满足要求，应用受限，如百合、唐菖蒲等球根花卉基本采用球根繁殖，球根个体大，穿透性较差、方向性强的辐照源处理困难，辐照时间长、处理效果不佳；获得的突变材料多数不育，特别是种子繁殖、经济价值相对低的草花突变体难以保留。

诱变育种与其他育种方法结合使用，将进一步发挥其巨大的作用。但是由于对诱变机理掌握很少，诱变后代多数是劣变，有利突变只是少数，变异方向和性质很难进行有效的预测和控制。因此，如何提高突变频率，定向地改良品种性状，创造新的优良品种，还需要进行大量的深入研究。

8.2　辐射诱变材料的选择

8.2.1　诱变材料选择的原则

(1) 选择的诱变材料最好是植物的主要繁殖体，如种子、种球、芽等，便于辐照后繁殖得到诱变后代。

(2) 选择的材料在遗传上要尽可能一致，特别要考虑原始材料的商品化潜力以及所获得的突变体预期的商品价值，从隔离种植的优良品系或高代品系中选择诱变材料最为理想。

(3) 选材应符合育种目标，适应性强，具有高产潜力，仅具有单一或少数缺点。

(4) 要尽可能选择易发生突变的基因型。

8.2.2　辐照材料的类型

(1) 种子。种子最容易引起生长点细胞的突变，由于种胚具有多细胞结构，辐射后会形成嵌合体，具有处理量大、便于运输、操作简便等优点，其包括干种子、湿种子、萌动

种子等。不同状态的种子辐照处理的剂量及方法不同。

(2)营养器官。对于以无性繁殖为主的观赏植物，处理试材的类型包括枝条、块茎、鳞茎、球茎、腋芽等。辐照处理后进行无性繁殖，获得的优良突变体也可用无性繁殖方式固定优良性状。

(3)幼年植株。在有条件的情况下，如钴圃可以直接处理幼年苗木，以慢照射为主；也可以组培生根小苗作为辐照材料。

(4)离体植物材料。在进行组织培养与辐射诱变育种结合研究时，可以以愈伤组织、叶片、茎尖、胚胎、花粉、子房、单细胞、原生质体等外植体为材料进行辐照处理，辐照后采用组织培养技术进行辐照后代的选育。

8.3 辐射诱变源、剂量和辐照方法的选择

8.3.1 辐射诱变源的选择原则

植物辐射诱变育种常用的辐射种类有X射线、γ射线、α射线、中子、离子注入及激光等。前面4种射线在通过生物有机体时，能与构成机体的原子作用，使原子中的电子脱离原子的束缚成为自由电子，失去电子的原子成为正离子，即形成离子对。这种能使原子直接或间接发生电离作用的射线称为电离辐射。各种射线在生物体内引起的相对生物学效应是不同的，有关文献早已报道，中子比X射线容易诱发植物细胞的染色体畸变，而α射线又比中子更易使染色体产生畸变，这种生物学效应的差异是与各种射线的LET大小有关，而LET值又因各种射线的性质和所带的能量不同而不同。因此，用不同的射线处理一种植物和某一种射线处理不同植物时，诱变效果是不同的。各种电离辐射由于物理性质不同，对生物有机体的作用不一，有其特殊性。应用时应注意不同辐射源的不同特性，选用适宜的辐射种类。

在辐射诱变源的选择中，要根据辐照对象的性质、体积大小、存载容器、生长点方向等特性选择辐照源及其设备。根据辐照源射线的作用机理、穿透深度及辐射源设备的应用范围、作用功率、处理方式、剂量及剂量率范围、单位时间内处理能力等进行综合考虑，选择应用。

从已有的研究表明，^{60}Co-γ射线辐照因其具有穿透力强，在γ照射室和γ圃(场)可分别实施急性及慢性辐照，可同时处理大量生物材料及体积相对较大的材料，特别是植物营养繁殖的材料及带包装的组织培养材料，相对生物效应较强，成为诱变育种最广泛的辐照源；离子束诱变是20世纪80年代初兴起的一项高新技术，因注入离子具有高LET、尖锐的电离峰(Bragg峰)及低氧增比，并可精确控制入射深度和部位，经加速后的离子具有一定的静止质量，注入生物体后可以使质量、能量和电荷共同作用于生物体，不同的质量数、电荷数和能量又可以根据需要进行组合。离子注入技术在诱变育种上表现出生理损伤小、突变谱广、突变频率高，并有一定的重复性和方向性的新特点。

8.3.2　辐射剂量和剂量率的选择原则

辐射诱变剂量的确定对获得良好的诱变效果起着重要的作用。辐射剂量过低，起不到诱变作用；提高剂量，诱发突变率虽然增加，但同时也增强了辐射引起的损伤及死亡率。过高的辐射剂量使试验植株大量死亡，影响选择概率，此外还往往引起较大的染色体损伤，出现较大比例的有害突变。一般来说慢照射对植物的损伤较小，条件许可的情况下应选择较低的剂量率。适宜诱变剂量和剂量率的确定原则如下：

活(live)：后代有一定成活率；

变(variable)：成活个体中有较大的变异效应；

优(beneficial)：产生的变异中有较多的有利突变。

无性繁殖植物一般是采用接穗、插条、球茎、鳞茎、匍匐茎等无性繁殖器官进行辐射处理，它们耐受辐射剂量通常要比有性繁殖的种子低得多，一般认为前者的辐射剂量相当于后者的十分之一。确定适宜的辐射剂量，需考虑植物种类、品种、各种器官和试材的发育阶段、生理状况以及外界条件与辐射敏感性的关系。辐射敏感性大就应采用较小的剂量，反之可用较高剂量。从目前辐射诱变育种来看，植物一般以半致死剂量或临界剂量为辐照诱变育种的适宜剂量，此外针对不同辐照的植物种类及其特点也可采用植株高度、活力指数、萌发率、幼苗生长势等指标作为衡量其适宜辐射剂量的指标。

8.4　辐射后代突变体的培育与分离

对种子繁殖植物种类突变体的培育和选择与常规杂交育种的方法相同，而无性繁殖植物芽的分生组织或其他组织是由多细胞构成的，经射线照射后，分生组织中的某一单个细胞发生突变，突变的细胞经过分裂后成为一群细胞。这种突变细胞群与正常细胞群构成突变嵌合体。在生长过程中突变细胞群与正常细胞群间的竞争又产生体细胞选择，使许多发生的突变在生长过程中被消除，导致突变率和诱变效果降低。因此，必须采取有效的方法，使体细胞选择的影响减少到最低的程度，把突变细胞分离显现出来，成为纯合的同质突变体或稳定的周缘嵌合体。分离显现体细胞突变是无性繁殖植物辐射诱变育种工作的关键，目前主要采用嫁接、修剪、连续扦插、不定芽技术、组织培养等技术进行突变体的培育与分离。

8.5　辐射后代突变体的鉴定

在辐射后代中获得符合育种目标的优良突变体是辐射诱变育种的根本目的。对突变遗传资源的鉴定、培育技术主要包括以下几方面。

8.5.1 形态学鉴定

形态学鉴定即用肉眼即可识别和观察外部特征，还包括借助仪器及简单测试即可识别的某些形态特征，是观赏植物诱变育种最直接、最重要的突变体鉴定方法，也可细分为比较形态学鉴定、形态解剖学鉴定和孢粉学指纹鉴定。形态学鉴定时要全面考察形态学特征，得出较为全面系统的数据。一般主要考察的形态学指标为：发芽率、发芽势、株高、形态畸形、白化苗、生物量、花期、千粒重、产量等。

8.5.2 细胞学鉴定

细胞学鉴定主要采用观察突变体染色体的大小数量以及形态结构(核型)等特征以显示植物遗传多态性的细胞学特征。一般主要诱变后代的根尖，并对其有丝分裂过程进行观察比较，观察其染色体畸变率、有丝分裂总畸变率、核畸变率、微核率、染色体桥、短片、落后染色体、多极等出现情况，根据其出现的大小和程度判断其受伤害的程度及突变可能性；也可以突变体花粉为观察对象，观察花粉母细胞减数分裂过程中出现的异常状况。

8.5.3 生物化学鉴定

生物化学鉴定是利用植物代谢过程中的具有特殊意义的生化成分或产物进行突变体鉴定。生物化学鉴定一般是鉴定一些化合物稳定、容易快速鉴定的成分，包括蛋白质、碳水化合物、脂类、甙类、树脂和生物碱物质。一般以突变体的新鲜叶片、芽等为材料，研究其同工酶含量、酶活性、酶谱带变化、叶绿素含量、电导率、质膜透性、根系活力、蛋白质电泳等的变化。

8.5.4 分子鉴定

根据突变体和亲本是近等基因系，只有一个或几个基因的差别，通过不同的分子杂交技术可分离出突变基因以进行分子鉴定。目前在各种植物上应用广泛的有 RFLP、RAPD，以及微卫星、小卫星标记等标记技术。一般对突变体开展 RAPD 分子标记、带型统计分析以及突变体与亲本的基因表达模式差异研究，此外还开展基因表达谱差异显示分析、基因组原位杂交技术检测染色体易位、缺失和端着丝点染色体等研究与分析。

8.6 辐射诱变育种选育程序

在辐射育种中，由于有利变异出现的频率很低，而且突变多为隐性，所以要准确无误地发现突变，选出有利变异，必须按照一定的育种程序进行工作才能达到目的。针对不同辐射诱变材料其辐射选育的程序是不同的。

8.6.1　以种子为辐射处理材料者

M_1代的播种及鉴定。将辐射处理的种子，按不同的剂量分别播种，为M_1代。由于突变多属隐性，可遗传的变异在M_1代通常并不显现，M_1代所表现的变异，多为高能射线所造成的生理变异(特别是生理损伤和畸形)，这些变异不论优劣，一般并不遗传，因此不必进行选择淘汰，而应全部留种。M_1代植株应隔离，使其自花授粉，以免有利突变因杂交而混杂。经辐射处理的种子应在 15～30d 内播种，不宜拖延太久。

M_2代的播种及鉴定。由于照射种子所得的M_1代常为嵌合体，故对M_1代最好能分果或分穗时分别采收种子，然后每果(穗)分别播种成一个小区称为稳系区，以利于以后计算变异频率并易于发现各种不同的变异。由此可见，M_2代的工作量是辐射育种中最大的一代，为了获得有利突变，通常M_2代要有几万个植株，每一M_1代个体的后代(M_2)种植 20～50 株。因为隐性突变经一代自交至M_3代便可显现出来，故对M_2代的每一个植株都要仔细观察鉴定，并且标出全部非正常植株，对发生了变异的果(穗)行则从其中选出有经济价值的突变株留种。

M_3代的播种及鉴定。将M_2代中各个变异植株分株采种，分别播种一个小区，称为株系区，以进一步分离和鉴定突变。一般在M_3代已可确定是否真正发生了突变，并可确定分离的数目和比例，同时称量每株的产量，作为突变株产量的初步概念。在M_2代中入选的植株不会很多，所以M_3代的工作量较小。在M_3代中鉴定淘汰不良的株系，在优良的株系中再选出最优良的单株。

M_4及M_5代的播种及试验。将优良M_3代株系中的优良单株分株播种成为M_4代，进一步选择优良的“株系”，如果该“株系”内各植株的性状表现相当一致，便可将该系的优良单株混合播种为一个小区，成为M_5代。至此，突变已告稳定，便可和对照品种进行品种比较试验，最后选出优良品种。

8.6.2　以花粉为辐射材料者

由于花粉的生殖核可以认为是一个细胞，所以辐射处理后如果花粉产生突变，就是整个细胞发生了变异，用它授粉所得的后代整个植株便可带有这种变异，不会出现遗传上的嵌合体。故当用M_1代的种子播种M_2代时，不必分穗(果)播种，只要以植株为单位分别播种为株系区即可，每一M_2代种植 10～16 株，其他程序同上。

8.6.3　以营养器官(接穗、插条、种块、种球等)为辐射对象者

无性繁殖材料多为异质，一般辐射处理后发生的变异在当代就可表现出来，其后代选择可从M_1代进行。在无性繁殖下不会产生分离，故观赏植物等无性繁殖植物，辐射育种的程序极为简单。同一营养器官(如枝条)的不同芽，对辐射的敏感性及反应不同，可能产

生不同的变异。故辐射后同一枝条上的芽要分别编号，分别繁殖，以后分别观察其变异的情况，如果发现有利突变，便可用无性繁殖法使之固定成为新品种。但是，无性繁殖植物经诱变处理后突变细胞将与其他细胞发生竞争，由于突变细胞开始有丝分裂时受到抑制和延迟，不容易表现出来，应采取一些人工措施，给发生变异的体细胞创造良好的生长发育条件，促使其增殖。

8.6.4 以组织培养中材料为辐射对象者

如果是先离体培养(组培)后辐射，即以离体培养物为辐射材料时，辐射后的材料继续采用组织培养方法进行后代培育，经过外植体—组培(二次组培)—辐射—继代—分化、生根—移栽等程序，开展后代选择；对于先辐射后组培，即诱变处理植物的某一部分，再从辐射材料中直接或间接获得外植体离体培养，则采用材料辐射—取外植体(或外植体接种后马上辐射)—诱导—继代—分化、生根—移栽或者材料—辐射—种植(当代或几代)—突变嵌合体或其他外植体—诱导—分化、生根—移栽等程序。

下篇　电离辐射的微生物学效应

第9章　快中子及γ辐照对萎缩芽孢杆菌的灭菌效应

根据作用物质的不同，辐射可分为两大类：一类是无线电波、微波、红外线、可见光、紫外线、X射线和γ射线等产生的电磁辐射；另一类是α粒子、β粒子、质子、中子等粒子产生的粒子辐射。粒子辐射是指这些高速运动的粒子通过消耗自己的动能把能量传递给其他物质。

根据作用方式的不同将辐射分为两类：电离辐射和非电离辐射。高速的带电粒子，如α粒子、β粒子、质子等，能直接引起物质的电离，属于直接电离粒子；X射线和γ射线及中子等不带电粒子，是通过与物质作用时产生的带电的次级粒子引起物质电离的，属于间接粒子。由直接或间接电离粒子或两者混合组成的任何射线所致的辐射统称电离辐射。

由于各种辐射的品质不同，在相同吸收剂量下，不同辐射的生物效应是不同的，反映这种差异的量称为相对生物效应(relative biological effectiveness，RBE)，也有人称为相对生物学效率或相对生物学效应系数。RBE 是在引起相同类型相同水平生物效应时，参考辐射的吸收剂量比所研究辐射所需剂量增加的倍数。通常以 X 射线或 γ 射线作为参考辐射，参考辐射本身的 RBE=1。辐射的 RBE 越大，其生物效应越高。

发现电离辐射能杀灭微生物已有百年历史，但其实际应用却是自 1956 年美国 Ethicon 公司应用电子直线加速器对外科缝线的灭菌成功之后(Anderson，1956)，电离辐射灭菌技术才迅速发展起来。20 世纪 80 年代开始，我国对医疗用品的辐照消毒与灭菌进行了大量研究，发展也很快。现在对辐照灭菌技术的研究和使用范围日益扩展，除对医疗卫生用品和食品的处理外，尚可见到对化妆品、日常生活用品、动物饲料及污水处理等的报道。

目前常用的电离射线主要为 γ 射线和电子束。近几年，美国军事放射生物研究所(Armed Forces Radiobiology Research Institute，AFRRI)提出了采用中子辐射对危险细菌和病毒进行灭菌处理，以期得到新的能用于辐射灭菌的资源。但目前对中子辐射灭菌的效果和影响因素了解较少。细菌芽孢具有耐热、耐辐射等抗性，常作为消毒灭菌的研究材料。

中子是电离辐射粒子中的一种，是原子核的组成部分，在辐射防护中，根据中子能量的高低，中子按能量可划分为：热中子(＜0.4eV)，中能中子(1.4eV～200keV)，快中子(200keV～10MeV)，高能中子(＞10MeV)(丁厚本，1984)。中子质量与质子的质量大约相等，并且中子与γ射线一样也不带电。因此，中子与原子核或电子之间没有静电作用。当中子与物质相互作用时，主要是和原子核内的核力相互作用，与外壳层的电子不会发生作用。中子与人体内的 H 原子相遇，往往产生致密电离，释放出大量能量，对各种生物活性分子造成不可修复的损伤。

萎缩芽孢杆菌(*Bacillus atrophaeus*)ATCC 9372，原名枯草芽孢杆菌黑色变种，是一种革兰氏阳性菌，可以在含有 *L*-酪氨酸培养基内生成黑色素。它可忍受各种不良环境，是一种对热、紫外线、电离辐射和某些化学药品能够产生强抗性的芽孢，既可以在pH为2～3的环境生存，也可以在温度超过100℃的地方生长，在南极寒冷的冰雪中也能见到其踪迹，在自然界中分布较为广泛。萎缩芽孢杆菌在医药卫生领域常被作为热力、高压、电离辐射灭菌的指示菌(周士新，2001)。萎缩芽孢杆菌与人类关系极为密切，是越来越引起人们重视和研究的一个重要微生物类群(Setlow，2006)。本章以萎缩芽孢杆菌为材料，通过设计不同剂量、不同剂量率、不同照射状态、不同辐射温度的辐照试验，研究快中子和γ射线的灭菌效果及影响辐照灭菌的主要因素。

9.1 快中子辐照对萎缩芽孢杆菌的灭菌效应

9.1.1 快中子辐照源

采用CFBR-Ⅱ快中子脉冲堆为快中子辐照源。CFBR-Ⅱ是一个以浓缩铀为活性区，以贫化铀和铜为反射层的快中子脉冲堆。中子能谱近似裂变谱(见图9-1)，堆外平均能量为1.12MeV，堆内平均能量为1.38MeV。该堆可以在两种工况下运行，一是在超瞬发临界的脉冲工况下运行；二是像一般反应堆那样在缓发临界的稳定功率下运行。在稳定功率下运行时，中子注量率不随时间变化，爆发脉冲时中子注量率随时间呈脉冲式变化(郑春等，2001)。本研究是在稳定功率状态下运行的。中子注量的测量采用硫活化片和金活化片同时进行(郑春等，2004)。

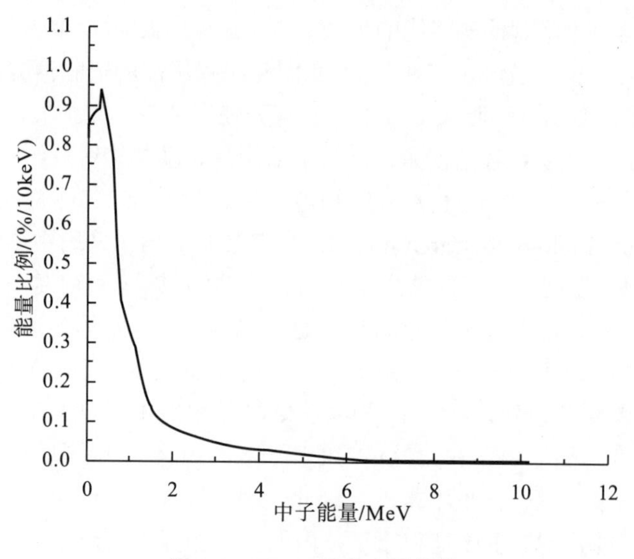

图9-1 CFBR-Ⅱ的中子能谱

9.1.2　样品的制备

1. 液体样品的制备

萎缩芽孢杆菌 ATCC 9372，培养于营养肉汁培养基上，使芽孢形成率达 95%以上。收集芽孢。将芽孢置于 45℃水浴中 24h，使菌自溶断链，分散成单个芽孢。再放于 80℃水浴中 20 min，以杀灭残余的萎缩芽孢杆菌繁殖体。离心，磷酸盐缓冲液(phosphate buffer solution，PBS)洗涤两次，调整菌体浓度为 10^{10} CFU/mL，得到萎缩芽孢杆菌悬液，再分装于 2mL 细胞冻存管(PP 材料，Axygen 公司产品)，保存于 4℃冰箱中备用。

2. 菌片的制备

将灭菌的滤纸片平铺于无菌平皿内，逐片滴加 50μL 芽孢悬液，置于 37℃温箱内干燥，将干燥的菌片放入 2mL 冻存管中，保存于 4℃冰箱中备用。

3. 粉末样品的制备

取液体样品 1.8～2.0mL 冻存管中，冷冻干燥机中干燥 48h，保存于 4℃冰箱中备用。

9.1.3　中子辐照对萎缩芽孢杆菌的灭菌效果

在中子辐射剂量率为 7.40Gy/min，辐射剂量分别为 80Gy、200Gy、400Gy、555Gy、800Gy、2000Gy、4000Gy 下，常温辐照液体样品。每个处理设 3 个平行，同时设空白对照，辐照完毕尽快进行平板计数。将样品作倍比稀释到适当的浓度，取 100μL 涂平板(每个稀释度涂 3 个平板)，放入 37℃恒温培养箱培养 48h 后记数。平板菌落数为 30～300 个为有效数据。结果见图 9-2。存活菌数的对数 y 与剂量 x(Gy)满足函数：$y=-0.0026x+10.462$，

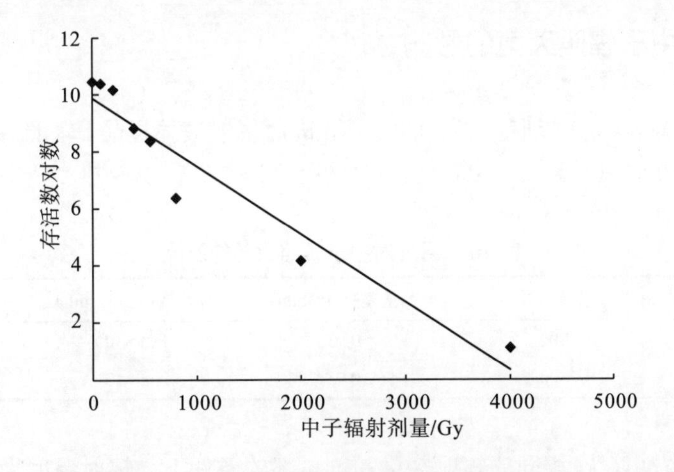

图 9-2　中子辐照对萎缩杆菌芽孢的灭菌效应

R^2=0.9105，D_{10}=384.6Gy（D_{10} 值是指被辐照物中的细菌总数降低到原始值 1/10 时所需要的吸收剂量，它反映了微生物对电离辐射的耐受能力）。

9.1.4 中子辐射剂量率对芽孢的灭菌影响

在中子辐射剂量为 800Gy，辐射剂量率分别为 1.48Gy/min、2.96Gy/min、7.40Gy/min、21.20Gy/min、39.20Gy/min 下辐照液体样品。结果见图 9-3。存活菌数的对数 y 与剂量率 x（Gy/min）满足函数：$y=7.7414x^{-0.0834}$，R^2=0.8889。

从图 9-3 我们可以看到，芽孢存活率随中子辐射剂量率的增加而减小，这是由于辐照灭菌效果不仅与剂量有关，也与灭菌剂量率有关。一般情况下，剂量率越高，微生物越易死亡，但也并非剂量率越高越好。在我们后期的研究中，发现当中子剂量率高达 73.4Gy/min 时，灭菌效果反而比低剂量率减小的现象，而在我们研究中子辐射对 DNA 的损伤时，也发现了这种现象。在低剂量和低剂量率条件下，这种辐照效应与剂量率相反的情况早有发现，人们将这种现象称为反剂量率效应（inverse dose-rate effects）。其原因还有待讨论。

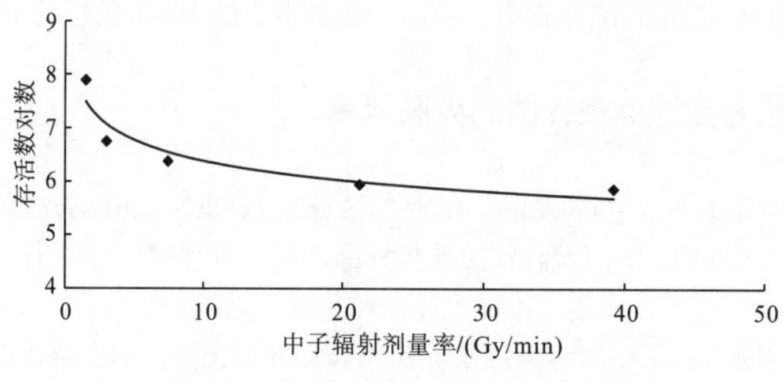

图 9-3 中子辐射剂量率对灭菌的影响

9.1.5 温度对中子辐照灭菌的影响

在辐射剂量为 500Gy，剂量率为 0.93Gy/min 时辐射液体样品，辐照温度分别 2.0℃±1.0℃和 18.0℃±0.5℃（常温）。2.0℃±1.0℃采用冰为介质实现冷却。结果见表 9-1。

表 9-1 温度对中子辐照灭菌的影响

温度/℃	剂量/Gy	剂量率/（Gy/min）	存活数/（CFU/mL）	存活率/%
2.0	500	0.93	1.32×10^9	6.50
18.0	500	0.93	2.69×10^8	0.93

从表 9-1 可看出，在相同的辐射剂量和剂量率的条件下，辐射温度为 2.0℃时，芽孢的存活率大约为 18.0℃时的 7 倍。这可能是因为电离射线灭菌的机理主要可分为直接作用和间接作用。直接作用指射线直接破坏微生物的核酸、蛋白质和酶等物质；间接作用指射

线作用于微生物时，其中的水分子等受辐解产生自由基，自由基再作用于生命物质而使微生物死亡。在低温条件下，自由基的产生被抑制，从而使辐射灭菌效果减小。

9.1.6　不同菌体状态对中子辐照灭菌的影响

在辐射剂量为 800Gy、剂量率为 2.96Gy/min 下分别辐照液体、粉末和菌片样品，辐照后分别进行平板记数。向辐照后的粉末样品中加入 1.8mL PBS 后用旋涡振荡仪振荡均匀，后续处理与液体样品的处理相同。将辐照后的菌片放入 10mL 冻存管中，加入 3mL PBS，放到 4℃，190r/min 的恒温培养箱中振荡 30min，如此重复 3 次，将 3 次洗下的菌液集中混合，用旋涡振荡仪振荡均匀，后序处理与液体样品的处理相同。

在相同剂量和剂量率条件下，中子辐照对不同菌体存在方式的影响结果见图 9-4。由图 9-4 可以看出，在辐射剂量为 800Gy、剂量率为 2.96Gy/min 下，其存活率由大到小的顺序为载片＞粉末＞溶液。这可能也与杀菌机理中的间接作用有关。由于菌体所处的状态不同其含水量就不同，那么辐射所引发的自由基数量就不同。液体含水量最多，间接作用最强。而同样在干燥状态下，菌片由于介质的包被而受到保护，因此菌片的存活率比粉末存活率高。

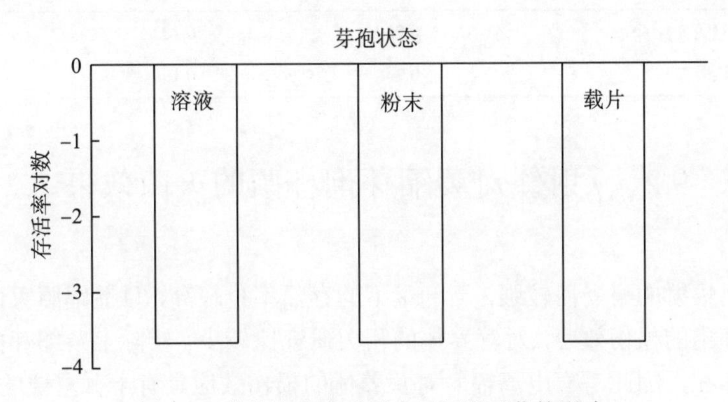

图 9-4　菌体存在方式对中子辐照灭菌的影响

通过以上研究，我们得出，影响中子辐照灭菌的因素主要包括：剂量、剂量率、介质、温度、菌体存在状态、菌体浓度等。中子辐射剂量越大，灭菌效果越好；在中子辐射剂量率为 20～40Gy/min 时，灭菌效果最好；血清、培养基等有机介质对菌体有一定保护作用，影响中子辐照灭菌；低温不利于中子辐照灭菌；中子对液体形式的菌体灭菌效果最好，而菌体以载体形式存在时，灭菌效果最差；菌体浓度越高，灭菌效果越差。

9.1.7　关于中子辐射剂量的确定

物质对中子的吸收剂量几乎与中子比释动能相当，中子比释动能系数 k 又与被照物质的化学组成有关。在富 H 介质中，中子与 H 相互作用所致比释动能是最主要的因素。因此，在我们的计算中，主要考虑了物质的含氢量。中子剂量率=中子注量率×k。

由相关资料可得各种物质的主要化学组成如表 9-2。

表 9-2 不同材料的化学组成 (单位：%)

元素成分	材料类型					
	水	细菌	滤纸	聚丙烯	股骨	参考人
H	11.2	6.8～8	6.67	8.0	6.4	10.2
C	88.8	50	40.00	60.0	27.8	18.0
O	—	20	53.30	32.0	41.0	65.0
N	—	15	—	—	2.7	3.0

由于 CFBR-Ⅱ快中子脉冲堆的中子能谱与 ^{252}Cf 裂变中子谱相当，由参考人实测辐射腔外和辐射腔内 k 值分别为 $0.228Gy \cdot cm^2$、$0.235 \times 10^{-10}Gy \cdot cm^2$。根据《计量测试技术手册(第 12 卷)》(计量测试技术手册编委会，1997)的表 16-1，得到实际各材料的比释动能系数 k 取值，见表 9-3。

表 9-3 材料的动能系数(k) (单位：$\times 10^{-10}Gy \cdot cm^2$)

中子能量/MeV	溶液	粉末	纸片
1.12(腔外)	0.250	0.193	0.151
1.38(腔内)	0.258	0.199	0.155

9.2 γ射线对萎缩芽孢杆菌的灭菌效果

芽孢对电离辐射的耐受性较强，高剂量下的存活率也较高，目前辐照灭菌主要集中研究电离辐射对芽孢的损伤效应，对营养体的相关研究比较少。实际上萎缩芽孢杆菌也常以营养体的形式存在，因此考察电离辐射对营养体的损伤效应具有十分重要的现实意义。

9.2.1 ^{60}Co-γ 辐照源

中国工程物理研究院的 ^{60}Co 源辐照装置参照世界最先进的加拿大 ^{60}Co 源辐照装置设计建造，设计装源量 50×10^4Ci①，初装源量 20×10^4Ci，使用微机控制，具有吸收剂量均匀，能量利用率高，可连续作业等特点，处理能力达 16.4～20kGy·T/h；具有先进的步进式输送系统和准确剂量监测系统以及安全保护连锁、声、光报警系统等，运行安全可靠。该装置为工业化商用辐射装置，具有动态(悬挂传输系统)和静态(堆放式)两种辐照方式。

① $1Ci=3.7 \times 10^{10}Bq$。

9.2.2　γ 射线对芽孢的灭菌效果

在剂量率为 7.4Gy/min 下(与中子辐照相同的剂量率)，采用剂量分别为 80Gy、200Gy、400Gy、800Gy、2000Gy、4000Gy 的 γ 射线在常温下辐照萎缩杆菌芽孢液体样品。每个处理 3 次重复，下同。不同剂量 γ 射线辐照芽孢后存活分数见图 9-5。由图可得出，γ 射线辐射剂量 x 与萎缩芽孢杆菌的存活分数 y 之间的关系满足方程：$\lg(y)=-0.00037x$，$R^2=0.9513$。由此得出：$D_{10}\approx2700$(Gy)。

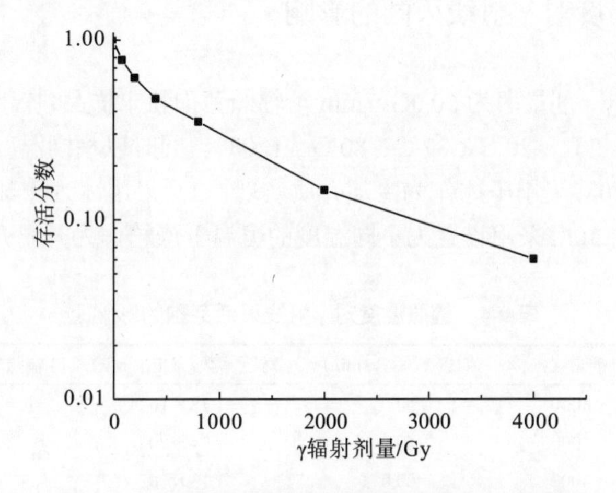

图 9-5　γ 射线辐照萎缩杆菌芽孢的剂量-存活曲线

9.2.3　γ 射线剂量率对灭菌的影响

在 γ 射线辐射剂量为 4000Gy，剂量率分别为 3.0Gy/min、7.4Gy/min、15.0Gy/min、37.0Gy/min、60.0Gy/min、74.0Gy/min、120.0Gy/min 下辐照芽孢液体样品。

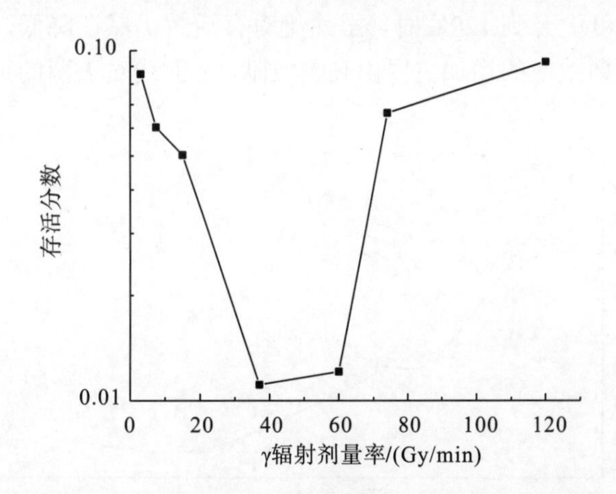

图 9-6　γ 射线辐照萎缩杆菌芽孢的剂量率-效应曲线

在剂量为 4000Gy 时，分别采用剂量率为 3.0Gy/min、7.4Gy/min、15.0Gy/min、37.0Gy/min、60.0Gy/min、74.0Gy/min 和 120.0Gy/min 的 γ 射线辐照萎缩杆菌芽孢，不同剂量率 γ 射线辐射芽孢后存活菌数关系见图 9-6。从图中可看出，剂量率对芽孢杆菌的灭活效应呈典型的“马鞍形”。当 γ 射线剂量率小于 37.0Gy/min 时，随着辐射剂量率的增加，灭菌效果呈明显增加趋势；当剂量率为 37.0～60.0Gy/min 时，灭菌效果没有明显的差异；但当剂量率大于 60.0Gy/min 时，灭菌效果又逐渐减小。这说明 γ 射线灭菌的最佳剂量率范围为 37.0～60.0Gy/min。

9.2.4 辐照环境温度对 γ 射线灭菌的影响

在剂量为 4000Gy、剂量率为 60.0Gy/min 下辐照芽孢粉末样品，辐照时间为 66min，环境温度分别为-40℃、2℃、20℃、37℃、80℃、120℃。同时以相同温度处理相同时间的样品作为温度对照。-40℃采用干冰作为冷却介质实现，2℃采用冰为冷却介质实现，20℃为室温，37℃、80℃、120℃采用设置为不同温度的恒温干燥箱作为升温介质(表 9-4)。

表 9-4 辐照温度对 γ 射线灭活芽孢的影响

辐照温度/℃	剂量/Gy	剂量率/(Gy/min)	对照菌数/(CFU/mL)	辐照后存活菌数/(CFU/mL)
-40	4000	60.0	1.18×10^9	1.90×10^7
2	4000	60.0	1.24×10^9	7.93×10^6
20	4000	60.0	1.13×10^9	6.67×10^6
37	4000	60.0	1.23×10^9	5.40×10^6
80	4000	60.0	1.17×10^9	1.74×10^6
120	4000	60.0	7.1×10^8	1.41×10^6

从表 9-4 和图 9-7 可看出，-40～80℃下，温度对枯草杆菌芽孢的活性基本没有影响。而随着温度的增加，采用相同剂量的 γ 射线处理芽孢后，存活菌数的绝对数和相对存活率都逐渐减小，但当温度上升到 120℃时，虽然绝对存活数仍然在降低，但相对存活率无明显变化，说明此时灭菌效应的增加主要由高温贡献，γ 射线对灭菌的贡献无明显差异。

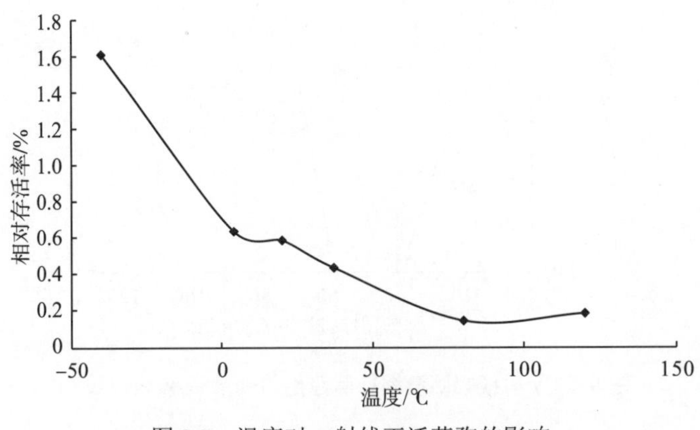

图 9-7 温度对 γ 射线灭活芽孢的影响

9.2.5 γ辐照对萎缩芽孢杆菌营养体的损伤

1. 萎缩芽孢杆菌营养体制备

营养琼脂培养基(NA培养基：蛋白胨10g，牛肉膏3g，NaCl 5g，定容至1000mL)培养菌体，37℃，160r/min振荡培养16h，按10%比例接入新培养基，继续培养12h，离心收集菌体，PBS(无水Na_2HPO_4 2.83g，KH_2PO_4 1.36g，蒸馏水1000mL)洗涤一次，PBS复溶。分装于2mL冻存管(PP材料)。

2. γ辐照对萎缩芽孢杆菌营养体的灭菌效果

按γ辐照吸收剂量设置50Gy、200Gy、800Gy、1400Gy、2000Gy和空白对照共6个处理，剂量率为15Gy/min。萎缩芽孢杆菌营养体受到剂量为50～2000Gy的γ辐照后，细胞存活率随剂量增加不断下降(图9-8)。运用SPSS10.0对存活率作回归分析，得到方程$y=-0.635-0.001x$，$R^2=0.831$，其中y为存活率的对数值，x为γ辐照吸收剂量(Gy)，根据方程求算出D_{10}=365Gy。从图9-8可以看出，在低剂量辐照(≤800Gy)时，存活率随着辐射剂量增加急剧下降，在800Gy剂量时，细胞存活率为0.25%。当剂量大于800Gy时，存活率下降趋势较为平缓。

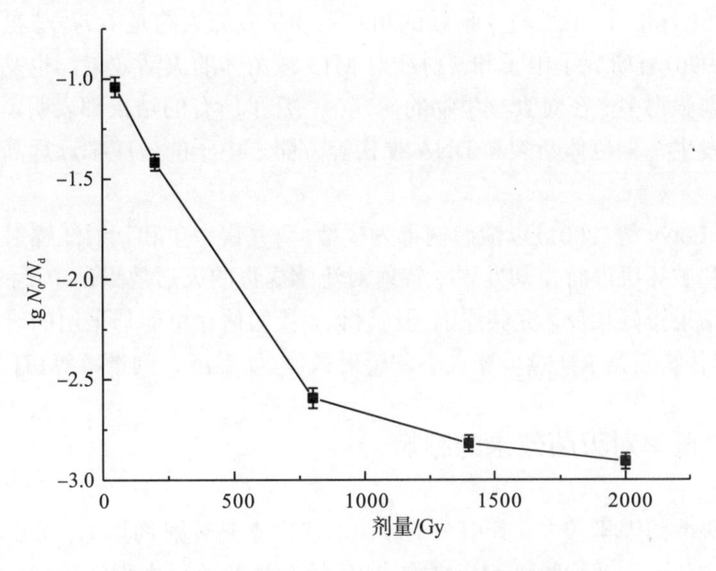

图9-8 γ辐照对萎缩芽孢杆菌营养体的灭菌效果

N_0表示剩余细胞数，N_d表示初始细胞数

在D_{10}水平比较，γ辐照营养体的灭菌效果约是芽孢样品的7.4倍。这些结果表明，萎缩芽孢杆菌的不同存在状态对电离辐射的耐受性差异很大，芽孢状态的辐射抗性远远大于营养体。

9.3 相关问题分析

9.3.1 γ 射线和中子辐照灭菌效果比较

在 γ 射线对萎缩杆菌芽孢的灭菌效果研究中，我们设计了与中子辐照灭菌相似的条件，考察中子与 γ 射线的灭菌相对生物学效应。通过前面的实验研究得出，在剂量率为 7.4Gy/min 时，中子辐射灭菌的 D_{10} 值为 384.6Gy，而同样条件下 γ 射线辐射灭菌的 D_{10} 值为 2700Gy，说明中子辐射的灭菌效果大约是 γ 射线的 7 倍。因此，可初步得出快中子对芽孢杆菌的损伤效应比 γ 射线强的结论，这是由于中子穿透力很强又携带高能量，中子对组织的损伤作用除了中子与原子核的弹性散射以及 α 粒子可产生强烈的电离作用之外，还可以产生 γ 射线引起组织的电离和激发，它很容易造成生物体细胞内的 DNA 断裂而引起细胞的死亡。因此，中子的损伤程度比相同吸收剂量的 X 射线和 γ 射线要严重得多。这也与 AFRRI 的 Ledney 和 Knudson 等采用短小芽孢杆菌和萎缩芽孢杆菌为研究对象的结果一致。在 Ledney 等(1997)的研究中，他们采用了 5 种微生物，分别研究中子、γ 射线和电子束的灭菌效果，从 D_{10} 值来看，中子的灭菌效果远远高于 γ 射线，中子与 γ 射线的相对生物学效应从 2 到 11 不等。而与我们的研究状态非常接近的 *B. thuringiensis*(液体、菌体浓度 10^9CFU/mL)，中子与 γ 射线的相对生物学效应大约是 6.7，与我们的结果非常接近。Singh(1990)曾研究了中子和 γ 射线对 M13 噬菌体的灭活效果，也发现中子比 γ 射线的灭活效应要强得多。在对真核生物的研究中，几乎所有的结果都表明，无论在诱导细胞死亡、肿瘤发生、染色体断裂和 DNA 损伤等方面，中子的效应都远远高于 X 射线和 γ 射线。

AFRRI 的 Lowy 等(2001)以流感病毒为模型，研究快中子和 γ 射线辐射生物病毒的相对生物学效应和破坏机理时，却发现 γ 辐射对流感病毒的灭活效果是中子的 2～3 倍。此结果和我们的结果正好相反，究其原因还待讨论，我们估计可能与采用的研究物质的性质(流感病毒的遗传物质是 RNA)、靶大小和辐射条件(如温度、剂量率等)有关。

9.3.2 辐射剂量率对灭菌效果的影响

影响辐射灭菌的因素较多，其中一个较关键的因素是辐射剂量率。关于辐射剂量率的效应大多是从实验动物或动物细胞研究得出。实验动物的放射生物学数据和难得的少数人群流行病学数据表明，对低 LET 辐射，单位剂量引起的生物效应在小剂量和低剂量率下要比大剂量和高剂量率下小(冯惠茹，2004)。因此，用大剂量、高剂量率下的生物效应数据作线性外推来估计用于辐射防护目的的辐射危险度时会得到一个偏高的估计，因而需要做剂量、剂量率效应的修正，这就是所谓的剂量和剂量率效能因子(DDREF)(周永增，1995)。过去曾称之为剂量率效能因子(DREF)、线性外推高估因子(LEOF)、小剂量外推因子(LDEF)和减缩因子。而关于辐射灭菌中的剂量率效应，特别是在高剂量率条件下的剂量率的贡献研究较少。

在本实验中，通过对 γ 射线和中子辐射剂量率对灭菌效果的影响研究，我们可以看出，不管是 γ 射线还是中子，都有一个最佳灭菌剂量率，剂量率过高或过低都会造成灭菌效果的降低，这与我们传统的认识有一定差异。一般认为剂量率越大，生物效应越显著，但当剂量率达到一定程度时，生物效应与剂量率之间则失去比例关系。在我们的研究中都发现，当中子辐射剂量率低于 21.2Gy/min 或 γ 射线剂量率低于 37Gy/min 时，随着辐射剂量率的增加，灭菌效果也相应地增加，它们之间满足某种曲线关系。但当剂量率增加到一定程度时，灭菌效果就不再增加而保持相对平稳，随后出现下降趋势。这种现象的出现可能正如我们前面所讨论的与辐照引起自由基生成，从而对生物体产生的间接作用有关系。

在我们考察中子辐照的剂量率效应时，采用的是控制中子剂量为 800Gy，在此剂量下芽孢的存活率为 0.001～0.01；控制 γ 射线剂量为 4000Gy，在此剂量下的存活率为 0.01～0.1。剂量率效应受许多因素的影响，如剂量、生物种属和生物学终点等(王安福等，1991)。也许在不同的剂量下考察辐射剂量率效应得出的结论会有所差异，这还需要我们进一步的研究。

9.3.3　辐照温度对灭菌效果的影响

许多生物大分子和生物系统的辐射敏感性随辐照时温度降低而减小。这种效应主要原因是温度降低，使早期辐射作用产生的自由基减少或在低温下(冰点以下)限制了水自由基的扩散，从而减少了大分子和自由基相互作用的机会，这种效应称为温度效应或冰冻效应。温度效应是放射生物学重要的组成部分。高温可使生物体对辐射敏感性增加，可能是由于温度的升高，促进了自由基的生成和活动，同时酶对辐射的敏感性也增强，从而导致存活率的降低。因此，高温对辐射灭菌有着一定的正协同作用。从 γ 射线和中子辐照的温度影响研究我们可以看出，升高温度在一定程度上可提高射线的灭菌效果，而低温对辐射灭菌效果有一定的降低。

Shintani(2006)提出，微生物的伤害仅仅是在适合未损伤微生物的生长条件下没有生长能力而已。这种不能生长的原因很复杂，可能是受损的微生物对营养条件和环境条件要求更敏感，如培养时间、温度或要求一些特殊的化学成分如卤素等。他们将这种受损的微生物称为亚致死细胞。一旦条件许可，这些细胞将继续生长。这种观点可能将带给灭菌学领域一个大的震撼。

第10章　中子及γ辐照的DNA双链断裂效应

脱氧核糖核酸(deoxyribonucleic acid，DNA)是生物体中一类最基本的大分子，是遗传信息的载体，指导着蛋白质和酶的生物合成，主宰着细胞的各种功能。DNA 的基本结构是动态的而且是持续变化的，因此错误的发生是很自然的，尤其是在 DNA 复制和再结合期间，外界环境和生物体内部的因素都经常会导致 DNA 分子的损伤或改变，环境事件中的射线引起的 DNA 损伤是最引人注意的。作为辐射对活细胞作用的关键靶分子，DNA 的辐射损伤问题一直是分子放射生物学的中心课题。电离辐射可导致生物 DNA 发生各种损伤，主要包括碱基损伤和链断裂，其效应可能是直接的，即当生物体受到电离射线照射时，构成生物体的原子吸收足够的放射线能量后呈激发状态，当激发能高于分子电离电位时，则分子发生电离。分子激发能又可转化为化学键振动能，当振动能超过键能时，则激发态分子的共价键断裂而生成自由基；化学键振动能既可使键能较高的共价键断开，又可使键能低的氢键、疏水键和范德华力等键断开而直接破坏生物的分子结构。或间接的，H_2O 等分子受照射后分解为化学活性很强的自由基(·H、·OH 等)，这些自由基扩散，攻击维持生命的分子，产生破坏作用从而致使生物体损伤或死亡。

10.1　电离辐射的 DNA 损伤及 DNA 双链断裂的分析方法

10.1.1　电离辐射的 DNA 损伤

电离辐射可导致生物 DNA 发生各种损伤，主要包括碱基变化、链断裂和交联。

(1) 碱基变化(DNA base change)：包括碱基环破坏；碱基脱落丢失；碱基替代，即嘌呤碱被另一嘌呤碱替代，或嘌呤碱被嘧啶碱替代；形成嘧啶二聚体等。

(2) DNA 链断裂(DNA molecular breakage)：是辐射损伤的主要形式。磷酸二酯键断裂，脱氧核糖分子破坏，碱基破坏或脱落等都可以引起核苷酸链断裂。双链中一条链断裂称单链断裂(single-strand breaks，SSBs)，两条链在同一处或相邻处断裂称双链断裂(double-strand breaks，DSBs)。双链断裂常并发氢键断裂。

(3) DNA 交联(DNA cross-linkage)：DNA 分子受损伤后，在碱基之间或碱基与蛋白质之间形成了共价键，而发生 DNA-DNA 交联和 DNA-蛋白质交联。

在电离辐射所致 DNA 分子的这些损伤中，DNA DSBs 是辐射所致生物效应中最重要的原初损伤，而非重接性的 DSBs 则被认为是细胞杀伤效应的最重要的损伤(Akpa，1992)。因此，以 DSBs 为出发点，研究电离辐射所致 DNA 分子的损伤，有利于开展辐射诱发的后期生物学效应。

10.1.2　DNA DSBs 的检测方法

DNA DSBs 的检测方法是研究 DNA 辐射损伤的一个关键因素。已发展的检测 DSBs 的方法很多，各种检测法均有其一定的优越性和适用范围。传统的中性蔗糖沉降技术、中性滤膜洗脱技术对于在高剂量照射下产生的 DNA 大片段无能为力，它们只适用于小分子 DNA 以及低敏感性的细胞，而且得到的结果不能保持稳定，另外该方法中的剪切过程在实际运用过程中会增加 DSBs 的数量，影响试验结果。近年来应用较多并日益受到重视的方法有凝胶电泳法、荧光原位杂交法、彗星试验(单细胞凝胶电泳法)、脉冲场凝胶电泳法和原子力显微镜法等。

1. 凝胶电泳(gel electrophoresis)

凝胶电泳是一种常用的 DNA 损伤检测方法(李雨等，1998)。电离辐射下，超螺旋 DNA 由于受到·OH 自由基等的作用将产生单链和双链的断裂，分别形成开环(OC)DNA 和线性(LI)DNA，这样原 DNA 样品受 γ 射线辐射后将含有上述三种成分，在凝胶中产生三条带。以 260nm 紫外光激发 DNA-EB 荧光，可得到不同辐射剂量时 DNA 各成分的份额。经照相并扫描可计算得到 DNA 含量，以荧光强度积分值表示，即 IOD 值(integrated optical density)。当双链 DNA 分子超过一定的大小以后，DNA 双螺旋的半径超过了凝胶的孔径，在琼脂糖中的电泳速度会达到极限，此时凝胶不能按照分子大小来筛分 DNA。此时的 DNA 在凝胶中的运动，是像通过弯管一样，以其一端指向电场的一极而通过凝胶。这样的迁移模式被形象地称之为“爬行”。因此，普通凝胶电泳法虽可以避免因剪切力而造成的 DSBs 损伤，但它只适用于小分子 DNA 片段的检测，对于大小超过 30kb 以上的 DNA 片段不能有效地分离。

2. 荧光原位杂交(fluorescence in situ hybridization，FISH)

FISH 目前已经发展成为一项可以目测某个中期或中间相细胞特定 DNA 序列的实用技术，并独立或结合细胞遗传学、分子遗传学应用于检测和遗传病有关的遗传缺失，已用于辐射生物学和癌症研究。FISH 是将生物素标记的全长染色体探针与辐射损伤后的染色体杂交，在这个过程中，靶和探针 DNA 序列被变性，这样探针便与细胞中与之高度同源的区域结合，结合后的探针在光学显微镜下便于观察，最初的探针都带有放射性标记，通过放射自显影检测结合探针。FISH 技术的缺点是对微小的变化，如微缺失和微突变不灵敏(陈乐真和张杰，1999)。

3. 单细胞凝胶电泳(single cell gel electrophoresis，SCGE)

SCGE 检测 DNA 损伤的基本原理为：电离辐射等各种外界因子诱发细胞 DNA 断裂时，DNA 的超螺旋结构被破坏。在裂解液的作用下，细胞膜和核膜等膜结构受到破坏，细胞内的蛋白质和 RNA 等其他成分扩散到裂解液中，而核 DNA 由于分子质量太大只能留在原位，在中性条件下 DNA 片段可扩散入凝胶，而在碱性条件下 DNA 发生解螺旋，受损的 DNA 断链和片段被释放出来。由于这些 DNA 的相对分子质量很小，所以在电泳过程中离开核 DNA 向阳极迁移，荧光染色后受损部分形成彗星状图像，故 SCGE 又称“彗星试验”(comet assay，CA)(田云等，2004)。目前 SCGE 在检测由物理、化学及环境生物等因素所致的 DNA 损伤方面，与以往常用的检测 DNA 损伤方法相比，具有方法简便、快捷、灵敏等优点，能反映单个有核细胞的 DNA 损伤情况，近几年来已被广泛用于放射生物学领域 DNA 损伤与修复等方面的检测(Shunji et al.，2007)。从理论上讲，SCGE 检测适用于所有有核细胞，但由于不同细胞的 DNA 对参试物的敏感性不同，其 DNA 损伤程度也不同。因此，SCGE 方法实际上并非对任何有核细胞的 DNA 损伤都能适用。

4. 脉冲场凝胶电泳(pulsed-field gel electrophoresis，PFGE)

PFGE 是近年发展起来的一种分离大分子 DNA 的新技术，自从 Schwartz 等在 1984 年(Birren and Lai，1990)首次报道用此技术分离酵母细胞完整染色体 DNA 以后，这一技术就被广泛用于大分子 DNA 的研究。该方法在凝胶上加了正交的可变脉冲电场，迫使 DNA 断片在凝胶电场的移动过程中周期性地改变移动方向，DNA 分子以一种扭曲的状态运动，从而达到分离大分子 DNA 的目的。PFGE 可以分离高达 10Mbp 的 DNA 分子，这为我们研究大分子生物的 DNA 双链断裂提供了一种敏感的研究方法。

5. 原子力显微镜(atomic force microscope，AFM)

1981 年 Binnig 和 Rohrer 等利用量子力学中的隧道效应研制出第一台扫描隧道显微镜(STM)，在此后 Binnig 等(1986)通过对 STM 改进而研制出第一台原子力显微镜。AFM 是利用细小的探针对样品表面进行扫描来对样品进行“观察”，它通过一个激光装置来监测探针随样品表面的升降变化，从而获取样品表面形貌的信息。探针的针尖只有原子那样大小，因而其分辨率能达到原子级，能对从原子到分子尺度的结构进行三维成像和测量；另外，由于探针针尖与样品接触时相互的作用力已超出万有引力的范畴，是通过对原子相互作用力的测量来成像，因而取名为原子力显微镜。AFM 的成像原理决定了它有一些其他显微技术不具备的优点，如成像时间短，在 10～100s 内可捕捉到一些短暂的生化反应。与传统的透射电镜和扫描电镜相比，AFM 可将被测物放大五百万倍，避免了复杂的制样技术，能够在接近自然生理环境下直接观测生物样品的表面结构，而且可以在分子水平上实时动态地研究生物大分子的结构和功能的关系，能直接观测接近天然条件下的单个 DNA 分子的精细结构。虽然 AFM 是 1986 年发明的技术，但应用于生物学研究还是近几年的事。AFM 在拥有诸多优点的同时，也存在一些局限性。首先，AFM 的针尖是锥形的，使用一段时间后会变钝、尖端增宽，导致分辨率下降，为了保证分辨率就必须经常更换针尖。在观察标本后(尤其是液态中观察)，针尖会被标本污染，再次使用时需要清洗。并且针尖会对生物样本造成损伤。其次，在观察液态标本时，由于表面张力和静电斥力等因素会产生干扰信息，使得分辨率下降。

6. γ-H2AX 分析技术(γ-H2AX analysis)

H2AX 是组蛋白的一个种类，普遍存在于整个基因组中。Rogakou 等(1998)首先观察到在 DNA 双链断裂发生的瞬间，组蛋白 H2AX 其羧基端一高度保守的 SQE 结构域中的丝氨酸残基(Ser-139)迅速被磷酸化，并聚集到 DSBs 断裂位点形成 γ-H2AX 焦点，报道了利用特异性抗体免疫荧光法研究 γ-H2AX 来测定 DSBs 的方法，证明了 γ-H2AX 焦点和 DSBs 在数量上的相关性，即一个 γ-H2AX 焦点对应一个 DSBs 的产生。由此，采用特异性抗体的免疫荧光法检测 γ-H2AX 已成为测定 DSBs 的金标准。有研究指出，H2AX 磷酸化形成的 γ-H2AX 是 DNA DSBs 的早期事件，在苯并芘(BaP)和紫外线共同作用下的 CHO-K1 细胞，能明显诱导形成 γ-H2AX，并具有剂量依赖关系，并且在没有改变细胞生存率的低浓度(BaP：9～10mol/L；UVA：0.16J/cm^2)下就可以测到 γ-H2AX。由于 γ-H2AX 是细胞对 DSBs 的敏感反应，并且对 DNA 损伤的修复起重要的连接作用，因此 γ-H2AX 分析手段不仅可以应用于对 DSBs 的研究，清楚地观测到以 γ-H2AX 焦点形成的特征 DNA 双链断裂的区域，还可被应用于对 DSBs 损伤后的修复研究(闵锐，2006)。

7. 早熟染色体凝集(premature chromosome condensation，PCC)

PCC 现象由 Johnson 和 Rao(1970)在灭活的仙台病毒介导下获得的融合细胞中发现。利用有丝分裂细胞和间期细胞之间的融合，导致间期核被膜崩溃，染色质浓缩，呈现细长的染色体状，从而对染色质的变化进行分析。PCC 主要有两种方式：一种是细胞融合 PCC 技术用于研究 G_1 和 G_2 期的染色体；另一种是化学诱导 PCC，主要用于研究 G_2 期的染色体。PCC 与 γ-H2AX 分析技术一样，可以研究小剂量(＜1Gy)辐照引起的 DNA 损伤情况，与 PFGE 相比其对 DSBs 的研究更敏感，并且这种技术在研究损伤后的修复方面也具有优势，已作为辐照诱导引起的早期损伤的生物剂量计(江波，2005)。

10.1.3　DSBs 的分析方法

1. 随机断裂模型

随机断裂模型于 1991 年由 Cook 和 Mortimer 建立，强调了在初始长度为 n 的 DNA 链经过 r 次随机断裂后碎片的长度(或分子量)分布，通常用长度小于某一阈值 k 的 DNA 断裂碎片产额所占 DNA 碎片总产额的份额来研究 DNA 双链断裂过程，如典型的释放活性片段法(fraction of the activity released，FAR)。

由于脉冲场电泳仪的分辨能力或其他因素的限制，实验中只能测量一定分子量区间的碎裂片段的产额(通常在 10kb～6Mb 的范围内)，所以，这种分析方法很适合试验结果分析研究。具有分子量 n 的初始 DNA 链，经过 r 次断裂后产生分子量低于 k 的 DNA 碎片的总产额，如式(10-1)所示。

$$F_{<k}=1-\exp\left(\frac{rk}{n}\right)\left[1+\frac{rk}{n}\left(1-\frac{k}{n}\right)\right] \tag{10-1}$$

通过设定一个比较大的碎裂片段分子量，可以取 k=10Mb，n 是 DNA 链的大小，n 一般在 Gb 的范围，数量级为 10^9bp。

随机断裂从追踪单个辐射事件出发，对多个事件的效果求和(孔福全等，2005)。这可以从一个侧面反映放射性射线引起的 DNA 双链断裂过程。随机断裂模型并不是严格成立的，高 LET 的辐照实验和随机断裂模型的计算结果有较大差异。尤其是在 LET 比较大的时候，由于带电粒子在生物介质中的阻止本领(stopping power)很大，即单位长度径迹上的能量沉积很大，沿径迹产生的电离激发很多，高密度的电离激发导致细胞组织的损伤严重。近几年定量研究表明，随 LET 的增大，和随机断裂模型相比，实验测量的碎裂片段中分子量比较大的产额减小，而碎裂片段中分子量比较小的产额增多，碎裂片段的分子量分布偏离了随机断裂模型的结果。

2. Moment 法

Sutherland 等(1996)发表了 Moment 法，它不探究 DSBs 片段分布的具体模式，但在计算过程中综合考虑不同片段的大小及其含量，因而适用于任何分布模式的 DSBs 产额的计算。其计算公式如式(10-2)。

$$L_n^{-1}=\frac{\int\frac{\rho(x)}{L(x)}\mathrm{d}x}{\int\rho(x)\mathrm{d}x} \tag{10-2}$$

其中，L_n^{-1} 为平均分子量的倒数，相当于 DNA 断裂水平 L，下标 n 表示凝胶泳道中任意的一段；$L(x)$ 为电泳泳道上 x 位置处的 DNA 片段长度；$\rho(x)$ 为 x 位置处的荧光强度。L_n^{-1} 对剂量作图，可以由直线的斜率得到 DSBs 的产额。

在不探究 DSBs 片段分布的具体模式时，难于确定每一条泳道上 DNA 荧光强度的分布函数，积分也就相当困难。实际操作时是将每一条泳道均分为若干段，用每一段凝胶块中 DNA 荧光强度和平均分子量的商求和得到 L_n^{-1}。虽然 Moment 法在原理上比随机断裂模型更合理，但在实际操作时有很大的缺点。由于一条泳道一般要均分为 100 多个等长的凝胶块，每块都要分别测荧光(或放射性)强度、计算片段的平均分子量，工作烦琐、劳动强度大，而且长时间在紫外线下工作对实验人员的眼睛损伤很大。

3. Tsallis 熵模型

任何一个统计分布都可以由熵的极大值得到。如果从 Boltzmann-Gibbs 熵出发，可以得到随机断裂模型所得到的结果。由于 DNA 的双链断裂在空间上是有关联的，经典的 Boltzmann-Gibbs 熵是不适用的。因此，Tsallis 熵可以用来研究这种带有关联的 DNA 双链断裂。利用 Tsallis 熵宏观统计理论推导出的 DNA 双链断裂的分布函数。如式(10-3)(周莉薇等，2009)：

$$p(l)=\frac{\beta(2-q)}{[1+\beta(q-1)]^{\frac{1}{q-1}}} \tag{10-3}$$

其中，β 为拉格朗日乘子；q 为实数。利用式(10-3)，可结合 AFM 所观测到的实验数据进行拟合，从而可以计算出 DSBs 的产额大小。

4. 平均分子量法

周光明等(2003)提出了一种新的计算 DSBs 产额的方法，名为平均分子量法。该法在形式上十分简单。原理上与 Moment 法有相似，它同样不探究 DSBs 片段分布的具体模型，但计算时又充分体现了片段的分布。可被用于 DSBs 片段随机分布和非随机分布的计算中。并且在实际操作上更为可行，对荧光扫描结果的处理尤为方便。利用平均分子量法计算 DNA 的双链断裂水平如式(10-4)：

$$L = \left[\frac{X \times PR}{T} - m\right] \div \frac{PR}{T} - \frac{m}{X} \tag{10-4}$$

式中，m 为细胞中线状双链 DNA 分子的条数；X 为 DNA 分子的总长(Mb)；PR 为辐照后产生的 DNA 片段释放百分比；T 为 DSBs 片段平均大小(Mb)。

10.2　快中子的萎缩芽孢杆菌 DNA 双链断裂效应

在电离辐射所致 DNA 分子损伤中，DSBs 是辐射所致生物效应中最重要的原初损伤，而非重接性的 DSBs 则被认为是细胞杀伤效应的最重要的损伤。DNA DSBs 的检测方法很多，各种检测法均有其一定的优越性和适用范围，近年来应用较多并日益受到重视的方法有原位杂交法、彗星试验(单细胞电泳法)以及高效毛细管电泳法和脉冲场凝胶电泳法等。

PFGE 利用有规律的变化电场，使大分子 DNA 在泳道中不停地改变方向，大分子 DNA 结构趋于线性，易于在凝胶中前行，从而分离开来。本研究中所用的是 PFGE 中的钳位均匀电场电泳(contour-clamped homogeneous electric field，CHEF)，其最高可分离 10Mb 的 DNA 片段。由于该技术的独特优势，其在染色体 DNA 分离及电泳核型分析等领域中得到广泛应用。

10.2.1　样品处理

1. 样品包埋

取 30μL 辐照过的芽孢悬液与等体积的 2%低熔点琼脂糖(Takara 公司产品)50℃混匀后，取 40μL 混合液注入制胶模槽中，胶块体积 6mm×1.5mm×4.4mm，置于 4℃冰箱中 15min 后取出，再将凝固的胶块从模槽中捅出。

2. 去壁

向每个样品胶块中分别加入 500μL 含 1mg/mL 溶菌酶(上海伯奥生物科技有限公司产品)的 100Mm EDTA 溶菌液中，37℃恒温培养箱中孵育过夜。

3. 裂解

吸出溶菌酶溶液，然后向其中加入细胞裂解液［1% SDS，0.5mol/L EDTA，0.01mol/L Tris-HCl，0.1mg/mL 蛋白酶 K(Merck 公司产品)，0.02mol/L NaCl］，50℃处理 24h。

4. 去蛋白

吸出裂解液，加入 250μL 含 1mmol/L PMSF(苯甲基磺酰氟，Beyotime 公司产品)的 TE 缓冲液，50℃处理 2 次，每次 2h。然后用 TE(1mmol EDTA，10mmol Tris，pH 8.0)缓冲液洗胶块 3 次，每次不少于 30min，而后将胶块置于 0.5mol/L EDTA(pH 8.0)中，4℃冰箱保存备用。

5. 电泳

称取 1g 脉冲场专用琼脂糖(pulse field certified agarose，Bio-Rad 公司产品)，加入 100mL 0.5×TBE 缓冲液中，煮沸至透明澄清。装配好灌胶框，将 DNA 样品胶块粘在梳齿的外侧(朝 DNA 运动的方向)，将煮沸的琼脂糖溶液，冷却后倒入灌胶框中。静置 15min，待胶完全凝固后，拔去梳子。将制好的凝胶转移到电泳槽中，加入 0.5×TBE 缓冲液，在脉冲场电泳仪(CHEF MAPPERTM，Bio-Rad 公司产品)上进行电泳。设置电泳条件为 6V/cm，脉冲角度 120°，电泳温度 14℃，电泳时间 8h(陈晓明等，2009)。标准 DNA 采用 1～10kb 的 DNA Marker(Takara 公司产品)和 225kb～2.2Mb 的酵母染色体 DNA(Bio-Rad 公司产品)。

6. 染色与分析

电泳后的凝胶放入 5μg/mL 的溴化乙锭溶液中染色 20～30min，然后在 Geldoc 图像仪上照相并观察图谱。Quantity one 软件分析各泳道 DNA 荧光强度，DNA 的释放百分比(DNA release percentage value，*PR* 值) 定义为各泳道中已移出加样孔的 DNA 荧光强度所占该泳道中总 DNA 荧光强度的比值。采用平均分子量法(周光明等，2000)计算 DNA 断裂产额 *L* 值，定量 DNA 断裂水平：

$$L=\left[\frac{X\times PR}{T}-m\right]\div X=\frac{PR}{T}-\frac{m}{X}\approx\frac{PR}{T} \tag{10-5}$$

式中，m 为细胞中线状双链 DNA 分子的条数；X 为 DNA 分子的总长(Mb)；PR 为辐照后产生的 DNA 片段释放百分比；T 为 DSBs 片段平均大小(Mb)。

10.2.2 中子剂量对 DSBs 的影响

在中子剂量率为 7.40Gy/min，剂量分别为 80Gy、200Gy、400Gy、555Gy、800Gy、2000Gy、4000Gy 下，常温辐照萎缩杆菌芽孢液体样品。DNA 片段释放百分比(*PR*)随剂量的关系见图 10-1。从图中可看出，当剂量小于 2000Gy 时，DNA 片段释放百分比随着剂量的增加而线性增加，相互关系满足方程 $y=0.0195x$，$R^2=0.9934$。而当剂量上升为 4000Gy

时，*PR* 值反而有所下降，这可能与 DNA 发生交联有关。

有报道认为，辐射对 DSBs 的诱导是随机性的，即 DNA 片段呈随机分布态势(丘冠英，2002)，但我们从电泳图发现，辐照样品的 DNA 片段分布在 50kb 区域附近有明显的分界点，因此，我们以 50kb 为界对 DNA 片段大小分布进行了统计。各区域的 DNA 片段含量见表 10-1。从表 10-1 中可看出，随着剂量的增加，大片段 DNA 的含量逐渐减少，小片段 DNA 含量逐渐增加，从表 10-1 中还可看出，随着剂量的增加，大剂量照射下产生的 DNA 片段的平均分子量明显小于小剂量下产生的 DNA 片段的平均分子量。这表明小剂量主要诱导大分子 DNA 片段产生，大剂量则主要诱导小分子 DNA 片段产生。这与周光明等(2000)报道的结果相一致。

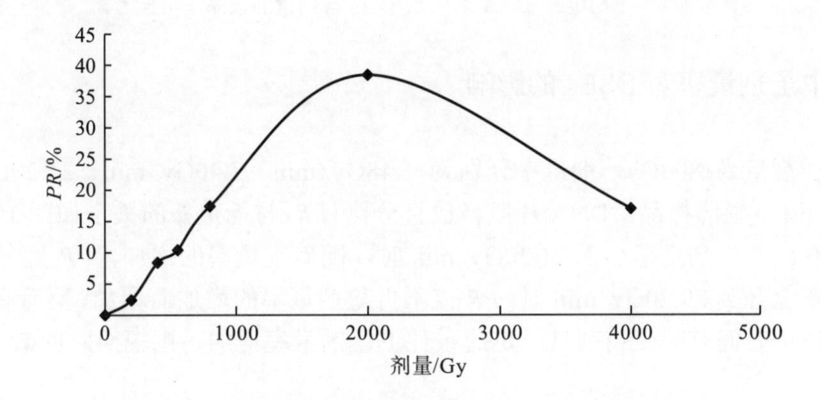

图 10-1　DNA 片段释放百分比(*PR*)与剂量关系

表 10-1　不同中子辐射剂量下的 DNA 片段分布

剂量/Gy	平均分子量/kb	>50kb DNA 含量/%	<50kb DNA 含量/%
200	5.03	29.33	4.94
400	4.62	27.14	12.51
555	4.77	24.92	16.58
800	4.96	23.52	24.83
2000	4.22	10.14	58.36
4000	3.40	9.10	38.80

DNA 断裂水平(*L*)为

$$L=PR/T \tag{10-6}$$

式中，*PR* 为 DNA 片段释放百分比，*T* 为平均分子量(kb)，*L* 单位为 DSBs/kb，按照公式(10-6)可计算出 DNA 的断裂水平(*L*)，其与剂量的关系图如图 10-2 所示。

从图 10-2 中可看出，当剂量小于 2000Gy 时，DNA 断裂水平 *L* 随着剂量的增加而线性增加，相互关系为 $y=3\times10^{-5}x+0.03$，$R^2=0.992$。而当剂量上升到 4000Gy 时，*L* 值反而有所降低。

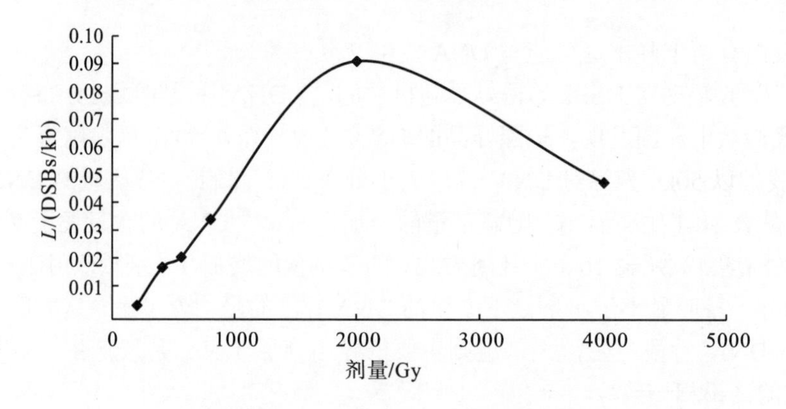

图 10-2 DNA 断裂水平(L)与剂量的关系

10.2.3 中子剂量率对 DSBs 的影响

在中子剂量为 800Gy，剂量率分别为 1.48Gy/min、7.40Gy/min、21.20Gy/min、39.20Gy/min 下辐照样品。DNA 片段释放百分比(*PR*)与剂量率的关系如图 10-3 所示，从图中可看出，当剂量率小于 21.20Gy/min 时，随着剂量率的增加，*PR* 呈上升趋势，但当剂量率上升到 39.20Gy/min 时，*PR* 值不再随剂量率的增加而增加，反而有所下降。这可能与作用时间有关。当剂量一定的条件下，剂量率增加，则辐照时间减小。

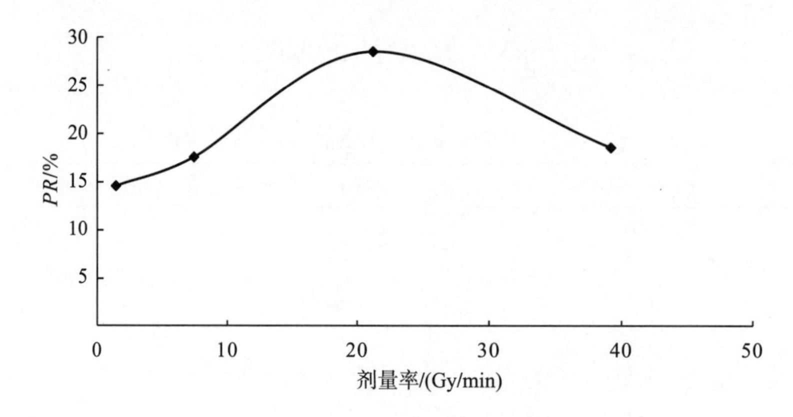

图 10-3 DNA 片段释放百分比(*PR*)与剂量率的关系

电泳图经荧光扫描后分析得到的 DNA 分布结果如表 10-2 所示，从该表中可看出 DNA 仍分布于＞50kb 和＜50kb 两个区域，且随着剂量率的增加大片段 DNA 的含量在减少，小片段 DNA 的含量在增加，而且从 DNA 片段的平均分子量也可看出，小剂量率产生的片段的分子量要大于大剂量下产生的片段的分子量，这说明小剂量率主要产生大片段，大剂量率主要产生小片段。

表10-2　不同的中子辐射剂量率的DNA片段分布

剂量率/(Gy/min)	平均分子量/kb	＞50kb DNA 含量/%	＜50kb DNA 含量/%
1.48	5.14	26.27	13.88
7.40	4.96	23.52	24.83
21.20	4.70	8.98	53.45
39.20	4.63	8.34	38.31

根据电泳扫描结果及公式(10-6)得到相同剂量、不同剂量率条件下，DNA 断裂水平(*L*)与剂量率的关系，如图10-4所示。

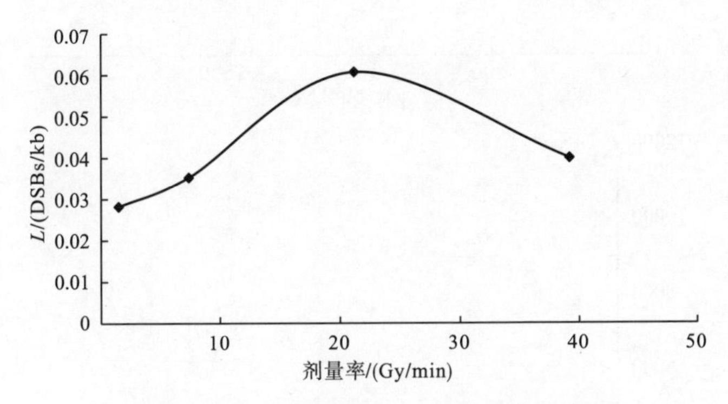

图10-4　DNA断裂水平(*L*)与剂量率的关系

从图10-4中可看出，当剂量率小于21.20Gy/min时，DNA断裂水平(*L*)随着剂量率的增加而增加，且 *L* 与剂量率之间有较好的线性关系。但当剂量率上升到 39.20Gy/min 时，与 *PR* 值类似，*L* 值反而有所降低。

10.3　γ辐照的萎缩芽孢杆菌DNA双链断裂效应

按γ辐照吸收剂量设置50Gy、200Gy、800Gy、1400Gy、2000Gy和空白对照共6个处理，每个处理3个重复，吸收剂量率为15Gy/min。

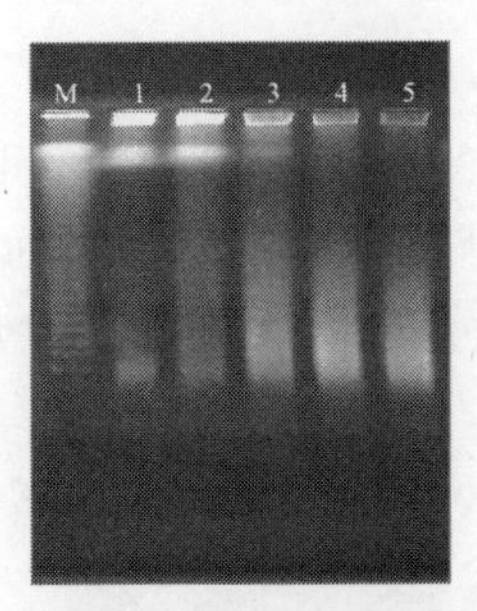

图10-5　γ辐照后萎缩芽孢杆菌脉冲场电泳图

M：空白对照；1：50Gy，2：200 Gy；3：800 Gy；4：1400 Gy；5：2000 Gy

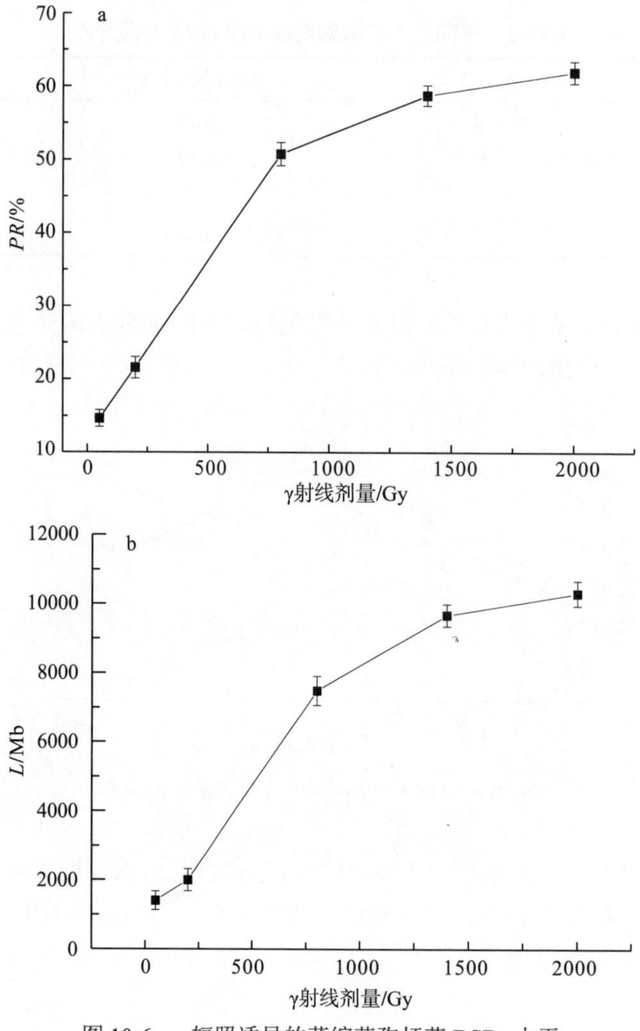

图 10-6 γ 辐照诱导的萎缩芽孢杆菌 DSBs 水平

图 10-5 所示为辐照样品脉冲场凝胶电泳图。从左到右，辐射剂量依次增大。由图可以看出，随着辐射剂量的增大，加样孔附近的荧光条带逐渐减弱并最终消失，同时条带末端小分子量的荧光逐渐加强，即随着 γ 剂量的增大，大分子片段不断减少而小分子片段逐渐增加。

用 Quantity one 软件分析图 10-5 中条带的荧光强度，并计算 *PR* 值与 *L* 值。如图 10-6a 和图 10-6b 是 DNA 片段释放百分比(*PR*)以及 DNA 双链断裂水平(*L*)随 γ 射线剂量的变化关系。可以看出，*PR* 值和 *L* 值都随剂量不断地增大而逐渐趋于饱和。这与 Cedervall 等(1995)的结果一致。对 *PR* 值及 *L* 值分别进行回归分析，*PR* 值满足方程 $y=-44.517+13.998\ln x$，$R^2=0.952$，其中 y 是 DSBs 的释放百分比，x 是 γ 辐照吸收剂量(Gy)；*L* 值满足方程 $y=-10156.7000+2655.337\ln x$，$R^2=0.923$，$y$ 是 DSBs 的断裂产额，x 是 γ 辐照吸收剂量(Gy)。

10.4　相关问题分析

10.4.1　脉冲场电泳的选择

影响脉冲场电泳效果的因素很多，主要包括：脉冲角度、脉冲转化时间和转化速率、电压梯度、缓冲液类型、浓度和温度、琼脂糖类型和浓度和运行时间(臧黎慧，2005)。

脉冲角度(pulse/reorientation angle)：脉冲角度是影响分辨率的重要因素。分离大片段DNA，比如染色体级的，推荐使用较小的脉冲角度（比如106°），对超过1Mb的DNA大片段而言，较小的角度，可以节约50%的运行时间。脉冲角度减小，大片段DNA的分辨率提高，小片段DNA的分辨率减小，条带被挤压。经典的脉冲角度是120°。

脉冲转换时间(switch time)和转换速率(switch time ramping)。脉冲转换时间对样品分辨率是一个重要的参数。脉冲转换时间是指电场在某一个方向维持的时间。比如：60s转换时间是指电场在某个方向维持60s，然后切换到另外的方向维持60s。对于较小的片段，适合比较短的转换时间，而长片段需要较长的转换时间。

电压梯度(voltage gradient)。电压梯度指的是电场强度，用V/cm来表示。CHEF的电泳槽的长度约33cm，外加200V的电场，大约的电压梯度就是6V/cm。对于超过3Mb的大片段DNA来说，较小的电压梯度(1.5～3V/cm)结合较小的脉冲角度，分离效果比较好。对于250kb的DNA，较高的电压梯度(9V/cm)有很好的分离效果。在此电压条件下，结合较小的脉冲角度，可以在较短的时间内分离样品(4h或更短)。大多数的电泳程序电压设置都是6V/cm。

缓冲液类型(buffer type)、浓度(concentration)和温度(temperature)。通常，离子强度越低，电泳的速度越快。离子强度低，电泳时间短，但也会造成缓冲液的缓冲能力下降，导致分辨率下降。常用的缓冲液为0.5×TBE(tris borate EDTA)和1.0×TAE(tris acetate EDTA)。1.0×TAE适合于分离Mb级(＞3Mb)的DNA片段。0.5×TBE通常用来分离Mb级以下的DNA片段，而且反复使用也无须更换。大多数情况下推荐使用。缓冲液温度影响运行时间。温度越高，电泳越快。温度越高，分辨率越差。在室温下电泳比在14℃条件下，电泳时间会缩短一半，但分离效果会很差。在4℃条件下电泳，分离效果会很好，但电泳时间会很长。在12～15℃电泳是一个折中的方案，兼顾了运行时间和分辨率。

琼脂糖类型(agarose type)和浓度。琼脂糖影响样品的迁移和凝胶的脆性。脉冲场电泳的琼脂糖必须是非常纯，有很强的张力，杂质最少。通常，0.8%～1.0%的胶能够分离长达3Mb的片段，超过3Mb的片段一般使用0.5%～0.9%的凝胶。琼脂糖浓度越低，DNA迁移越快，能分离的片段越大，但凝胶越难处理。

电泳时间(run time)。由于影响脉冲场电泳效果的因素很多，而由于辐射后产生的DNA片段分子量大小的不确定性，因此在我们进行脉冲场凝胶电泳时，电泳参数的设定以推荐的经典参数为主，着重考虑了电泳时间对结果的影响。电泳时间的不同可能致使DNA片段的分离效果不一样。电泳时间太长，小分子量DNA片段容易跑出胶外；电泳时间太短，大分子量DNA可能无法从样品孔中进入凝胶。在我们的预备实验中曾对电泳条件进行了探索，确定的电泳条件为：1%胶浓度，0.5×TBE缓冲液，电压为6V/cm，脉冲角度120°，电泳温度14℃，电泳时间8h。

10.4.2 DSBs的分布及簇损伤

长期以来，人们一直将DNA看成是均匀的，其损伤与修复也是随机的。近年来的实验研究发现：细胞内DNA的链断裂并不是随机的。1996年，美国劳伦斯伯克利实验室的Cooper小组用高LET的重离子辐照细胞，首次观察到了细胞内的染色体DNA的DSBs片段的非随机分布现象(Löbrich et al.,1996)。1997年，英国Gray实验室和德国的GSI(Prise et al.，1997)也报道了相似的研究结果。关于DSBs非随机分布的解释，因为Cooper等实验对象是完整细胞，所以他们认为细胞中DNA所处的高度有序的染色体结构和入射粒子的电离特性起着极其重要的作用。中国科学院近代物理研究所周光明等(1998)研究了碳离子直接辐照脱蛋白的哺乳动物细胞DNA样品诱导的DSBs和完整细胞，都发现了DSBs非随机分布现象。周光明等(2001a，2001b)的观点是：重离子辐照所沉积的能量可以直接或间接地沿DNA链迁移，从而导致链上相对较弱的或亲电性较高的化学键优先断裂，DSBs片段的非随机分布可能与DNA的序列有关，即DNA分子上存在敏感位点。对于DSBs非随机分布的现象，国外学者称之为DNA的“簇损伤”(Sutherland，2000)。有人认为DNA上存在辐射敏感性位点，也有人称其为DNA辐射损伤“热点”(Radulescu et al.，2004)。

在我们的实验研究中也发现DSBs分布的非随机现象。不管辐射剂量高低，在分子量50kb附近总会出现一条条带。究其原因，我们赞成周光明等的观点，也许在萎缩芽孢杆菌DNA上存在一个辐射敏感位点，在此位点首先发生DNA的断裂。但具体情况还需进一步的研究才能下结论。

10.4.3 DSBs评估指标的选择

Pinto等(2002)对γ射线和重离子诱导的哺乳动物细胞DNA的损伤和采用脉冲场检测DNA损伤的定量分析方法等方面做了大量工作；中科院物理研究所周光明等在重离子诱导的DSBs方面也做了大量研究，并提出了一种新的简洁的计算DNA断裂水平的方法——平均分子量法。

DNA由于结合了EB而在紫外光下发射荧光，因此荧光强度是正比于DNA含量的，这样通过对电泳图片进行光密度扫描就能得到各泳道进入胶中的DNA片段的含量，即DNA片段释放百分比(*PR*)以及各片段区DNA片段的含量，从而得到DNA片段的分布。*PR*值能直观地反映DNA受损伤的程度，但它只表示产生的DNA片段总含量，不能反映出DNA片段的分布，DNA断裂水平(*L*)能够全面地体现DNA片段的含量和DNA片段的分布。因此，在我们的结果分析中采用了DNA片段释放百分比(*PR*)、DNA断裂水平(*L*)、平均分子量、各片段区DNA片段的含量等4个指标来全面地反映DNA双链断裂的情况。

10.4.4　中子的剂量效应比较

在中子辐射剂量率(7.4Gy/min)一定的情况下，采用不同剂量 200Gy、400Gy、555Gy、800Gy、2000Gy、4000Gy 的中子来对萎缩芽孢杆菌进行处理，研究中子的剂量效应。结果发现，随着中子辐射剂量的升高，对萎缩芽孢杆菌的灭活作用越大，剂量与芽孢灭活对数成正比关系。随着中子辐射剂量的升高，DNA 片段释放百分比(*PR*)和 DNA 断裂水平(*L*)都逐渐减小，当辐射剂量小于 2000Gy 时，*PR* 和 *L* 与剂量成正比关系。因此可初步得出，中子辐射灭菌的机理主要与 DNA 的断裂有关。

10.4.5　中子的剂量率效应比较

在中子辐射剂量(800Gy)一定的情况下，采用不同剂量率 1.48Gy/min、7.40Gy/min、21.20Gy/min、39.20Gy/min 的中子来对萎缩芽孢杆菌进行处理，研究中子的剂量率效应。结果发现，随着剂量率从 1.48Gy/min 增加到 21.20Gy/min，中子对萎缩芽孢杆菌的灭活效果增加(图 9-3)，DNA 片段释放百分比(*PR*)、DNA 断裂水平(*L*)和平均分子量也逐渐减小(图 10-3、图 10-4、表 10-2)。但当剂量率增加到 39.20Gy/min 时，中子对萎缩芽孢杆菌的灭活效果无明显变化，DNA 片段释放百分比(*PR*)和 DNA 断裂水平(*L*)也有所上升。究其原因，我们还未找到合理的解释。

在低剂量和低剂量率条件下，这种辐照效应与剂量率相反的情况早有发现，人们将这种现象称为反剂量率效应。究其原因，人们认为，一般来说辐射的剂量率能显著影响生物效应，降低剂量率就降低了生物效应。然而，当剂量率降低到一定阈值以下，DNA 损伤不能激活细胞的探测器——共济失调毛细血管扩张症突变(ATM)基因以及 ATM 基因介导的损伤修复途径，因而出现细胞高致死性，即“反剂量率效应”。这是人们在研究辐射对肿瘤等真核细胞的损伤时发现的现象，而且是在极低剂量和剂量率条件下存在(Michael，2000)。Koufen 等(2000)在采用高剂量率(5.5Gy/min、24.0Gy/min、83.0Gy/min)X 射线辐照膜脂和蛋白质时也出现了这种随剂量率的增加，辐照对膜脂和蛋白质的损伤反而降低的现象。究其原因，Koufen 等认为，当剂量一定的条件下，剂量率增加，则辐射时间减小，由此诱导产生的自由基和脂质过氧化物的量减少，降低了辐射对生物大分子的间接作用。

10.4.6　中子对原核生物的损伤效应及机理研究

随着对中子认识的提高，采用中子辐照进行肿瘤治疗、诱变育种等报道不断增加，对这些真核生物 DNA 的损伤研究也比较多，但以原核生物为材料的研究较少。Lowy 等(2001)曾对辐射的生物效应做了一个综述，发现除 Singh 等(1990)采用 M13 噬菌体为材料研究加速器中子对其的作用效应和 AFRRI 所做的工作外，还未见其他的报道。我国辽宁工学院张颖等(1998)曾采用便携式中子发生器对嗜热脂肪杆菌芽孢进行灭菌研究，但由于采用剂量过小，因而没有得到结果。Lowy 等(2001)采用流感病毒为材料研究了中子和 γ 射线的相对生物学效应，但仅限在辐射灭活效应和蛋白质及 RNA 结构上的变化等方面进行比较。因此，我们进一步研究了 γ 射线对芽孢杆菌的损伤效应，并在灭菌效果上比较中子和 γ 射线对芽孢杆菌作用的相对生物学效应。

第11章　短小芽孢杆菌E601传代和中子辐照后的菌落形态变化

短小芽孢杆菌(*Bacillus pumilus*)为芽孢杆菌属，菌体细杆状，一般为(0.6～0.7)μm×(2.0～3.0)μm，革兰氏阳性。在辐照灭菌研究中，短小芽孢杆菌被广泛应用，是抗电离辐照较强的细菌。许多国家都把短小芽孢杆菌作为电离辐照灭菌的指示菌(王勇等，2003)。我国国家标准《医疗保健产品灭菌确认和常规控制要求辐照灭菌》(GB 18280—2000)中确定将短小芽孢杆菌E601(ATCC 27142)作为检测电离辐照灭菌效果的指示菌。

中子辐照穿透力很强又携带高能量，很容易造成生物体细胞内的DNA断裂，引起细胞以及菌体的死亡。我们在采用短小芽孢杆菌E601作为中子辐照灭菌效果指示菌的研究中发现，短小芽孢杆菌E601有两种不同的菌落形态，经中子辐照后菌落形态有不同的变化。采用不同菌落形态的 E601 进行研究可能对评估中子辐照灭菌的效果有差异(陈晓明等，2008a)。本章研究短小芽孢杆菌的菌落传代变化及中子辐照对短小芽孢杆菌的菌落形态的影响，旨在为进一步研究中子辐照灭菌机理提供依据。

11.1　原始菌落传代过程中的形态变化

短小芽孢杆菌E601(ATCC 27142)，购于美国ATCC菌种库。基本培养基(营养肉汁琼脂)组成：蛋白胨5g，牛肉膏3g，NaCl 5g，琼脂25g，蒸馏水1000mL，pH 7.2。

11.1.1　原始菌落的形态

从原始斜面菌种中挑取少许菌体进行稀释涂平板，记为1代，将平板放入37℃恒温培养箱培养48h，记录两种菌落形态的分布情况。再分别从1代平板中分别挑取半透明与不透明菌落进行稀释涂平板，记为2代半透明与不透明。依此类推，分别用前1代的半透明菌落与不透明菌落进行传代，每2天传代1次，共传至4代。

由图11-1可看出，原始菌株中存在两种菌落形态，不透明菌落呈乳白色、光滑、菌落较小，占大部分。半透明菌落只约占16%，菌落呈米黄色，光滑，湿润。随着时间的增加，不透明菌落边缘开始皱缩，呈锯齿状。这种情况与美国ATCC菌种库指明的菌落形态一致。

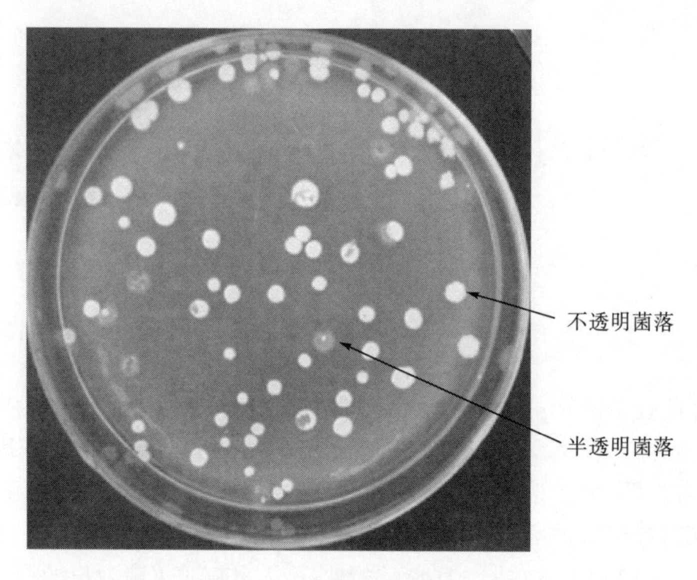

图 11-1 原始菌株菌落形态

11.1.2 半透明菌落传代情况

用半透明菌落进行传代分离，得到的两种菌落形态基本各占一半，如图 11-2 所示。从图中可看出，半透明菌落传代后，所产生的半透明菌落呈米黄色，湿润，边缘不规则，呈锯齿状；不透明菌落比半透明菌落小，光滑，颜色比原始不透明菌落的颜色偏黄，随着时间的增加，菌落中间略皱缩突起。

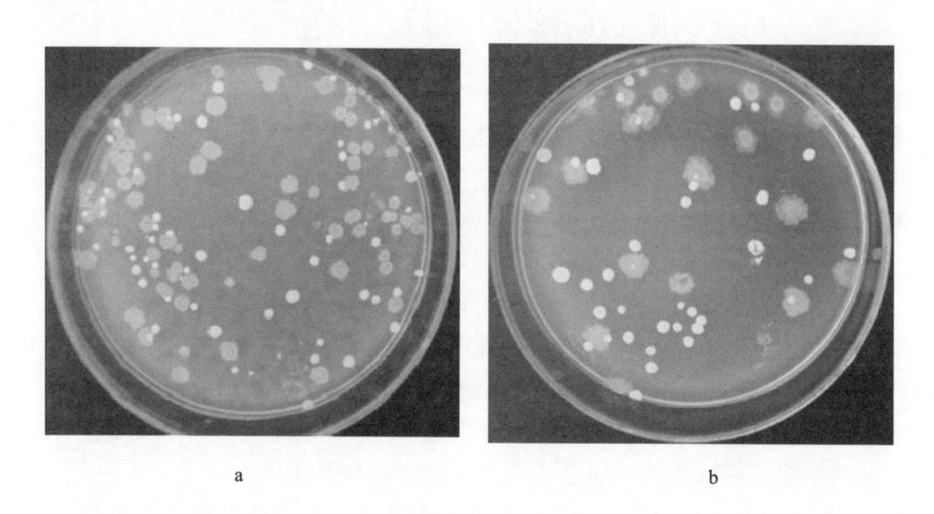

图 11-2 半透明菌落传 1 代(a)和 2 代(b)的菌落观察

11.1.3 不透明菌落传代情况

由不透明菌落进行传代分离得到的半透明菌落非常少，而且随着传代次数的增加而减少，到了第 4 代就基本没有半透明菌落产生，如图 11-3 所示。从图中可看出，不透明菌落传代后，传代分离的前两代只产生 1%左右的半透明菌落，且菌落没有由半透明菌落传代得出的半透明菌落大，边缘呈锯齿状，呈米黄色，湿润。不透明菌落小，呈乳白色，但比原始不透明菌落偏黄，光滑，突起。

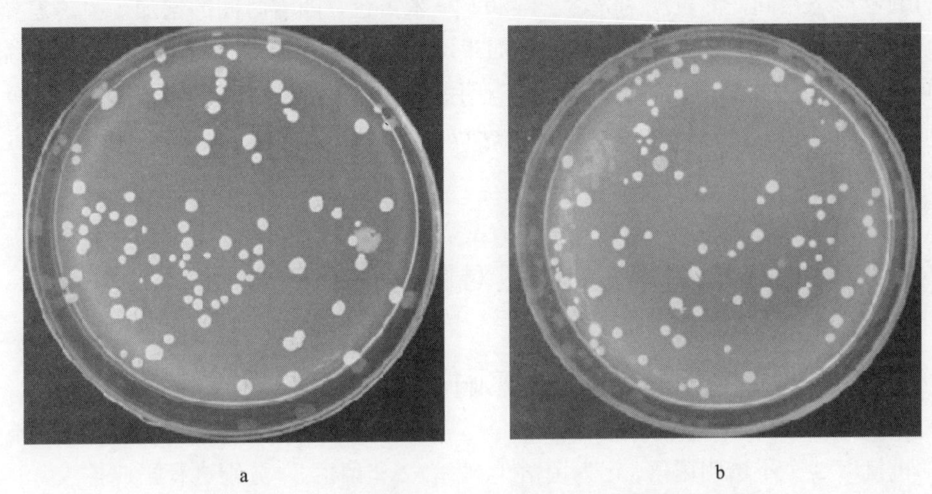

a　　　　b

图 11-3 不透明菌落传 1 代(a)和 2 代(b)的菌落观察

综上所述，可将原始菌株传代过程中菌落形态变化情况归纳为图 11-4。由图中可大致推出，短小芽孢杆菌之所以能产生两种不同形态菌落，主要是由于半透明菌落的不稳定性决定的，而不透明菌落基本保持稳定。

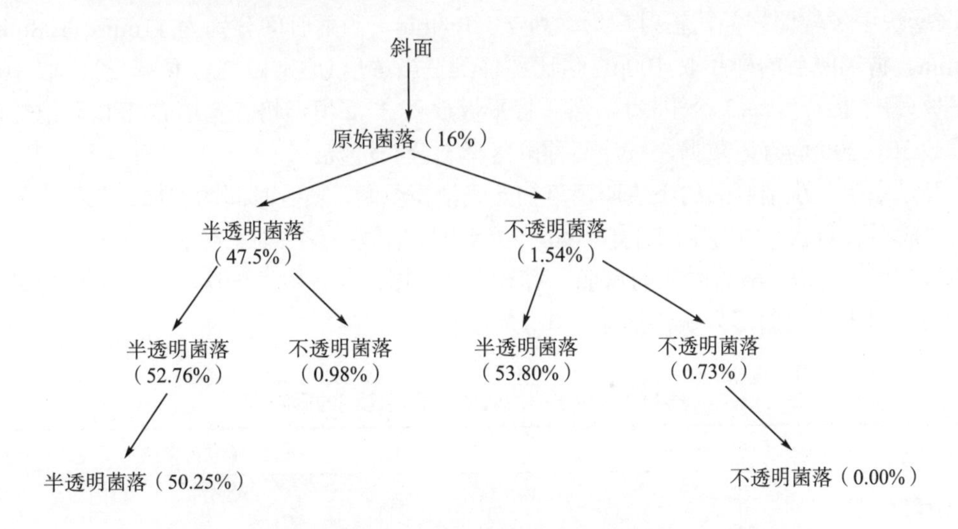

图 11-4 原始菌株传代过程中的菌落变化

以上数值均以半透明菌落占总菌落比例来表示，图中半透明菌落表示用半透明菌落进行传代分离，不透明菌落则表示用不透明菌落进行传代分离。

本研究结果表明，在未辐照情况下，短小芽孢杆菌的半透明菌落能产生半透明的光滑型菌落和不透明的光滑型菌落，且所占比例基本相近。而不透明菌落在前 3 次传代过程中只产生少许的半透明菌落，第 2 代中半透明菌落比例只有 1.54%，第 3 代中却只产生了 0.73%半透明菌落，到了第 4 代基本不产生半透明型菌落。在培养过程中发现，两种菌落初始的颜色形态相同，都表现为光滑、湿润、呈米黄色，随着时间的增加，菌落差异逐渐变大，不透明菌落从米黄色变为乳白色，而半透明菌落颜色不变，菌落边缘开始皱缩，随着时间的再增加，菌落中央也开始皱缩。在伴放线放线杆菌(*Actinobacillus actinomycetemcomitans*，Aa)(王者玲等，2003)和 *Escherichia coli* K-12 的固体培养中(Hasman et al.，2000)也存在类似的报道。

11.2 中子辐照对菌落形态的影响

11.2.1 中子一次辐照对菌落形态的影响

随机挑取 3 个不透明菌落，记为菌落 1、菌落 2 和菌落 3，分别进行平皿扩大，于 37℃恒温培养箱中培养 7～8d，进行芽孢染色，检测芽孢率。待芽孢率达到了 95%以上时，刮下菌苔，于装有 PBS 缓冲液的三角瓶中充分打散。混匀于 45℃水浴断链 24h，每隔 4h 摇晃 1 次，使芽孢分散成为单个个体。将芽孢悬液充分混匀，分装于 2mL 冻存管中，此为辐照样品，存放于 4℃冰箱备用。每个样品 3 个重复。

在 CFBR-Ⅱ快中子脉冲堆上，按辐射剂量低、中、高原则分别采用 80Gy、800Gy 和 2000Gy 快中子辐照样品，辐射剂量率为 7.4Gy/min，照射时间分别为 11min、108min 和 270min。将辐照后的样品取 100μL 倍比稀释到适当浓度(通常做 2 个稀释度)，取 100μL 涂平板(每个稀释度涂 3 个平板)，然后将平板放入 37℃恒温培养箱培养 48h 后记数，以菌落数 30～300 为有效数据，统计两种菌落形态分布情况。

经过中子一次辐照后的不透明菌落初始光滑，湿润，随着时间的增加，有些菌落变得亮白，成不透明状，菌落中间开始皱缩，边缘出现褶皱；有些则呈半透明状，颜色比不透明菌落较黄，光滑。随着时间的增加，菌落边缘呈锯齿状。中子一次辐照对菌落的影响见表 11-1，以半透明菌落为统计指标。

表 11-1 中子一次辐照对菌落比例的影响

中子剂量/Gy	半透明菌落比例/%
80	1.51
800	9.37
2000	14.08

由表 11-1 可以看出，随着一次中子辐射剂量的升高，半透明菌落所占比例也逐渐增加，远远超过原始菌株不透明菌落传代时的 1.54%(图 11-4)。

11.2.2　中子二次辐照对菌落形态的影响

从一次中子辐照后存活平板中随机挑取 3 个不透明菌落，记为菌落 1、菌落 2 和菌落 3，分别进行平皿扩大，放在 37℃恒温培养箱中培养。待培养 7～8d 左右进行芽孢染色检测芽孢率。以后的操作同第一次辐照。同样按辐射剂量低、中、高原则分别采用 80Gy、800Gy 和 2000Gy 剂量对样品进行二次中子辐照。经过中子二次辐照后不透明菌落容易皱缩，变得干燥；半透明菌落光滑，随着时间的增加，边缘也开始皱缩，呈锯齿状。中子二次辐照对菌落的影响见表 11-2，以半透明菌落为统计指标。

表 11-2　经二次中子辐照的菌落形态分布　(单位：%)

一次中子辐射剂量/Gy	二次中子辐射剂量/Gy		
	80	800	2000
80	3.36	2 .73	5.11
800	17.11	3.11	17.91
2000	10.46	10.25	19.25

注：表中数据皆以半透明菌落所占比例计。

由表 11-2 看出，当中子一次和二次辐射剂量均为最大值 2000Gy 时，半透明菌落所占比例最大，且随中子一次辐射剂量的增加，二次中子辐照的各剂量中，半透明菌落所占比例也逐渐增加，且都远远高于原始菌株传代时的 1.54 %。

从表 11-1 和表 11-2 的数据可看出，中子辐照对短小芽孢杆菌的两种菌落的损伤程度不同。不透明菌落的耐辐照能力逊于半透明菌落，且这种差异在中子二次辐照时表现更明显。

短小芽孢杆菌是抗电离辐照较强的细菌，常作为检测电离辐照灭菌效果的指示菌。而从我们的研究中得知，辐照对短小芽孢杆菌两种菌落形态的菌株损伤程度不同，半透明菌落菌株耐辐照能力稍强。因此，在讨论电离辐照灭菌的可行性时，有必要注明采用的短小芽孢杆菌的不同菌落菌株的分布情况，以便更可靠、准确地进行灭菌效果的评估。

已有报告显示，多种因素可影响电离辐照灭菌效果，如初始菌含量、剂量率、温度、介质等。从我们的研究可看出，短小芽孢杆菌的不同菌落形式菌株的数量可能也会对灭菌效果造成影响。为了使辐照灭菌指示菌在灭菌过程中的应用标准化、规范化，保证灭菌质量，在确定辐照灭菌剂量时应考虑到这一点。

第12章　SOD对γ辐照萎缩芽孢杆菌的保护和修复效应

电离辐射对蛋白质的损伤也主要包括直接损伤和间接损伤。电离辐射对蛋白质的直接作用可引起蛋白质侧链发生变化，氢键、二硫键断裂，导致高度卷曲的肽链出现不同程度的伸展，空间结构发生改变。电离辐射可引起水分子的电离，从而产生大量的自由基，其中对生物体伤害最大的是·OH，而O_2^-和H_2O_2可以分别通过Haber Weiss反应和Fenton反应生成·OH和其他产物。自由基使细胞蛋白质氧化、脱氢，造成蛋白质的失活、结构改变、化学链的断裂，或使蛋白质交联和聚合，从而影响蛋白质的正常功能。

生物体内存在一系列对各类活性氧自由基有清除作用的酶类，其中包括SOD、谷胱甘肽过氧化物酶(GSH$_2$Px)、谷胱甘肽巯基转移酶(GSH$_2$Ts)、CAT等，这些酶通过催化各自的底物与不同活性氧自由基反应来达到清除体内过量的活性氧自由基，保护生物免受自由基的伤害。因此，菌体的抗氧化系统在抗辐射中起着十分重要的作用。

SOD是一种清除体内超氧阴离子自由基的金属酶类，其结合的金属种类不同，可将SOD分为三类：Cu/Zn-SOD、Mn-SOD和Fe-SOD。SOD是以O_2^-为底物的酶，在解除O_2^-对生物体的毒性过程中有重要作用。SOD在20世纪70年代被发现，研究人员同时发现电离辐射中产生的·OH、·H可诱导自由基辐射生物学效应，且生物体系又具抗氧化能力，由此奠定了自由基生物学研究基础。通过辐射可以诱导微生物体内活性氧自由基的增加，而微生物本身却可以通过提高其体内清除活性氧自由基系统的酶的活力来抵抗活性氧自由基对生物体的伤害。但是在较高剂量的电离辐射或粒子辐射下，由于活性氧自由基的大量产生，对抗氧化酶本身也会造成一定的损伤，使得生物体最终还是表现出受到一定的伤害。

萎缩芽孢杆菌主要含有Mn-SOD和Fe-SOD同工酶。萎缩芽孢杆菌营养体的SOD酶活性随辐射剂量变化的结果显示，SOD酶活性与剂量没有明显的相关性，尤其在低剂量的辐照下，随剂量的变化关系无明显规律。这可能是因为SOD主要是使超氧阴离子自由基发生歧化反应，生成O_2和H_2O_2，但它并非是生物体清除氧损害的最终酶类，生成的H_2O_2要由体内的CAT等来最终清除。H_2O_2作为机体内的信号分子，会刺激其他一些抗氧化酶的表达，同时也会对酶的活性造成损伤。电离辐射对SOD酶活性的效应受到多种因素调节，各种抗氧化酶之间的相互影响，抗氧化酶体系与自由基之间的动态效应都会影响其活性，因此要研究电离辐射抗氧化酶的效应，还要综合考虑其他几种抗氧化酶的活性，进行深入研究(Chen et al.，2013)。

电离辐射通过电离和激发作用，通过改变细胞的功能、代谢、结构，以及机体组织、器官、系统及其相互关系，最终导致机体的损伤。多数研究者认为，细胞具有较高辐射抗性是源于其高效的 DNA 修复能力，但也有不少人认为，这与其抗氧自由基的能力有关。SOD 是自由基的专一清除剂，它能防御氧毒性，增强机体抗辐射损伤能力，防止生物衰变。目前，已有不少研究证明外源 SOD 可以减轻电离辐射对生物机体的损伤效应(陈剑和刘芬菊，2004)。本研究室之前考察外源 SOD 在 γ 辐照中的保护效应发现，外源 SOD 对 γ 照射的萎缩芽孢杆菌有很好的刺激保护效应，且保护效果与其浓度以及辐射剂量相关。本研究同样以萎缩芽孢杆菌为研究材料，从细胞水平、分子水平重点考察外源 SOD 对 γ 辐照后细胞的修复效应，进一步揭示外源 SOD 在辐照中的效应及机理。

12.1　外源 SOD 对 γ 辐照萎缩芽孢杆菌的保护效应

萎缩芽孢杆菌 ATCC 9372，购于中国普通微生物菌种保藏中心。营养琼脂培养基培养菌体，37℃，160r/mim 振荡培养 16h，作为种子液。将种子液按 10%比例重新接入培养基，同上条件培养 12h，5000r/min×10min，4℃离心收集菌体，磷酸盐缓冲液(PBS，pH 7.2)洗涤一次，菌体复溶于 PBS。按不同浓度分别加入 SOD 酶液(南京建成生物科技公司产品)，使最终浓度分别为 100U/mL、500U/mL 和 1000U/mL。37℃温浴 30min，PBS 洗涤 4 次。分装于 2mL 冻存管(PP 材料)。设置 3 个对照组，对照 1 不辐照不加 SOD，对照 2 不辐照加 SOD，对照 3 辐照不加 SOD。所有样品为 3 个重复。

样品辐照在中国工程物理研究院核物理与化学所的 ^{60}Co 源上进行，剂量率为 15Gy/min，吸收剂量分别为 50Gy、200Gy、800Gy、1400Gy 和 2000Gy。辐照后样品分为 3 份，分别进行细胞计数、胞内 SOD 酶活性测定和 DNA 双链断裂水平检测。

12.1.1　外源 SOD 对萎缩芽孢杆菌存活率的影响

萎缩芽孢杆菌营养体受 γ 射线辐照后，样品存活率随剂量增大逐渐降低(图 12-1、图 9-8)，剂量达 800Gy 后，存活率下降趋势平缓。对存活率作回归分析，得 $\lg(y)=-0.635-0.001x$，$R^2=0.831$，其中 y 为存活率，x 为剂量(Gy)。由此求得 $D_{10}=365$Gy。

添加不同浓度外源 SOD 可使 γ 射线照射的萎缩芽孢杆菌存活率明显提高(图 12-2)。剂量＞200Gy，添加外源 SOD 样品的细胞存活率为未辐照样品的 6.7～68.5 倍，存活率随着外源 SOD 浓度的增大($P<0.01$)，800Gy 和 1400Gy 辐照样品的存活率为未辐照样品的 30.9～68.5 倍。剂量≤200Gy，二者无明显相关性。结果表明，外源 SOD 对 γ 射线照射的萎缩芽孢杆菌有很好的刺激保护效应，使其对 γ 射线的耐受性显著提高，且保护效应与浓度正相关。

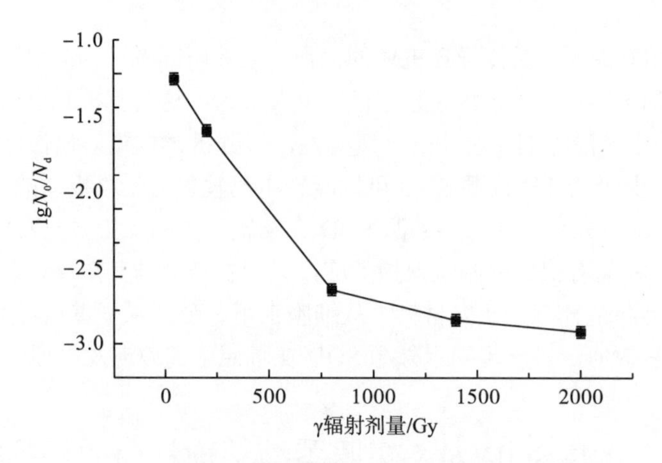

图 12-1　γ 射线对萎缩芽孢杆菌营养体的灭菌效应

N_0 表示剩余细胞数，N_d 表示初始细胞数

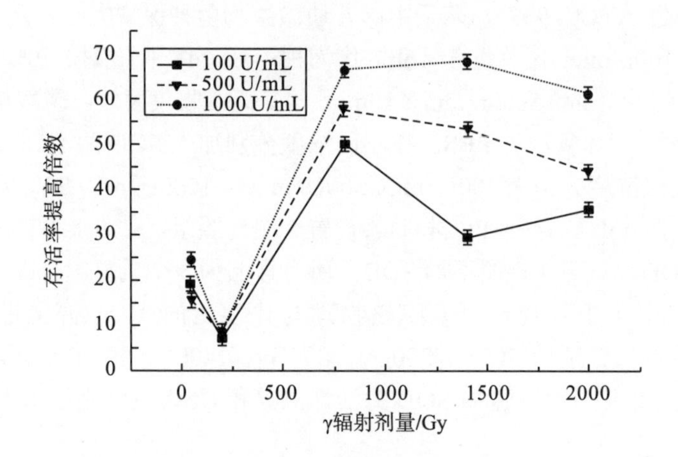

图 12-2　外源 SOD 对 γ 辐照萎缩芽孢杆菌营养体存活率的影响

12.1.2　外源 SOD 对辐照后萎缩芽孢杆菌胞内 SOD 酶活性的影响

SOD 酶活性测定：样品 10000r/min×10min，4℃离心，弃上清液，加入等量溶菌酶液(4mg/mL)，37℃温育 30min，超声处理 25min，10000r/min×20min，4℃离心，上清液即为酶液。SOD 酶活性测定采用黄嘌呤氧化法(南京建成生物科技公司生产的试剂盒)进行测定，在酶标仪(Multiskan Spectrum，Thermo Fisher Scientific 公司产品)上测定 550nm 处的吸光值，计算 SOD 酶活性。

$$\text{总SOD酶活性} = \frac{\text{对照管吸光度} - \text{测定管吸光度}}{\text{对照管吸光度}} \div 50\% \times \text{反应应体系稀释倍数} \times \text{样本测试前的稀释倍数} \tag{12-1}$$

添加不同浓度外源 SOD 后，萎缩芽孢杆菌胞内 SOD 酶活性与 γ 射线剂量的关系见图 12-3(图中 D 为不加 SOD 进行辐照)。γ 射线辐照后萎缩芽孢杆菌胞内 SOD 酶活性较未辐照样品下降明显，不同剂量辐照后胞内 SOD 酶活性为未辐照样品的 10%～45%，随剂量增大，胞内 SOD 酶活性呈先降后升的趋势。另外，外源 SOD 使胞内 SOD 酶活性回升较对照延后，剂量＞800Gy，胞内 SOD 才开始缓慢提高，而未添加外源 SOD 的样品胞内 SOD 酶活性在 200Gy 时就有明显升高。但是，萎缩芽孢杆菌的胞内 SOD 酶活性随外源 SOD 浓度以及辐射剂量并无明显规律。

不同剂量 γ 辐照对萎缩芽孢杆菌胞内 SOD 活性影响显著(图 12-3)。萎缩芽孢杆菌经 γ 辐照后，胞内 SOD 酶活性均显著低于对照($P<0.01$)。由图 12-3 可见，当辐射剂量为 50Gy 时，胞内 SOD 酶活性最低，仅为对照的 54.9%，而 200Gy 辐照下酶活明显上升，随着剂量的继续增大，酶活性先降低后升高。辐射剂量大于 800Gy 时，SOD 酶活性随剂量增加持续升高($PR<0.01$)。对于 SOD 酶活性随剂量的这种奇怪变化现象，我们推测可能与 γ 辐照对胞内 SOD 酶活性的影响受到多种因素的调节有关。首先，SOD 作为抗氧化酶体系中的成员，其活性受到其他抗氧化酶表达的影响；另外，高剂量下 SOD 酶活性随辐射剂量的增大而升高的现象可以表明，SOD 酶活性还可能受到自由基的影响，随剂量增大累积较多自由基，诱导细胞 SOD 的表达功能增强，使胞内 SOD 酶活性不断上升。对于上述推测有待进一步研究确认。

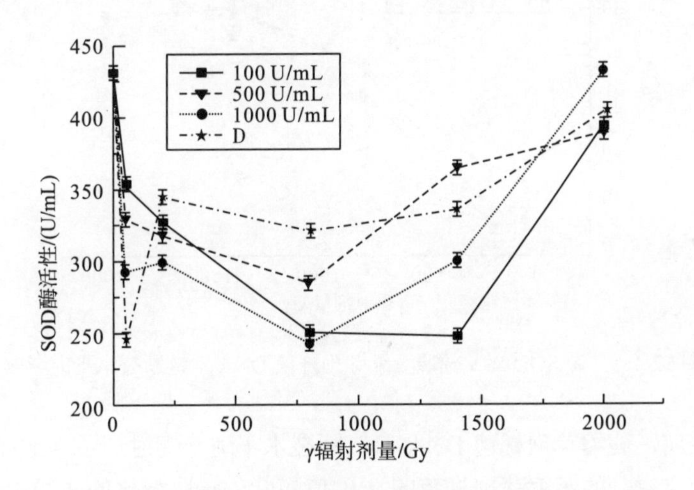

图 12-3　外源 SOD 对 γ 辐照萎缩芽孢杆菌胞内 SOD 酶活性的影响

本研究目的在于考察外源 SOD 对细胞的刺激保护作用，对照组 1 和对照组 2 的结果显示(图 12-3 中 0Gy 点)，外源 SOD 与细胞作用 30 min 前后胞内 SOD 酶活性没有改变，同时对照组 2 的细胞存活率变为对照组 1 的 1.1～1.5 倍。我们可以推测，外源 SOD 没有进入细胞内，引起酶活性和存活率改变的原因，可能是外源 SOD 打破了原有的自由基平衡，刺激了自由基连锁反应，从而诱导胞内抗氧化酶系统活性的改变；抗氧化酶系统活性的改变提高了细胞的辐照耐受性。此外，由添加外源 SOD 后酶活性随剂量变化的基本规律相似以及细胞存活率的提高，可推测外源 SOD 还可能保护细菌细胞膜。因为细胞膜受到辐射损伤，将会使细菌直接死亡；而细菌的染色体受到辐射损伤，将会导致细菌凋亡。在 γ 射线照射下，萎缩芽孢杆菌的存活率有所提高，间接表明外源 SOD 保护了细菌胞壁。

12.1.3 外源 SOD 对 γ 射线照射萎缩芽孢杆菌 DSBs 影响

选用脉冲场凝胶电泳法检测 DNA 双链断裂水平。电泳条件为：电压 6V/cm，脉冲角度 120°，电泳温度 14℃，电泳时间 16h。

在不同浓度外源 SOD 作用下，萎缩芽孢杆菌 DNA 双链断裂释放百分比(*PR*)随 γ 射线剂量的变化关系如图 12-4 所示(图中 D 为不加 SOD 进行辐照)。*PR* 值随辐射剂量增加而增大并逐渐趋于饱和。添加不同浓度外源 SOD 后，可显著降低 DNA 的 *PR* 值($P<0.05$)，800Gy 和 1400Gy 的 *PR* 值降低极显著($P<0.01$)。剂量＜1400Gy，*PR* 值随着外源 SOD 浓度的增大而降低($P<0.05$)。由此推测，外源 SOD 刺激了自由基连锁反应，改变了抗氧化酶体系的活性，从而减少了自由基对 DNA 的氧化损伤。

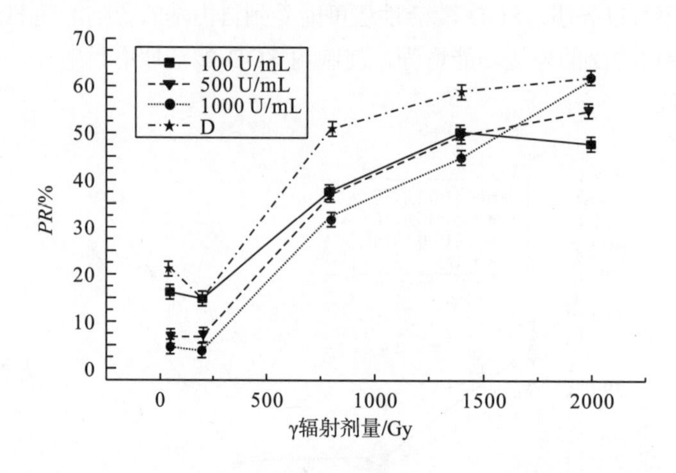

图 12-4 外源 SOD 对 γ 辐照萎缩芽孢杆菌 DNA 双链断裂水平的影响

上述结果表明，萎缩芽孢杆菌 DNA 双链断裂水平随 γ 辐射剂量增加而增大并逐渐趋于饱和，这与前文得到的萎缩芽孢杆菌的 *PR* 值随紫外辐照变化的曲线相似。外源 SOD 可以减轻 γ 射线对细胞 DNA 造成的损伤，剂量＜1400Gy，保护效应与外源 SOD 浓度呈正相关。

12.2 外源 SOD 对 γ 辐照萎缩芽孢杆菌的修复效应

γ 辐照在中国工程物理研究院核物理与化学研究所的 ^{60}Co 辐照源上进行，辐照吸收剂量分别为 50Gy、200Gy、800Gy、1400Gy 和 2000Gy，剂量率为 15Gy/min。实验设置 1 个辐照处理组和 3 个对照组，对照组 1 为不辐照不添加 SOD，对照组 2 为不辐照添加 SOD，对照组 3 为辐照不加酶。对照组 2 和辐照处理组样品在辐照结束后 3h，分别同时加入不同浓度 SOD(南京建成生物科技公司产品)，使终浓度分别为 100U/mL、500U/mL 和 1000U/mL，37℃避光温育 30min，PBS 洗涤 4 次。所有样品均分为三部分，分别进行细胞计数、胞内 SOD 酶活性测定和 DNA 双链断裂分析。

12.2.1　外源 SOD 对 γ 辐照后菌体存活率的影响

萎缩芽孢杆菌营养体存活率随辐射剂量和外源SOD浓度的变化关系见图12-5(图中D为不加 SOD 进行辐照)。由图 12-5 可见，γ 辐照后添加不同浓度外源 SOD，均可以显著提高萎缩芽孢杆菌存活率，尤其在 800Gy 和 1400Gy 剂量下，存活率约提高为对照的30～87 倍；修复效应与 SOD 的添加浓度没有明显的量效关系。图中显示，当添加浓度为500U/mL 时细胞存活率始终最低；而在低剂量辐照(≤800Gy)下，1000U/mL 浓度的 SOD处理下的细胞存活率明显高于低浓度 SOD($P<0.01$)处理；随着辐射剂量的增大，1000U/mL SOD 下的细胞存活率与其余两个 SOD 处理组比反而降低。

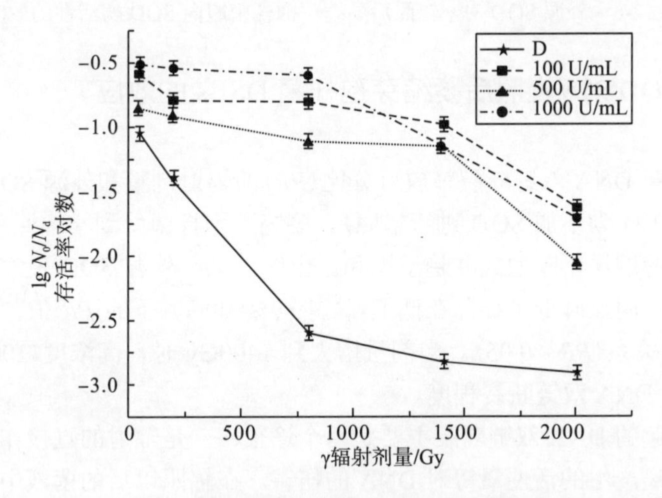

图 12-5　外源 SOD 对 γ 辐照后萎缩芽孢杆菌营养体存活率的影响

N_0 表示剩余细胞数，N_d 表示初始细胞数

12.2.2　外源 SOD 对 γ 辐照后萎缩芽孢杆菌胞内 SOD 酶活性的影响

萎缩芽孢杆菌胞内 SOD 活性随 γ 辐射剂量和外源 SOD 浓度变化的关系见图 12-6(图中 D 为不加 SOD 进行辐照)。由图 12-6 可以看出，γ 辐照导致萎缩芽孢杆菌胞内 SOD酶活性降低，随剂量的增大活性有所上升，可能是由于高剂量下累积的自由基诱导了细胞内 SOD 的分泌，表现出胞内 SOD 酶活性升高。向 γ 辐照后的菌体添加外源 SOD，可以显著提高胞内 SOD 酶活性($P<0.01$)，使胞内 SOD 酶活性随剂量增加呈先升高后降低的趋势。胞内 SOD 酶活性与外源 SOD 浓度无明显的量效关系，它随辐射剂量和添加浓度的变化呈现不同的变化。与存活率变化相反，外源 SOD 浓度为 500U/mL 时胞内 SOD酶活性始终最高。

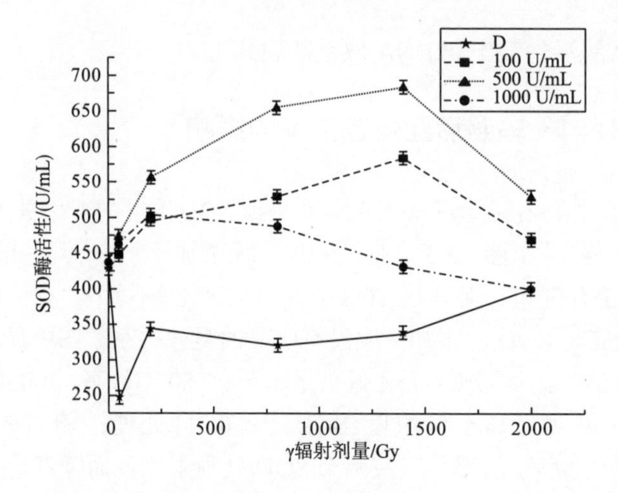

图 12-6 外源 SOD 对 γ 辐照后萎缩芽孢杆菌胞内 SOD 酶活性的效应

12.2.3 外源 SOD 对γ辐照后萎缩芽孢杆菌 DSBs 的效应

萎缩芽孢杆菌 DNA 双链断裂释放百分比(*PR*)随辐射剂量和外源 SOD 浓度的变化关系见图 12-7(图中 D 为不加 SOD 进行辐照)。萎缩芽孢杆菌受到 γ 辐照后，DNA 断裂水平随着辐射剂量的增加不断增大并趋于饱和。由图可见，外源 SOD 没有改变 *PR* 值随剂量的变化规律，但明显降低了样品在低剂量辐照(≤800Gy)下的 *PR* 值，且该效应与外源 SOD 浓度呈量效关系(*PR*<0.05)。当剂量增大到 1400Gy 时，高浓度(1000U/mL)的外源 SOD 反而加剧了 DNA 双链断裂程度。

电离辐射引起的 DNA 双链断裂主要是两个途径：一是辐射的直接作用；二是辐射引起的水等发生电离产生的活性氧等对 DNA 的伤害。在辐照以后的菌液中，必然会存在大量的活性氧，SOD 虽然不能进入胞内，但能清除环境中的活性氧，而活性氧是能自由穿透细胞的。因此，SOD 的修复效应可能是由于 SOD 能清除菌液中的活性氧等，避免引起自由基连锁反应，从而保护了细胞免受进一步的伤害，引起 DNA 断裂。

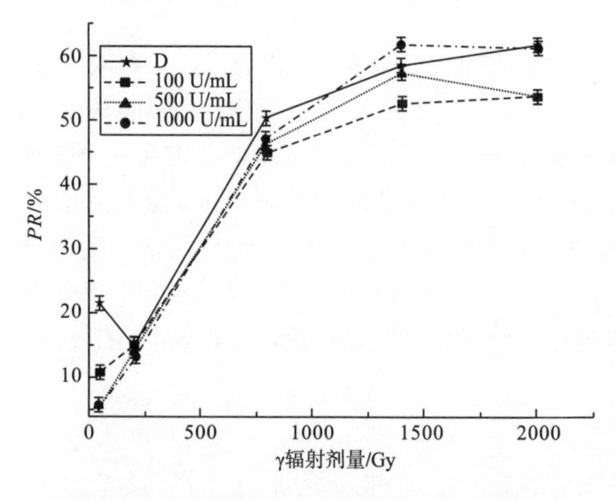

图 12-7 外源 SOD 对 γ 辐照后萎缩芽孢杆菌 DNA 断裂水平的效应

用 50～2000Gy 的γ辐照萎缩芽孢杆菌营养体，细胞存活率随着剂量增大不断下降，存活率曲线呈指数关系；胞内 SOD 酶活性较辐照前降低，且随剂量的增大逐渐上升；细胞 DNA 双链断裂释放百分比 *PR* 值随剂量不断增大并趋于饱和。电离辐射通过直接电离激发和自由基的氧化损伤，改变细胞大分子结构、细胞代谢以及各种生命活动。SOD 具有特异清除超氧阴离子自由基的能力，对比本研究中对照组 1 和对照组 2 的结果发现，在不辐照的情况下添加外源 SOD，可以使细胞存活数提高 1.14～1.51 倍，且具有明显的量效关系(结果未列出)。我们推测，SOD 在清除自由基、提高细胞抗氧化能力的同时，还能够提高细胞自身的修复、促进细胞分裂；但这还需要进一步的验证。

向γ辐照后样品添加不同浓度外源 SOD，可以明显提高细胞的存活率，使胞内 SOD 酶活性显著上升，使细胞 DNA 双链断裂水平明显降低，表明外源 SOD 对γ辐照处理的细胞有较好的照后修复效应。SOD 的修复效应同添加浓度没有明显的量效关系，如图 12-5 和图 12-6 的结果显示，当外源 SOD 浓度为 500U/mL 时，胞内 SOD 酶活性最高，而细胞存活率最低，这可能是外源 SOD 的抗氧化作用与细胞自身修复协同作用的结果。同时，细胞体内存在一套抗氧化酶体系，主要包括 POD、CAT 及 SOD 等，其他还有一系列的抗氧化小分子。这些抗氧化物之间相互作用，其在体内的表达活性也互相制约。

上述结果表明，不同浓度外源 SOD 处理γ辐照后样品，均可使细胞存活率明显提高，胞内 SOD 酶活性升高，细胞 DNA 双链断裂水平显著下降，其修复效应随添加浓度以及辐射剂量的变化而变化。研究结果显示，外源 SOD 在γ辐照中对萎缩芽孢杆菌有较好的修复效应，其修复效果与其浓度以及辐射剂量相关。

12.3　外源 SOD 的保护与修复效应比较

研究辐照前 SOD 的效应发现，γ辐照前添加外源 SOD 可以明显降低 DNA 双链断裂水平，提高细胞存活率。对比本次研究结果发现，γ辐照前添加外源 SOD，可以提高细胞存活率，尤其在 800Gy 和 1400Gy 剂量下存活率提高约 60 倍左右；同时可以降低 DNA 双链断裂水平，且量效关系明显；而γ辐照后添加外源 SOD，同样可以提高细胞存活率，但是存活提高倍数均低于前者，在 800Gy 和 1400Gy 剂量下存活率提高倍数最高为 40 倍左右，且与添加浓度没有量效关系；在低剂量辐照下可以降低 DNA 双链断裂水平，随着剂量增大，高浓度的 SOD 反而加剧 DNA 双链断裂。对于胞内 SOD 酶活性来说，辐照前后添加外源 SOD 使胞内 SOD 酶活性整体低于对照，但没有改变胞内 SOD 随剂量变化的基本规律，量效关系明显；辐照后添加外源 SOD 使胞内 SOD 酶活性明显高于对照，且随剂量增加呈先升高后降低的趋势。我们得出结论：辐照前后添加 SOD 都可以降低 DNA 双链断裂水平，提高细胞存活率；辐照前添加 SOD 使细胞存活率更高，量效关系明显。这两种作用方式具不同的效应，可能主要在于二者不同的作用方式，前者主要在于诱导自由基连锁反应，刺激细胞及其抗氧化酶系统，从而增强细胞的抗氧化能力；而辐照后修复效应则主要是清除辐照过程中产生的大量自由基，减轻自由基对细胞的氧化损伤，从而起到保护细胞的作用。电离辐射的损伤效应是一个复杂的过程，我们还需要结合电离辐射损伤作用和细胞自身修复进行深入的研究。

添加不同浓度外源 SOD 后，γ 射线照射的萎缩芽孢杆菌存活率显著提高，尤其在 800Gy 和 1400Gy 下，存活率约为未辐照样品的 60 倍。添加外源 SOD 后，细胞的 *PR* 值明显低于对照，在剂量小于 1400Gy 时 *PR* 值与外源 SOD 浓度也呈正相关，表明外源 SOD 可减轻 γ 射线对萎缩芽孢杆菌 DNA 双链的损伤，从而使细胞存活率上升。田兵等(2004)的研究结果都证实了抗氧化酶在辐照中对 NDA 的保护效应。

如图 12-4 和图 12-7 所示，样品辐照后的存活率与 DNA 断裂水平的结果表明，在 800Gy 和 1400Gy 处，细胞存活率上升最大，同时 DNA 的 *PR* 值也最低，进一步证实了 DNA 双链断裂水平在某种程度上决定了细胞存活率。研究表明，添加外源 SOD 具有较好的电离辐射保护效应，这为 SOD 保护效应机制研究提供了新的生物学证据。

外源 SOD 对细胞的刺激保护效应在于诱导自由基连锁反应，刺激了细胞抗氧化酶系统，从而减轻了辐照中自由基对细胞膜和 DNA 等大分子的氧化损伤，提高了细胞存活率。但对于外源 SOD 对抗氧化体系的刺激诱导途径，以及外源 SOD 对整个抗氧化酶系统的效应还需要做进一步的研究。

电离辐射可以引起 DNA 多种形式的改变，DSBs 是损伤中常见和重要的形式，其中非修复性的 DSBs 被认为是辐照损伤细胞最重要的原发事件。Dahm-Daphi 等(1994)认为，随着辐射剂量的增大 DNA 双链断裂加剧，其修复所需的时间也增长；但细胞修复在照后 15h 就基本完成，照后 24h 剩余的 DSBs 就可以认为是不可修复的 DSBs。多数研究者认为非修复性的 DSBs 可能与细胞致死有极其密切的关系。形成不可修复的 DSBs 可能是因为细胞本身的性质和入射粒子的电离特性。

第13章　强辐射灭菌生物安全性初步研究

机体的电离辐射耐受性和敏感性是一种物质的两个方面。要认识这个问题，可以从机体的生化作用与生理现象来分析。即使是很简单的生物也含有成千上万的各种物质。生物对外来的刺激，很可能由于一种或几种物质的存在而表现有抵抗力。应该设想，对辐射敏感的生物如补充这类物质，就可能会获得抗性。

生物的种类不同，辐射敏感性也不同。同一辐射剂量的不同的生物效应或产生同一效应，但反应发生的时间、速度、程度和后果各有不同；一个机体内的不同组织、器官，不同类型的细胞和细胞结构的辐射敏感性也有很大的差别(白玉书等，1998)。

目前对辐射的研究主要集中在对真核生物的研究，主要是针对肿瘤细胞和生物的不同组织、器官和不同发育时期的细胞。早反应组织辐射损伤修复在放疗后数月内完成，能够耐受疗程足量放疗；晚反应组织对放射损伤的修复差异较大，心、膀胱和肾无辐射损伤的修复，皮肤、黏膜、肺和脊髓对亚致死性损伤的修复取决于照射剂量、视野大小、二次照射的间隔时间和器官类型等。

辐射耐受细胞的来源主要有两种假说：“细胞亚群的放射筛选”学说和“细胞的辐射致突变”学说。“细胞亚群的放射筛选”学说认为，同一细胞群中存在着放射敏感性不同的细胞亚群，即使是单细胞起源的细胞在内外环境的不断作用下，也会表现出明显的异质性。在具有异质性的细胞群中，辐射选择性地杀死了放射敏感的细胞亚群，而放射相对抗拒的细胞存活并发生增殖，从而使其放射后的存活后代具有了辐射耐受性，成为辐射耐受的原因。“细胞的辐射致突变”学说认为，辐照过程中射线杀灭了部分细胞，同时也诱发了部分细胞的突变，突变的那部分细胞获得了辐射耐受性，从而得以存活、增殖。

通过前面的研究得知，中子和γ射线是灭菌的一种有效手段。但从研究结果可以看出，不同剂量的中子和γ射线处理芽孢杆菌后，一般总有不同数量的菌株能存活下来。对于这些存活下来的微生物，它们是否会产生辐射耐受性，以致对我们的环境和再次进行辐射灭菌产生威胁；它们的生物毒性是否会发生变化，以致对我们的环境产生威胁；辐射剂量、辐射方式等是否对耐辐射性及毒性产生影响。这是我们需要考虑的问题。本章主要考察不同辐照源、不同辐射剂量及方式对萎缩芽孢杆菌辐射耐受性及萎缩芽孢杆菌毒性的变化情况。

13.1　芽孢杆菌的辐射耐受性变化

萎缩芽孢杆菌 ATCC 9372，购于中国普通微生物菌种保藏中心，培养于营养肉汁培养基上。按辐射剂量低、中、高原则，分别从 80Gy、800Gy、2000Gy、20000Gy 一次中子辐照后存活平板中随机挑取三个菌落，分别记为菌落 1、菌落 2 和菌落 3，进行斜面扩大，于 37℃恒温培养箱中培养。待培养 7～8d 进行芽孢染色检测芽孢率。

按辐射剂量低、中、高原则，分别采用 200Gy、400Gy、1000Gy 对样品进行二次中子辐照。采用低剂量 1000Gy、中剂量 2000Gy 和高剂量 5000Gy γ 射线对样品进行二次辐照。

将辐射后的样品作倍比稀释到适当的浓度(通常做两个稀释度)后取 100μL 涂平板(每个稀释度涂 3 个平板)，然后将平板放入 37℃恒温培养箱培养 48h 后记数。以平板菌落数为 30～300 个为有效数据。

13.1.1 中子二次辐射剂量对芽孢辐射耐受性的影响

表 13-1 为不同一次中子辐照后，存活的枯草杆菌芽孢样品经过 200Gy、400Gy 和 1000Gy 中子二次辐射后的平均存活率。

表 13-1 芽孢经中子二次辐照后的平均存活率

一次中子辐射剂量/Gy	二次中子辐射剂量/Gy		
	200	400	1000
80	2.29×10^{-2}	5.85×10^{-4}	1.20×10^{-8}
800	$4.66\times10^{1*}$	$2.24\times10^{-1*}$	3.67×10^{-4}
2000	4.51×10^{-2}	4.46×10^{-4}	4.05×10^{-6}
20000	8.01×10^{-4}	3.17×10^{-4}	4.37×10^{-8}
原菌	5.15×10^{-1}	2.28×10^{-2}	4.80×10^{-3}

由表 13-1 数据可以看出，采用不同剂量的二次中子辐照，与原菌相比，除表中“*”标注外，其余菌落均较原菌对中子敏感，致死率高；一次中子剂量对二次辐照效果未见明显影响规律；在中子一次辐射剂量为 800Gy 时，发现有一菌落对二次中子辐照灭菌呈现耐受性，表现在二次中子辐射剂量为 200Gy 和 400Gy 时，该菌落的存活率远高于原菌和其他辐照菌落。但在高剂量 1000 Gy 时，该菌落与原菌相比呈现出对中子辐照的敏感性。这说明中子辐照有可能诱导出耐辐射菌落，但该菌落仅对低剂量表现出耐受性，而对高剂量并不耐受。

13.1.2 γ 射线二次辐射剂量对芽孢辐射耐受性的影响

表 13-2 为不同一次剂量中子辐照后，存活的枯草杆菌芽孢样品经过 1000Gy、2000Gy、5000Gy γ 射线二次辐照后平均存活率。

表 13-2　芽孢经 γ 射线二次辐照平均存活率

一次中子辐射剂量/ Gy	二次 γ 辐射剂量/Gy		
	1000	2000	5000
80	0.41×10^{-2}	0.14×10^{-2}	0.12×10^{-4}
800	2.47×10^{-2}	1.15×10^{-2}	0.90×10^{-4}
2000	0.64×10^{-2}	0.25×10^{-3}	0.71×10^{-5}
20000	0.76×10^{-2}	0.60×10^{-3}	0.39×10^{-4}
原菌	3.36×10^{-1}	2.12×10^{-1}	5.28×10^{-2}

由表 13-2 数据看出，进行二次 γ 射线辐照，一次辐照后的菌体样品与原菌相比，其存活率都大大降低，表现出对二次辐照的敏感性。一次中子辐射剂量对二次 γ 射线辐照的灭菌影响也未见明显规律。

通过对萎缩芽孢杆菌进行二次辐射研究发现，采用中子一次辐照后，芽孢对二次中子辐照产生耐受性和敏感性的可能同时存在。在中子一次辐射剂量为 800Gy 时，发现了一个菌落对低剂量(200Gy、400Gy)二次中子辐照产生耐受性，但对高剂量(1000Gy)中子辐照和 γ 射线辐照并不产生耐受性。中子一次辐照的剂量对中子二次辐照和 γ 射线二次辐照对灭菌的影响并没有发现明显的影响。而其余一次中子辐照后的存活芽孢均对中子二次辐照和 γ 射线二次辐照表现为敏感性。这说明无论通过低剂量(80Gy)还是高剂量(20000Gy)中子一次辐射后，能显著提高中子和 γ 射线二次辐照杀死芽孢的能力。中子辐照灭菌就生物辐照耐受性来说是安全的。

目前对中子二次辐射的研究，主要是针对真核生物，应用于肿瘤的二次放疗。马琳等(2006)在不同剂量电离辐射对大肠癌细胞株 HCT-8 的阿霉素敏感性的研究中得出结果：与假照射组相比，2.0Gy 大剂量照射组及 0.2Gy+2.0Gy 组照射后，HCT-8 细胞存活率明显降低($P<0.05$)；先给予低剂量照射(0.05Gy、0.1Gy)后，再给予大剂量照射，HCT-8 细胞存活率降低更明显($P<0.01$)；与单纯 2.0Gy 大剂量照射组比较，0.1Gy+2.0Gy 组 HCT-8 细胞存活率明显降低($P<0.05$)。得出结论：先给予低剂量照射(0.1Gy)后，再给予大剂量照射，可提高大肠癌多药耐药细胞株 HCT-8 对阿霉素的敏感性。

骆志国等(2006)经 7 个月辐射诱导得到了一个放射敏感性不同于亲本细胞株 Hep22R 细胞株，并已稳定传 30 代以上且辐射耐受性能稳定。Hep22R 细胞形态及染色体数目发生了改变，群体倍增时间较亲本细胞延长。因此，通过辐射诱导可以从 Hep22 细胞株得到辐射耐受细胞株 Hep22R，这种相同背景、不同放射敏感细胞株为进一步研究放射敏感性的分子机制提供了一个良好对比模型。

综上所述，我们知道，无论是真核生物还是原核生物，采用电离辐射都有诱导细胞产生辐照耐受性和敏感性的可能。

13.2 辐照后的萎缩芽孢杆菌毒性变化

对于接受了中子以及γ射线照射后产生的变异菌株，采用平板透明圈方法初、复筛选变异菌株，得到了酶活性较高的一些变异菌株。从中选出7株菌株，分别是接受了中子一次辐射的2.6.1(1)组和4.2.1(1)组，接受了中子二次辐射的2.6.1(2)组和4.2.1(2)组，以及接受了γ射线照射的1.3组、1.5组、2.2组，见表13-3。

表13-3 不同处理的菌株

序号	辐射剂量/Gy	辐照种类	辐照次数
2.6.1(1)	800	中子	1
4.2.1(1)	20000	中子	1
2.6.1(2)	1000	中子	2
4.2.1(2)	1000	中子	2
1.3	400	γ射线	1
1.5	2000	γ射线	1
2.2	4000	γ射线	1

对这7个不同的菌种分别进行平板扩大培养，于37℃恒温培养箱中培养。待培养7～8d进行芽孢染色检测芽孢率。样品的制备同第9章。样品离心后以生理盐水调整芽孢浓度为2×10^{13}CFU/mL。同时设原菌为对照菌组。

初生小鼠饲养10～15d，待小鼠基本适应环境以后，开始准备实验。处理组共有7组，每组12只小鼠，雌雄各半，对小鼠进行随机分组。在对小鼠进行腹腔注射之前，先对其禁食6h，禁水4h。待禁食、禁水完毕之后，对小鼠进行体重的称量，作为小鼠的初始体重。称量完后，按照0.4mL/20g的比例，将注射液通过腹腔注射的方法注入小鼠体内。同时设生理盐水对照组和原菌对照组。

每天对对照组和处理组的小鼠进行称重，称量时间与第一次实验的时间一致。在对小鼠称量之前，应该先对小鼠进行禁食6h、禁水4h的处理。待禁食、禁水完毕之后，才可以对小鼠进行体重的称量。待实验进行到第7d的时候，对每组小鼠处死一半。在解剖小鼠之前也要进行禁食6h、禁水4h的处理。待禁食、禁水完毕之后，对小鼠进行称重，解剖小鼠取其肝脏、脾脏进行称量。在称量前先观察小鼠的脏器颜色有无明显的变化。观察完后立刻用滤纸将其表面多余的水分吸去，再对各个脏器进行称量。通过脏器与体重的称量数据，计算出脏器系数。计算公式为

$$脏器系数=脏器质量 / 体质量\times100\% \quad (13-1)$$

待实验进行到第14d的时候处死剩余的所有老鼠，按同样的方法进行处理。

13.2.1　对照组各指标情况

对于萎缩芽孢杆菌经过辐射以后的毒性变化研究，主要通过对体重、肝脏质量、脾脏质量、肝脏系数、脾脏系数这几个方面来观察。对照组各指标见图 13-1、表 13-4 和表 13-5。从上述图表中可看出，原菌与生理盐水对照组相比较，各指标没有明显的差异，说明原菌对小白鼠是安全的。

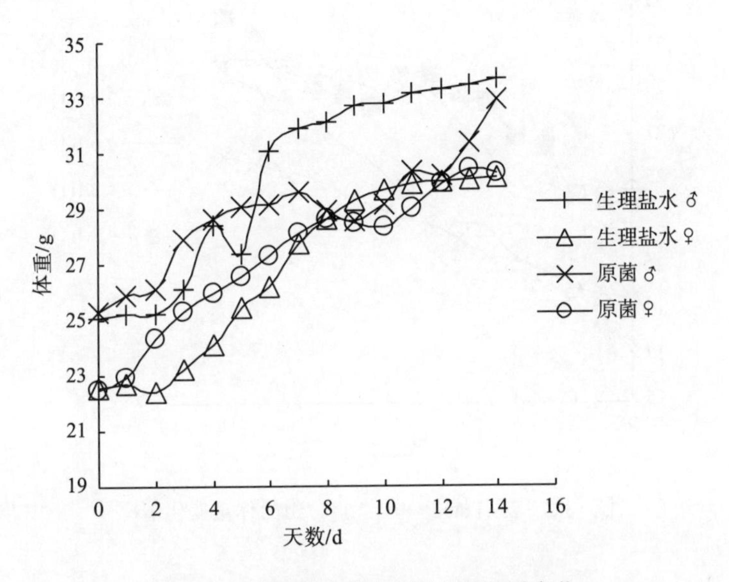

图 13-1　生理盐水组与原菌组的体重变化

表 13-4　生理盐水组肝脏质量、肝脏系数、脾脏质量、脾脏系数变化情况

时间/d	性别	始重/g	终重/g	肝脏/g	肝脏系数	脾脏/g	脾脏系数
7	♂	25.10±0.88	31.87±0.99	1.99±0.09	0.062±0.003	0.20±0.02	0.006±0.001
	♀	22.56±0.33	27.73±0.32	1.80±0.04	0.065±0.002	0.20±0.02	0.007±0.001
14	♂	25.10±0.88	33.67±0.75	2.15±0.12	0.064±0.004	0.20±0.01	0.006±0.001
	♀	22.56±0.33	30.13±0.74	1.96±0.08	0.065±0.002	0.20±0.01	0.007±0.001

表 13-5　原菌组的肝脏质量、肝脏系数、脾脏质量、脾脏系数变化情况

时间/d	性别	始重/g	终重/g	肝脏/g	肝脏系数	脾脏/g	脾脏系数
7	♂	25.33±0.45	29.56±0.86	1.88±0.04	0.064±0.002	0.19±0.01	0.006±0.002
	♀	22.46±0.78	28.11±0.76	1.96±0.14	0.069±0.003	0.20±0.01	0.007±0.001
14	♂	25.33±0.45	32.96±0.77	2.06±0.12	0.063±0.004	0.19±0.01	0.006±0.001
	♀	22.46±0.78	30.25±0.81	1.92±0.06	0.063±0.002	0.20±0.02	0.006±0.001

13.2.2 不同剂量的中子辐照对萎缩芽孢杆菌毒性影响

萎缩芽孢杆菌通过低剂量与高剂量的中子辐照，得到了不同的变异体。对其进行毒性分析，结果见图 13-2、表 13-6 和表 13-7。

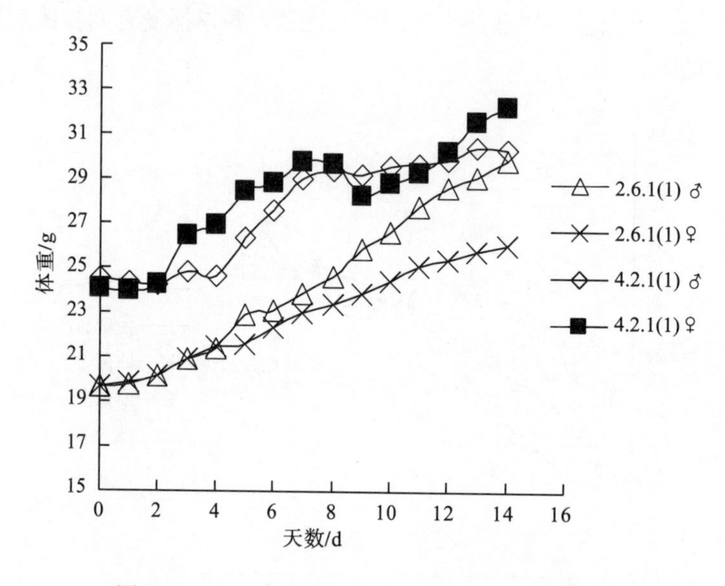

图 13-2 2.6.1(1)组和 4.2.1(1)组的体重变化情况

表 13-6 2.6.1(1)组的肝脏质量、肝脏系数、脾脏质量、脾脏系数变化情况

时间/d	性别	始重/g	终重/g	肝脏/g	肝脏系数	脾脏/g	脾脏系数
7	♂	19.66±1.23	23.85±0.43	1.46±0.04	0.061±0.003	0.16±0.02	0.007±0.002
	♀	19.70±0.98	23.03±0.96	1.46±0.07	0.063±0.002	0.16±0.01	0.007±0.001
14	♂	19.66±1.23	29.84±0.36	1.86±0.10	0.062±0.001	0.18±0.01	0.006±0.001
	♀	19.70±0.98	26.03±0.88	1.73±0.07	0.066±0.002	0.16±0.01	0.006±0.001

表 13-7 4.2.1(1)组的肝脏质量、肝脏系数、脾脏质量、脾脏系数变化情况

时间/d	性别	始重/g	终重/g	肝脏/g	肝脏系数	脾脏/g	脾脏系数
7	♂	24.55±0.77	29.04±0.95	1.94±0.05	0.067±0.003	0.22±0.01	0.007±0.001
	♀	24.06±1.03	29.73±1.57	1.83±0.06	0.062±0.001	0.20±0.01	0.007±0.001
14	♂	24.55±0.77	30.37±0.77	2.02±0.14	0.066±0.002	0.21±0.01	0.007±0.001
	♀	24.06±1.03	32.20±1.11	2.12±0.06	0.067±0.003	0.20±0.01	0.006±0.001

通过 2.6.1(1)低剂量辐射的萎缩芽孢杆菌组和 4.6.1(1)高剂量辐射组与生理盐水对照组和原菌对照组的数据上看，经过高、低剂量中子辐射的萎缩芽孢杆菌对老鼠的体重和肝脏质量、脾脏质量、肝脏系数、脾脏系数都没有发现明显的影响。

13.2.3　中子二次辐射对萎缩芽孢杆菌毒性影响

将经过第一次中子辐照的 2.6.1(1)组和 4.2.1(1)组再经过一次中子辐照，记做 2.6.1(2)组和 4.2.1(2)组。通过前后两次的中子辐照，观察再经过一次辐照萎缩芽孢杆菌毒性上的变化。结果见图 13-3、表 13-8 和表 13-9。

同样的，从中子二次辐照的 2.6.1(2)组和 4.2.1(2)组与生理盐水对照组和原菌对照组的数据上看，经过中子二次辐照的萎缩芽孢杆菌对老鼠的体重和肝脏质量、脾脏质量、肝脏系数、脾脏系数都没有发现明显的影响。

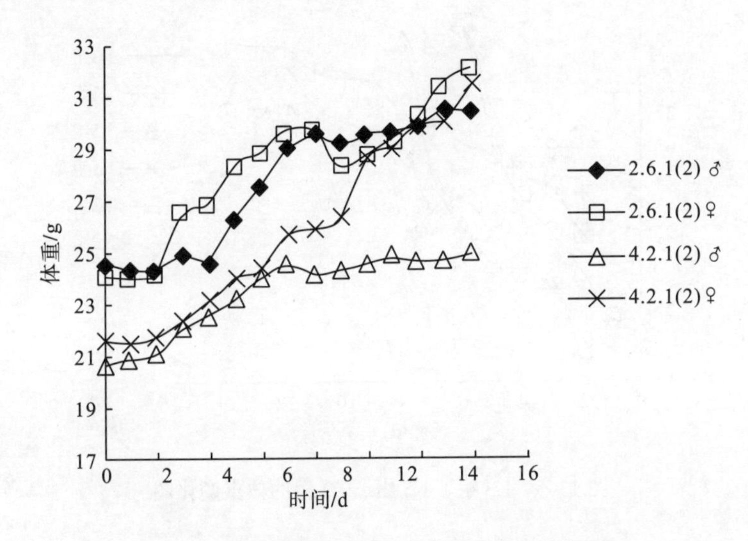

图 13-3　2.6.1(2)组和 4.2.1(2)组的体重变化比较

表 13-8　2.6.1(2)组的肝脏质量、肝脏系数、脾脏质量、脾脏系数变化情况

时间/d	性别	始重/g	终重/g	肝脏/g	肝脏系数	脾脏/g	脾脏系数
7	♂	19.25±1.05	22.65±0.75	1.50±0.04	0.066±0.001	0.15±0.01	0.007±0.001
	♀	19.26±0.68	23.03±0.96	1.36±0.06	0.059±0.003	0.16±0.01	0.007±0.001
14	♂	19.25±1.05	28.73±2.52	1.98±0.04	0.069±0.003	0.19±0.02	0.007±0.001
	♀	19.26±0.68	29.07±0.51	2.01±0.05	0.069±0.002	0.19±0.01	0.007±0.001

表 13-9　4.2.1(2)组的肝脏质量、肝脏系数、脾脏质量、脾脏系数变化情况

时间/d	性别	始重/g	终重/g	肝脏/g	肝脏系数	脾脏/g	脾脏系数
7	♂	20.55±0.87	24.49±0.57	1.58±0.03	0.065±0.001	0.16±0.01	0.007±0.001
	♀	21.56±0.89	25.64±1.25	1.65±0.04	0.064±0.002	0.16±0.01	0.006±0.001
14	♂	20.55±0.87	24.88±0.52	1.60±0.05	0.064±0.004	0.16±0.01	0.006±0.001
	♀	21.56±0.89	31.46±0.94	1.89±0.09	0.060±0.001	0.19±0.01	0.006±0.001

13.2.4 低、中、高不同剂量的γ射线辐射对萎缩芽孢杆菌的毒性影响

将萎缩芽孢杆菌经过不同剂量的γ射线照射，得到了低、中、高不同剂量下的变异菌株，记作1.3组、1.5组、2.2组。观察不同剂量γ射线对萎缩芽孢杆菌毒性的影响。结果见图13-4、表13-10～表13-12。

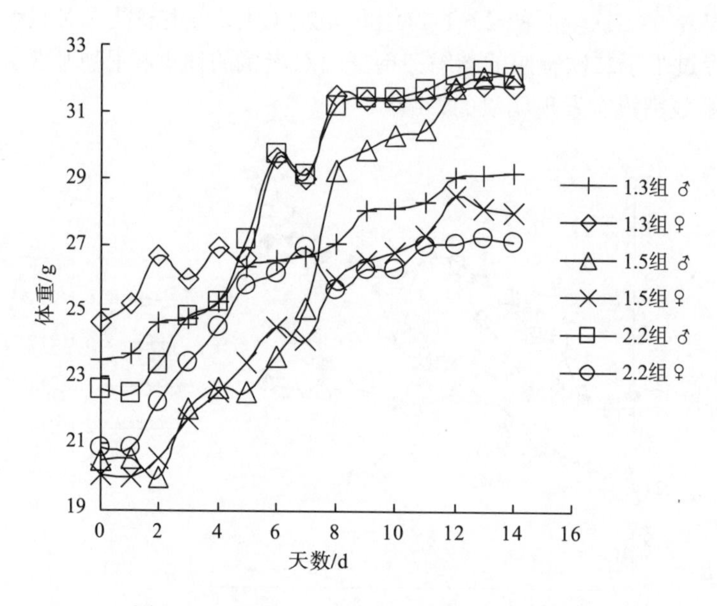

图13-4 1.3组、1.5组、2.2组的体重变化图

表13-10 1.3组的肝脏质量、肝脏系数、脾脏质量、脾脏系数变化情况

时间/d	性别	始重/g	终重/g	肝脏/g	肝脏系数	脾脏/g	脾脏系数
7	♂	23.50±0.53	26.69±0.37	1.78±0.09	0.067±0.004	0.19±0.02	0.007±0.001
	♀	24.66±0.55	29.01±0.43	1.94±0.11	0.067±0.003	0.19±0.01	0.006±0.002
14	♂	23.50±0.53	29.20±1.56	1.79±0.05	0.061±0.004	0.19±0.01	0.006±0.001
	♀	24.66±0.55	31.73±0.95	1.97±0.03	0.062±0.001	0.18±0.01	0.007±0.001

表13-11 1.5组的肝脏质量、肝脏系数、脾脏质量、脾脏系数变化情况

时间/d	性别	始重/g	终重/g	肝脏/g	肝脏系数	脾脏/g	脾脏系数
7	♂	20.50±0.87	25.06±1.98	1.50±0.04	0.060±0.003	0.18±0.02	0.007±0.001
	♀	20.05±0.88	24.14±1.95	1.50±0.06	0.062±0.004	0.18±0.01	0.007±0.001
14	♂	20.50±0.87	32.11±0.83	1.96±0.07	0.061±0.002	0.19±0.01	0.007±0.001
	♀	20.05±0.88	27.95±2.98	1.86±0.10	0.067±0.001	0.20±0.01	0.007±0.001

表 13-12　2.2 组的肝脏质量、肝脏系数、脾脏质量、脾脏系数变化情况

时间/d	性别	始重/g	终重/g	肝脏/g	肝脏系数	脾脏/g	脾脏系数
7	♂	22.66±1.33	29.09±0.91	1.76±0.06	0.061±0.001	0.20±0.01	0.007±0.002
	♀	20.86±0.13	26.94±1.58	1.73±0.04	0.064±0.002	0.19±0.02	0.007±0.001
14	♂	22.66±1.33	32.08±1.76	1.97±0.11	0.061±0.003	0.19±0.01	0.006±0.001
	♀	20.86±0.13	27.13±0.31	1.88±0.08	0.069±0.001	0.20±0.01	0.007±0.001

同样的，从低、中、高不同剂量的 γ 射线辐射后的 1.3 组、1.5 组、2.2 组，与生理盐水对照组和原菌对照组的数据上看，经过不同剂量 γ 射线辐射后的萎缩芽孢杆菌对小白鼠的体重和肝脏质量、脾脏质量、肝脏系数、脾脏系数都没有发现明显的影响(表 13-10～表 13-12)。

综上结果可看出，从小白鼠的体重和肝脏质量、脾脏质量、肝脏系数、脾脏系数等指标来分析，萎缩芽孢杆菌原菌对小白鼠是安全的。而经过不同剂量的中子辐照、中子二次辐照和不同剂量的 γ 射线辐照，对萎缩芽孢杆菌的毒性都没有发现任何明显的影响，这初步说明中子和 γ 射线辐照萎缩芽孢杆菌在毒性方面是安全的。

第 14 章　功能微生物辐射诱变育种技术

在诱变育种研究中，X 射线、γ 射线、α 射线、β 射线和中子等都是人们常用的电离辐射源。电离辐射作用于生物体时，首先从细胞中各种物质的原子或分子的外层击出电子，引起这些物质的原子或分子的电离和激发。当细胞内的染色体或 DNA 分子在射线的作用下产生电离和激发时，它们的结构就会改变，这是电离辐射的直接作用。此外，电离辐射的能量可以被细胞内大量的水吸收，使水电离，产生各种游离基团，游离基团作用于 DNA 分子，也会引起 DNA 分子结构的改变。

中子辐射往往产生致密电离，释放出大量能量，对各种生物活性分子造成不可修复的损伤。γ 射线是原子衰变裂解时放出的射线之一，此种电磁波波长很短，穿透力很强，又携带高能量，能使生物染色体断裂而发生基因易位、倒位或缺失等结构变化，并对各种生物大分子造成不可修复的损伤，常用于诱变育种研究。近年来，随着离子束研究的深入，离子束的辐射诱变育种研究及其应用在我国开展得十分广泛。对于产量性状的诱变育种，凡在提高诱变率的基础上，既能扩大变异幅度，又能促使变异向有用性状变异的剂量和方式，被认为是合适的诱变育种处理手段(陈晓明等，2008b)。

木聚糖是最常见的半纤维素组分，是被子植物(阔叶木和禾本科)原料半纤维素的主要成分。木聚糖是由主链为 *β*-D-吡喃型木糖残基通过 *β*-1,4-糖苷键连接而成的多聚糖。木聚糖酶是降解木聚糖的主要酶，它是戊聚糖酶的一种，是一类可以将木聚糖降解成低聚木糖和木糖的复合酶系。木聚糖酶能够以内切方式切断木聚糖链中的 *β*-1,4-糖苷键产生低聚合度的木聚糖或木寡糖。它具有多样性(可分为特异性木聚糖酶和非特异性木聚糖酶，或是低分子量木聚糖酶和高分子木聚糖酶等)、催化特性(保持异头构型的两步置换反应机制以及形成倒位异头构型的一步置换反应)、诱导特性(木聚糖酶的诱导合成可以通过避免诱导物快速分解和接触代谢阻遏等方式进行)等多种特性。木聚糖酶来源广泛，可以从植物中提取，也可以微生物发酵获得，多种微生物(细菌、链霉菌、青霉、木霉等)都可以生产木聚糖酶。

短小芽孢杆菌可以生产耐碱木聚糖酶、碱性蛋白酶等，也可作为基因工程受体菌。国内有关木聚糖酶产生菌的报道较多，其中真菌(如黑曲霉)的研究居多，而细菌类研究较少。较真菌所产木聚糖酶而言，细菌产酶有很多优点：细菌所产木聚糖酶普遍偏碱性，具有更好的热稳定性和酶解效率。作为新一代酶制剂，细菌性木聚糖酶必将得到更为广泛的应用，因此对细菌性木聚糖酶进行理论和应用方面的研究是很有意义的。其中，芽孢杆菌是一类分布广泛、遗传稳定、营养要求低、生长速度快的微生物。因此，利用芽孢杆菌产木聚糖酶更具潜力。

纤维素是植物细胞壁的主要成分，广泛而大量地存在于自然界中，是一类地球上最大量可再生的能源物质，其总产量占地球植物干重的 1/3～1/2。但到目前为止，这些纤维素能源仍未得到很好的处理和利用。因此，纤维素分解的研究对减轻废弃物对环境的压力和纤维素资源的开发利用具有重要的意义。纤维素酶的真菌性来源非常广泛。目前研究和生产中采用的菌种大多是木霉、曲霉和青霉等。能分解纤维素的细菌，如纤维黏菌及纤维杆菌等，也能分泌纤维素酶。但因为细菌分泌的纤维素酶量少，所以很少用细菌作为纤维素酶的生产菌种。

淀粉酶是水解淀粉和糖原酶类的总称，广泛存在于动植物和微生物中。在当今生物工艺学中，淀粉酶是最重要的一类酶，也是最早实现工业生产并且迄今为止用途最广、产量最大的酶制剂品种。淀粉酶作为工业酶制剂的重要组成部分，占了酶制剂市场的约 25%份额。淀粉酶被应用到很多工业中，如食品、发酵、纺织、造纸业、制药业和化学药品工业等，其应用还扩展到其他领域，如临床、医学、分析化学等。*Bacillus* 被认为是生产 α-淀粉酶的最重要的生产菌株。

萎缩芽孢杆菌细胞的外围结构比较简单，由质膜和一层厚的肽聚糖组成，其产生的许多酶可以分泌到细胞外，是工业发酵的重要菌种之一。除了纤维素酶之外，枯草杆菌可以生产蛋白酶、淀粉酶和脂肪酶，同时还具有其他降解复杂碳水化合物的酶，如果胶、葡聚糖等酶，其中很多酶是哺乳动物和禽类不具有的酶，并且能产生过氧化氢、细菌素等抑制物质，具有很好的抑制有毒菌作用。萎缩芽孢杆菌的一些菌株在国外已登记为生物杀菌剂，用于防治白粉病、灰霉病、文枯病、菌核病等多种气传和土传真菌病害。由于萎缩芽孢杆菌具有产酶量高、种类多、安全性好、环保等优点，在现代工业生产中被广泛应用，其发酵生产的酶在食品、饲料、医药等领域均发挥着十分重要的作用。

本章通过研究快中子和 γ 射线辐照对短小芽孢杆菌产木聚糖酶和萎缩芽孢杆菌产纤维素酶和淀粉酶的影响，探讨辐射诱变育种的最佳辐射剂量及辐照方式。通过快中子、γ 辐照和脉冲 X 射线辐照诱变，分别获得了高产纤维素酶和高产淀粉酶的萎缩芽孢杆菌，高产葡聚糖酶的短小芽孢杆菌，高辐照耐受性的萎缩芽孢杆菌，高锶耐受性的酵母菌。

14.1　中子辐照对短小芽孢杆菌产木聚糖酶的影响

木聚糖酶活性的鉴定：将辐照后的样品作倍比稀释到适当的浓度(以每个平板长出 10 个左右菌落为宜)，后取 100μL 涂于半纤维素琼脂培养基平板中，每个稀释度涂 3 个平板，将平板放入 37℃恒温培养箱培养 48h 后作产酶活性鉴定，分别测量菌落直径和透明圈直径。

采用剂量为 80Gy、800Gy、2000Gy、40000Gy 的中子辐照短小芽孢杆菌。通过表 14-1 可以看出，随着辐射剂量的增大，菌落的平均直径和最大直径都逐渐增大，到剂量为 2000Gy 时出现一个最大值，菌落最大直径达到 5.28mm。当剂量增加到 40000Gy 时，尽管菌落的直径没有继续增大，出现了减小的现象，却仍然大于原菌直径。根据表 14-1 中的数据还可看出，经过不同剂量辐射后，菌落的产酶能力都有所增强，这点从透明圈平均直径以及 H/C(透明圈直径与菌落直径的比值)平均值都能体现出来。在剂量为 80Gy 时更是出现最大值，透明圈平均直径达到 18.26mm，H/C 平均值达到 4.98，透明圈最大直径及 H/C 的最大值也出现在这个剂量下，透明圈最大直径达到 20.60mm，H/C 最大值达到 6.34。综合表 14-1 中的数据分析，虽然菌落的最大直径出现在辐射剂量为 2000Gy 时，但对于提高短小芽孢杆菌产木聚糖酶能力而言，显然，剂量率为 7.4Gy/min，剂量为 800Gy 的辐射条件才是最有利的条件。

表 14-1 中子辐射对短小芽孢杆菌产木聚糖酶作用

序号	中子剂量/Gy	菌落平均直径/mm	菌落最大直径/mm	透明圈平均直径/mm	透明圈最大直径/mm	H/C 平均值	H/C 最大值
对照	0	3.20	3.90	12.33	15.94	3.89	4.96
1.1	80	2.84	4.12	12.96	15.14	4.72	5.92
1.4	800	3.77	4.96	18.26	20.60	4.98	6.34
1.5	2000	4.14	5.28	16.36	16.90	4.07	5.43
4.3	40000	3.35	3.94	13.91	15.40	4.19	4.84

根据木聚糖酶的广阔市场前景进行的筛选高产木聚糖酶变异菌株具有相当重要的意义。利用经过辐射的短小芽孢杆菌有可能出现高产木聚糖酶变异菌种这一点，使用 CFBR-Ⅱ快中子脉冲堆对其进行辐射，通过平皿生化反应中的透明圈法，利用自制木聚糖作为唯一碳源对其进行初筛与复筛。以菌落直径最大，透明圈直径最大，H/C 值最大为标准，最终选出了 3 个优良菌株。经发酵培养后，运用 DNS 法对其进行酶活性测定，其酶活性分别为 4.00U/mL、2.80U/mL、3.87U/mL，最适酶反应条件为 80℃和 70℃，pH 为 6.0, 证明筛选出的是产酶能力较高且属于耐高温酶的高产菌株。

14.2 γ 射线和中子辐照对萎缩芽孢杆菌产纤维素酶的影响

14.2.1 γ 射线辐照萎缩芽孢杆菌产纤维素酶的变异

纤维素酶活性的鉴定：将辐照后的样品作倍比稀释到适当的浓度(以每个平板长出 10 个左右菌落为宜)，后取 100μL 涂于纤维素-刚果红筛选培养基平板中，每个稀释度涂 3 个平板，然后将平板放入 37℃恒温培养箱培养 48h 后作产酶活性鉴定，分别测量菌落直径和透明圈直径。

表 14-2 为 γ 射线辐射萎缩芽孢杆菌，辐射前后纤维素酶透明圈直径、菌落直径及 H/C 值的变化。

表 14-2 γ 射线辐照对萎缩芽孢杆菌产纤维素酶的影响

序号	γ 剂量/Gy	菌落平均直径/mm	菌落最大值径/mm	透明圈平均直径/mm	透明圈最大直径/mm	H/C 平均值	H/C 最大值
对照	0	3.76	3.78	12.34	14.16	3.32	4.19

续表

序号	γ 剂量/Gy	菌落平均直径/mm	菌落最大值径/mm	透明圈平均直径/mm	透明圈最大直径/mm	H/C 平均值	H/C 最大值
1.1	80	3.32	3.56	11.33	13.25	3.49	4.88
1.2	200	3.21	4.70	12.02	14.49	3.83	4.56
1.3	400	3.26	3.92	12.82	15.95	3.97	4.76
1.4	800	3.23	3.89	12.23	14.15	3.87	4.87
1.5	2000	3.55	4.30	12.96	14.82	3.68	4.91
1.6	4000	3.15	3.66	13.67	15.34	4.37	5.15

从表 14-2 可看出，不同剂量 80Gy、200Gy、400Gy、800Gy、2000Gy、4000Gy 的 γ 射线辐照后的菌落平均直径大小几乎一样，并且都小于未经辐照的菌落平均直径。80Gy 的 γ 射线辐照后的透明圈平均直径明显小于未经辐照的透明圈平均直径，200Gy、400Gy、800Gy 的 γ 射线辐照后的透明圈平均直径和未经辐照的透明圈平均直径大小相近，而 2000Gy、4000Gy 的 γ 射线辐照后的透明圈平均直径则明显高于未经辐照的透明圈平均直径。辐照后的 H/C 值都大于未经辐照的 H/C 值。4000Gy 的 γ 射线辐照后的菌落平均直径为 3.15mm，小于其他剂量辐射后的菌落平均直径，但其透明圈平均直径达到 13.67mm，大于其他剂量辐照后的透明圈平均直径，透明圈最大直径为 15.34mm，只低于 400Gy 的 γ 射线辐照后的透明圈最大直径 15.95mm，高于其他剂量辐射后的透明圈最大直径，它的 H/C 平均值和 H/C 最大值分别为 4.37 和 5.15，均高于其他剂量辐射后菌落的 H/C 平均值和 H/C 最大值。综合分析后，剂量为 4000Gy 的 γ 射线辐照萎缩芽孢杆菌，菌落最大直径为 3.66mm，透明圈最大直径能达到 15.34mm，H/C 最大值能达到 5.15，在此条件下能够得到比较理想的高产纤维素酶菌株。

14.2.2　中子辐照萎缩芽孢杆菌产纤维素酶的变异

采用剂量为 80Gy、800Gy、2000Gy、20000Gy 的中子对萎缩芽孢杆菌进行辐照，结果见表 14-3。

表 14-3　中子辐射对萎缩芽孢杆菌产纤维素酶影响

序号	中子剂量/Gy	菌落平均直径/mm	菌落最大直径/mm	透明圈平均直径/mm	透明圈最大直径/mm	H/C 平均值	H/C 最大值
对照	0	3.76	4.66	12.34	14.16	3.32	4.19
1.1	80	3.27	4.14	11.66	13.18	3.65	4.69
1.4	800	3.74	4.54	12.64	15.70	3.41	4.31
1.5	2000	2.86	3.80	10.37	12.36	3.72	4.90
4.2	20000	3.37	5.15	13.98	17.62	4.36	5.71

通过表 14-3 可看出中子辐射萎缩芽孢杆菌辐射前后纤维素酶透明圈直径、菌落直径，以及 H/C 值的变化。不同剂量 80Gy、2000Gy、20000Gy 的中子辐照后的菌落平均直径都

小于未经辐照的菌落平均直径。剂量 800Gy 的中子辐照后的菌落平均直径和未经辐照的菌落平均直径大小相近。80Gy、2000Gy 的中子辐照后的透明圈平均直径小于未经辐照的透明圈平均直径，800Gy 的中子辐照后的透明圈平均直径略大于未经辐照的透明圈平均直径。剂量 20000Gy 的中子辐照后的透明圈平均直径明显大于未经辐照的透明圈平均直径。辐照后的 H/C 平均值都大于未经辐照的 H/C 平均值。剂量 20000Gy 的中子辐照后的菌落平均直径为 3.37mm，只小于 800Gy 的中子辐照后的菌落平均直径 3.74mm，大于其他剂量辐照后的菌落平均直径。它的透明圈平均直径和 H/C 平均值都大于其他剂量辐射后的菌落。综合分析后，剂量为 20000Gy 的中子辐照萎缩芽孢杆菌，菌落最大直径为 5.15mm，透明圈最大直径能达到 17.62mm，H/C 最大值能达到 5.71，在此条件下能够得到比较理想的高产纤维素酶菌株。

从以上结果可以看出，采用不同的总辐射剂量和剂量率的 γ 射线辐照萎缩芽孢杆菌，都能得到大量的高产变异株，但是其结果差异不太大。其中以剂量率为 7.4Gy/min、剂量为 200Gy 和剂量率为 37Gy/min、剂量为 4000Gy 的 γ 射线辐照萎缩芽孢杆菌，能够得到比较理想的高产淀粉酶菌株，在此处理下，菌落平均直径无明显变化，菌落最大直径、透明圈平均直径、透明圈最大直径、H/C 平均值和最大值均比对照有较大提高。

当采用中子辐照萎缩芽孢杆菌时，在低、中、高剂量条件下得到的结果与 γ 射线基本类似。但当采用特高剂量 20000Gy 快中子辐射萎缩芽孢杆菌，得到的菌体长势好，透明圈大，与对照相比有很大的提高，它们的 H/C 值也比较理想，说明采用大剂量的中子辐照能极大地提高萎缩芽孢杆菌产淀粉酶的变异。但没有发现中子和 γ 射线的剂量与萎缩芽孢杆菌产淀粉酶之间的规律关系。由于芽孢对电离辐射的耐受性较强，高剂量下芽孢的存活率也较高，所以选用芽孢为出发菌进行辐照诱变，可使用较高的辐射剂量，以得到更多的正向变异株。

14.3 γ 射线和中子辐照对萎缩芽孢杆菌产淀粉酶的影响

14.3.1 γ 射线对萎缩芽孢杆菌产淀粉酶的影响

淀粉酶活性的鉴定：将辐照后的样品作倍比稀释到适当的浓度(以每个平板长出 10 个左右菌落为宜)，后取 100μL 涂于淀粉琼脂培养基平板中(记为平板 1，每个稀释度涂 3 个平板)，然后将平板放入 37℃恒温培养箱培养 48h 后作产酶活性鉴定。方法如下：①测量平板 1 菌落大小；②另取一平板，记为平板 2，平板 2 用基本培养基，将平板 1 上的单个菌落挑起，接入平板 2 的对应位置；③将平板 1 滴加现配制的鲁格尔氏碘溶液，直至弥漫平板，稍停片刻，测量其菌落形成的透明圈的大小；④确定平板 1 上透明圈的位置，从平板 2 上挑出对应的菌接入斜面而保存。

以淀粉酶透明圈直径、菌落直径以及透明圈直径和菌落直径的比值(H/C 值)为指标来考察萎缩芽孢杆菌的辐射变异情况。在相同剂量率 7.4Gy/min 下，采用剂量分别为 80Gy、200Gy、400Gy、800Gy、2000Gy、4000Gy 的 γ 射线辐照菌株，结果见表 14-4。通过表 14-4 可以看出，γ 射线辐照后，菌落平均直径均比对照略小，且随着 γ 射线辐射剂量的增大，菌落平均直径略有变小的趋势；除剂量为 80Gy 和 4000Gy 外，辐照后菌落最大直径均比对照略高；透明圈平均直径、最大直径和 H/C 平均值、H/C 最大值都比对照增大。从表 14-4 中还可看出，当 γ 射线剂量为 200Gy 时，菌落平均直径、菌落最大直径、透明圈平均直径、透明圈最大直径均为辐照处理组最大值，但 H/C 平均值和 H/C 最大值略小于 4000Gy 处理组。说明采用剂量率为 7.4Gy/min、剂量为 200Gy 的 γ 射线辐照萎缩芽孢杆菌，能够得到比较理想的高产淀粉酶菌株，在此处理下，菌落平均直径无明显变化，菌落最大直径、透明圈平均直径、透明圈最大直径、H/C 平均值和最大值分别比对照提高了 24%、14%、35.5%、14.8%、20%。而当 γ 射线剂量为 4000Gy 时，能得到最大的 H/C 平均值和最大值，分别比对照提高 31%和 56%。

表 14-4　γ 射线辐照的萎缩芽孢杆菌产淀粉酶影响

序号	γ 剂量/Gy	菌落平均直径/mm	菌落最大直径/mm	透明圈平均直径/mm	透明圈最大直径/mm	H/C 平均值	H/C 最大值
对照	0	3.47	3.78	10.80	12.00	3.18	3.59
1.1	80	3.13	3.56	11.90	14.32	3.81	4.62
1.2	200	3.43	4.70	12.38	16.26	3.65	4.31
1.3	400	3.32	3.92	11.93	13.60	3.62	4.31
1.4	800	3.30	3.89	10.66	13.24	3.23	3.90
1.5	2000	3.20	4.30	11.10	14.12	3.48	3.93
1.6	4000	2.80	3.52	11.57	13.16	4.16	5.61

14.3.2　中子辐照对萎缩芽孢杆菌产淀粉酶的影响

在剂量率为 7.4Gy/min，按照低、中、高、特高的原则，采用剂量分别为 80Gy、800Gy、2000Gy、20000Gy 的快中子辐照萎缩芽孢杆菌样品，结果见表 14-5。通过表 14-5 可以看出低、中、高剂量的快中子辐照菌落后，菌落平均直径和最大直径几乎都比原菌落小，透明圈平均直径和最大直径与原菌落值接近，H/C 值比原菌落值稍高。而当采用特高中子剂量 20000Gy 辐照后，萎缩芽孢杆菌表现出较大的变化，其菌落平均直径和最大直径、透明圈平均直径和最大直径都远远高于对照，且 H/C 平均值和最大值也较高，分别比对照提高了 65%、136%、59%、59%、7%、31%。

采用不同的辐射剂量和剂量率的 γ 射线辐照萎缩芽孢杆菌，都能得到大量的高产变异株，但是其结果差异不太大。其中，剂量率为 7.4Gy/min、剂量为 200Gy 和剂量率为 37Gy/min、剂量为 4000Gy 的 γ 射线辐照萎缩芽孢杆菌，能够得到比较理想的高产淀粉酶菌株。在此处理下，菌落平均直径无明显变化，菌落最大直径、透明圈平均直径、透明圈最大直径、H/C 平均值和最大值均比对照有较大提高。

当采用中子一次辐照萎缩芽孢杆菌时，在低、中、高剂量条件下得到的结果与 γ 射线辐照得到的结果基本类似。但当采用特高剂量 20000Gy 快中子辐射萎缩芽孢杆菌，得到的菌体长势好，透明圈大，与对照相比有很大的提高，它们的 H/C 值也比较理想。采用中子二次辐射后，得到的菌株在菌落直径、透明圈直径上普遍比对照有极大幅度的提高，说明采用大剂量的中子辐照和中子二次加强辐照能极大地提高萎缩芽孢杆菌产淀粉酶的变异。但没有发现中子和γ射线的剂量与萎缩芽孢杆菌产淀粉酶之间的规律关系。由于芽孢对电离辐射的耐受性较强，高剂量下芽孢的存活率也较高，所以选用芽孢为出发菌进行辐照诱变，可使用较高的辐射剂量，以得到更多的正向变异株。通过复筛，我们得到了三株高产淀粉酶的萎缩芽孢杆菌，它们的菌落直径最大为 8.32mm，透明圈直径最大为 22.38mm，透明圈与菌落直径之比最大达到 5.39(表 14-6)。其中 3.1 组、3.2 组能稳定高产，比出发菌株的淀粉酶活性提高了 15%～58%，通过对它们性质的进一步研究，有望在生产中得到运用。

表 14-5　中子辐照对萎缩芽孢杆菌产淀粉酶影响

序号	中子剂量/Gy	菌落平均直径/mm	菌落最大直径/mm	透明圈平均直径/mm	透明圈最大直径/mm	H/C 平均值	H/C 最大值
对照	0	3.47	3.78	10.85	12.00	3.18	3.59
1.1.1	80	2.76	3.00	11.51	12.52	4.20	4.83
1.2.1	800	2.80	3.24	10.62	11.92	3.82	4.21
1.3.1	2000	3.20	3.92	11.46	12.16	3.62	4.14
1.4.1	20000	5.73	8.92	17.21	19.10	3.40	4.70

14.4　高产酶菌株特性

14.4.1　产酶特性

以菌落直径大、透明圈直径大、H/C 值大为标准，通过平皿初筛的方法，初选出来的一些菌株再采用平皿法进行复筛，筛选出高产木聚糖酶的短小芽孢杆菌、高产纤维素酶的萎缩芽孢杆菌、高产淀粉酶的萎缩芽孢杆菌各三株，结果见表 14-6。

表 14-6　各高产酶菌株特性

菌种	产酶种类	菌号	菌落直径/mm	透明圈直径/mm	H/C 值	酶活性/(U/mL)
短小芽孢杆菌	木聚糖酶	1.4.1.2	6.14	18.48	3.01	4.00
短小芽孢杆菌	木聚糖酶	1.5.1.3	5.40	19.38	3.59	2.80
短小芽孢杆菌	木聚糖酶	1.5.1.1	1.48	13.74	9.28	3.97
萎缩芽孢杆菌	纤维素酶	1.4.3(1)	5.50	17.03	3.10	9.30
萎缩芽孢杆菌	纤维素酶	4.2.2	3.58	17.20	4.80	6.97
萎缩芽孢杆菌	纤维素酶	1.4.3(2)	1.38	10.76	7.80	7.84
萎缩芽孢杆菌	淀粉酶	3.1	8.32	20.22	2.43	279
萎缩芽孢杆菌	淀粉酶	3.2	5.80	22.38	3.86	214
萎缩芽孢杆菌	淀粉酶	3.3	3.16	19.20	5.39	304

14.4.2　高产菌株的遗传稳定性

通过对变异菌株连续在试管斜面上连续传代 10 代。在第 1 代、第 3 代、第 6 代和第 9 代测定各种酶活性，数据如表 14-7、表 14-8 和表 14-9。

表 14-7　短小芽孢杆菌产木聚糖酶的稳定性　(单位：U/mL)

代数＼序号	1.4.2	1.5.3	1.5.1
1	4.00	2.80	3.87
3	1.53	1.60	1.40
6	0.80	0.40	0.93
9	0.53	0.33	0.93

从表 14-7 中可以看出，随着传代数的增加，三个复筛菌种的产酶能力都大幅度降低，这说明短小芽孢杆菌经过辐射诱变获得的产木聚糖能力是极不稳定的。

表 14-8　萎缩芽孢杆菌产纤维素酶的稳定性　(单位：U/mL)

代数＼序号	1.4.3(1)	1.4.3(2)	4.2.2
1	9.30	7.84	6.97
3	6.99	7.96	7.42
6	5.41	7.09	6.47
9	8.58	10.10	6.28

从表 14-8 可以看出，1.4.3(1)组的菌株随着代数增多，酶活力有变小的趋势(至第 6 代)，之后酶活力又有回升，有退化后的修复现象。1.4.3(2)组的菌株随传代次数增多，酶活力略有减小，第 9 代酶活力又变大，有退化后的修复现象。4.2.2 组的菌株随代数增加，酶活力变小趋势，但变化不大。

表 14-9 萎缩芽孢杆菌产淀粉酶的稳定性　(单位：U/mL)

代数＼序号	3.1	3.2	3.3
1	279	214	304
3	282	204	309
6	261	221	266
9	254	257	165

从 14-9 中可以看出，变异菌株 3.1 组、3.2 组产酶较稳定，初代 3.1 组产酶略高于菌株 3.2 组，且都明显高于原菌，说明它们能稳定高产淀粉酶。菌株 3.3 组随着代数的增加，

产酶能力有变小的趋势，可能是由于菌体传代次数增多，有退化现象，说明它的遗传性不稳定。

14.5 高辐照耐受性的萎缩芽孢杆菌

前期我们曾进行了大量的中子辐照灭菌效应研究。为了考察中子辐照灭菌的安全性，我们分别对不同剂量中子辐照后的存活菌落又进行了二次中子辐照和γ辐照，结果发现采用中子一次辐照后，芽孢对二次中子辐照主要表现为敏感性。但同时发现，在中子一次辐射剂量为 800Gy 时，有一个菌落对二次中子辐照表现为耐受性。我们将这个菌落进行扩增后又分别进行了大剂量γ辐照和紫外线辐照，对存活菌落反复选育，最后得到了这株耐辐射萎缩芽孢杆菌(以下简称“耐辐射株”)。

14.5.1 耐辐射株对中子辐照的抗性

表 14-10 为萎缩芽孢杆菌原菌和耐辐射株的芽孢和营养体分别经过 200Gy、465Gy 和 760Gy 中子辐照后的平均存活率。从表 14-10 中可看出，耐辐射株的芽孢和营养体对不同剂量的中子辐照的耐受性，与原菌相比都有明显的增加，表现为存活率的上升。耐辐射株芽孢的存活率是原菌的 2～5 倍，营养体的存活率是 4～5 倍。

表 14-10 耐辐射株对中子辐照的抗性

中子辐射剂量/Gy	芽孢		营养体	
	原菌存活率	耐辐射株存活率	原菌存活率	耐辐射株存活率
200	$(2.32\pm0.12)\times10^{-3}$	$(1.14\pm0.05)\times10^{-2}$	$(1.15\pm0.25)\times10^{-3}$	$(4.18\pm0.32)\times10^{-3}$
465	$(9.21\pm0.32)\times10^{-4}$	$(5.89\pm0.21)\times10^{-3}$	$(5.91\pm0.13)\times10^{-4}$	$(2.73\pm0.45)\times10^{-3}$
760	$(5.56\pm0.24)\times10^{-4}$	$(1.49\pm0.12)\times10^{-3}$	$(2.14\pm0.21)\times10^{-4}$	$(1.00\pm0.24)\times10^{-3}$

14.5.2 耐辐射株对脉冲 X 射线辐照的抗性

采用不同剂量的脉冲 X 射线分别辐照芽孢样品和营养体样品，结果发现耐辐射株对 X 射线辐照也有较高的耐受能力。相同剂量辐照下，芽孢的耐受性是原菌的 2～3 倍。营养体的耐受性提高很大，几乎是原菌的 200 倍(表 14-11)。

表 14-11 耐辐射株对脉冲 X 辐照的抗性

脉冲 X 辐射剂量/Gy	芽孢		脉冲 X 辐射剂量/Gy	营养体	
	原菌存活率	耐辐射株存活率		原菌存活率	耐辐射株存活率
152	$(4.13\pm0.22)\times10^{-1}$	—	102	$(2.23\pm0.32)\times10^{-4}$	—
308	$(6.23\pm0.34)\times10^{-2}$	$(1.27\pm0.21)\times10^{-1}$	209	$(7.23\pm0.14)\times10^{-6}$	$(2.41\pm0.13)\times10^{-3}$

续表

脉冲 X 辐射剂量/Gy	芽孢		脉冲 X 辐射剂量/Gy	营养体	
	原菌存活率	耐辐射株存活率		原菌存活率	耐辐射株存活率
839	$(9.35\pm0.17)\times10^{-3}$	$(2.32\pm0.31)\times10^{-2}$	518	$(2.68\pm0.22)\times10^{-7}$	$(1.53\pm0.20)\times10^{-4}$
1458	$(2.35\pm0.36)\times10^{-4}$	$(7.82\pm0.63)\times10^{-4}$	1019	$(4.41\pm0.35)\times10^{-8}$	$(2.00\pm0.33)\times10^{-5}$
2156	$(3.65\pm0.28)\times10^{-6}$	$(6.44\pm0.12)\times10^{-6}$	1508	$(1.82\pm0.40)\times10^{-8}$	$(4.30\pm0.54)\times10^{-6}$
2755	—	$(9.41\pm0.43)\times10^{-8}$	1950	—	$(1.35\pm0.18)\times10^{-6}$

对它们的灭活效应进行曲线拟合，发现原菌和耐辐射株的营养体存活分数的对数与辐射剂量之间满足对数灭活关系，而芽孢的灭活满足直线关系。各拟合方程如下：

原菌营养体，y=−1.5067ln(x)+3.0874，R^2=0.9840，$(D_{10})_1$=15Gy；

耐辐射株营养体，y=−1.4299ln(x)+5.0814，R^2=0.9948，$(D_{10})_2$=70Gy；

原菌芽孢，y=−0.0024x−0.1658，R^2=0.9911，$(D_{10})_3$=348Gy；

耐辐射株芽孢，y=−0.0026x+0.2741，R^2=0.9848，$(D_{10})_4$=490Gy。

其中，y 为存活率的对数，x 为辐射剂量(Gy)；当存活率为 10%时 Y=−1，将此时的 X 值记为 D_{10}(杀死 90%的微生物所需要的辐射剂量)。

14.5.3　耐辐射株对紫外线的抗性

表 14-12　耐辐射株对紫外线的抗性

UVC 辐射剂量/Gy	芽孢		营养体	
	原菌存活率	耐辐射株存活率	原菌存活率	耐辐射株存活率
10	$(6.03\pm1.22)\times10^{-1}$	$(7.76\pm0.25)\times10^{-1}$	$(5.43\pm0.55)\times10^{-2}$	$(3.75\pm0.40)\times10^{-1}$
18	$(4.66\pm0.82)\times10^{-1}$	$(2.20\pm0.51)\times10^{-1}$	$(1.23\pm0.23)\times10^{-2}$	$(7.05\pm0.65)\times10^{-2}$
36	$(1.19\pm0.21)\times10^{-1}$	$(1.45\pm0.47)\times10^{-1}$	$(5.79\pm0.46)\times10^{-3}$	$(1.47\pm0.44)\times10^{-2}$
72	$(6.99\pm0.65)\times10^{-2}$	$(5.37\pm0.15)\times10^{-2}$	$(1.42\pm0.35)\times10^{-4}$	$(9.43\pm0.57)\times10^{-3}$
164	$(2.04\pm0.34)\times10^{-2}$	$(3.00\pm0.21)\times10^{-2}$	$(6.79\pm0.76)\times10^{-5}$	$(1.52\pm0.35)\times10^{-3}$

表 14-12 为耐辐射株和原菌的芽孢与营养体样品对紫外线的辐照耐受性。从表 14-12 中可看出，耐辐射株芽孢样品对紫外线的耐受能力与原菌相比没有明显的差异，这可能是因为紫外线对芽孢的灭菌能力较弱，芽孢本身对不良外界条件有较强的耐受能力，所以主要表现为芽孢本身的耐受性。而营养体样品的辐照耐受性差异较大，耐辐射株营养体比原菌对紫外线辐照耐受能力大大提高，是其 2.5～66 倍。各拟合方程如下：

原菌营养体，y=2.221−1.409ln(x)，R^2=0.961，$(D_{10})_1$=9.84J/cm^2；

耐辐射株营养体，y=1.257−0.802ln(x)，R^2=0.963，$(D_{10})_2$=16.68J/cm^2；

原菌芽孢，y=1.098−0.542ln(x)，R^2=0.977，$(D_{10})_3$=47.98J/cm^2；

耐辐射株芽孢，y=0.89−0.489ln(x)，R^2=0.964，$(D_{10})_4$=47.70J/cm^2。

其中，y 为存活率的对数，x 为紫外线辐射剂量(J/cm^2)。

14.6 脉冲 X 射线辐照诱变及梯度胁迫诱导筛选高耐 Sr^{2+} 微生物菌株

14.6.1 不同剂量脉冲 X 射线辐射酵母菌后的扫描电镜分析

把活化的酵母菌在液体培养基中培养至对数期，取 EP 管 21 支，3 支为一个平行，在无菌条件下取 1000μL 到每个管中，待辐射。脉冲 X 射线为中国工程物理研究院装置。样品放置于韧致辐射靶室前端的不同位置。样品经过 1～3 次辐照，累积辐射剂量为 0Gy、30Gy、90Gy、150Gy、180Gy、210Gy、270Gy、300Gy，其中剂量为剂量片换算值。酵母菌接受辐射后按照常规继续培养 10～40h，观察其生长状况，并挑选出阳性克隆进行胁迫诱导驯化研究。根据酵母菌或其他微生物的生长培养基配方，准备液体培养基。在液体培养基中加入一定量的 Sr^{2+}达到计算浓度后，灭菌备用。用于驯化的 Sr^{2+}胁迫浓度依次为 100mg/L、200mg/L、400mg/L、800mg/L、1000mg/L、2000mg/L、4000mg/L 和 5000mg/L。将筛选的菌株或转基因的菌株分别接种到液体培养基中，培养基中加入 Sr^{2+}，其浓度成梯度递增关系，培养一段时间后转接于下一高浓度核素培养基中，依次进行，培养测定菌株的生长情况，筛选合适的菌株。

SEM 在生物上的一个重要的应用就是观察细胞表面的变化情况。正常酵母菌细胞为球形，细胞表面光滑平整(图 14-1)，当酵母菌在脉冲 X 射线辐照后，细胞表面出现一定的变化。细胞表面皱缩，极少数细胞出现巨大凹陷，但细胞出现的表面变化与细胞所受辐射剂量之间并不成正比。这可能是因为该装置在单位时间内能量非常高，能量几乎从物质穿透而过，在细胞内的能量滞留很微弱，因此不可能出现 γ 射线那样的细胞损伤效果。但细胞表面变化又表明细胞已经受到了一定的辐照影响。

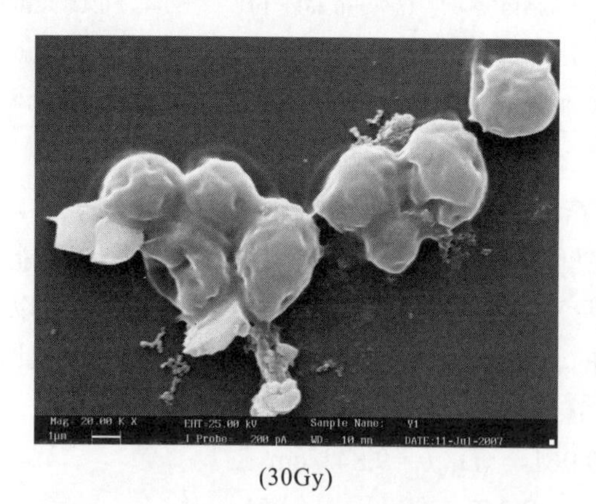

(30Gy)

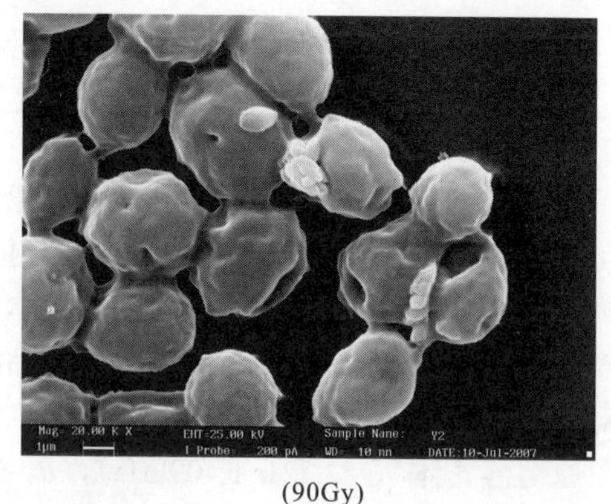

(90Gy)

图 14-1 脉冲 X 射线辐照后酵母菌形态的 SEM 图

辐照总剂量分别为 30Gy、90Gy、150Gy、180Gy、210Gy、270Gy、300Gy，最后为未辐照(0Gy)酵母菌细胞

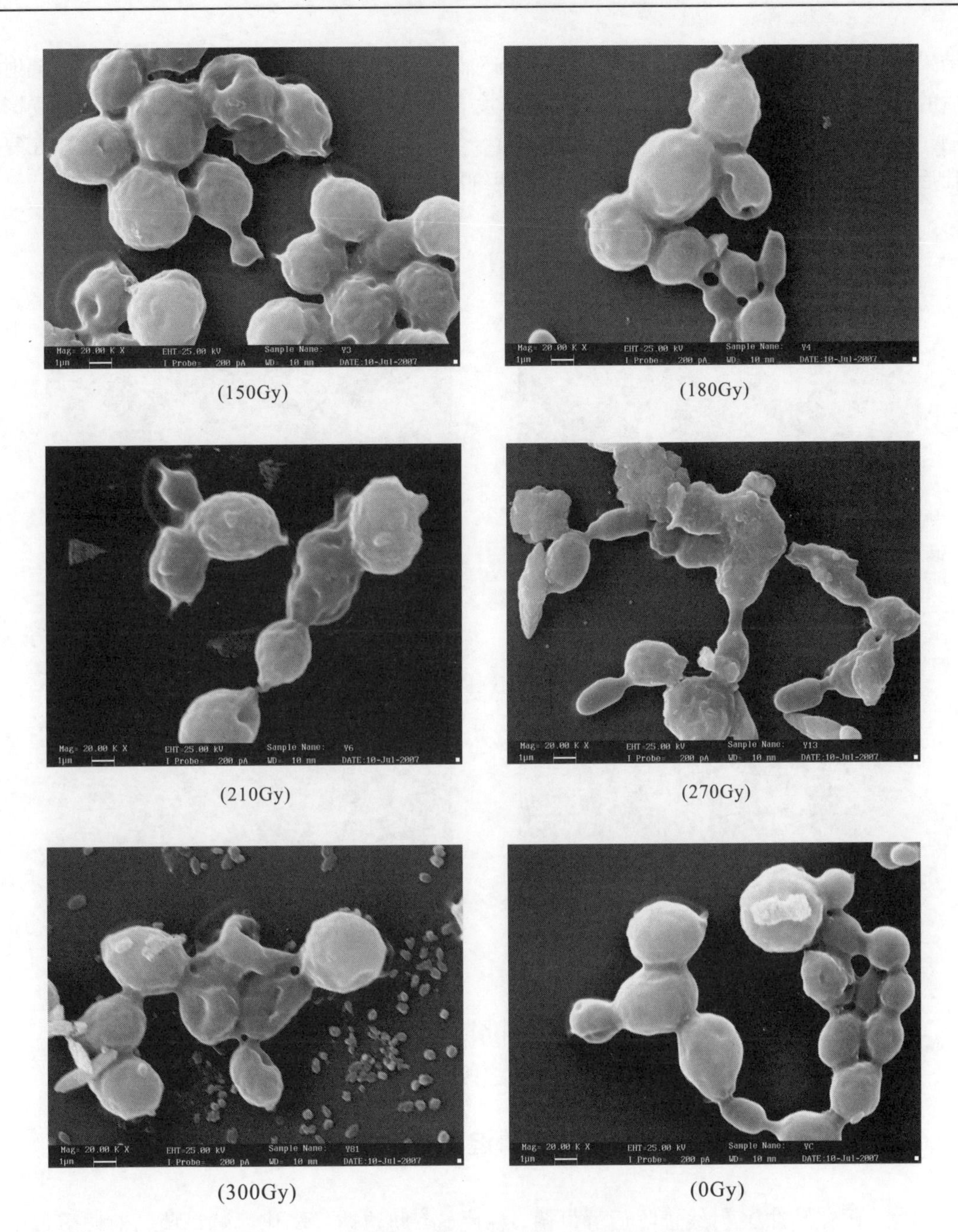

图 14-1(续)　脉冲 X 射线辐照后酵母菌形态的 SEM 图

辐照总剂量分别为 30Gy、90Gy、150Gy、180Gy、210Gy、270Gy、300Gy，最后为未辐照(0Gy)酵母菌细胞

14.6.2　酵母菌的 Sr^{2+}耐受驯化及分析

为了利用辐照的微生物资源，从前述的酵母菌辐照样品中挑选 300Gy 辐照的酵母菌(编号 Y8)作为梯度胁迫诱导驯化的出发菌株，出发驯化 Sr^{2+}浓度为 100mg/L，梯度递增浓度为 200mg/L、400mg/L、800mg/L、1000mg/L、2000mg/L、4000mg/L、5000mg/L。

结果显示，驯化后酵母菌表面光滑平整，与对照酵母菌形态一致，表明脉冲 X 射线辐射后的酵母菌的生长能力得到了恢复，在高浓度 Sr^{2+}梯度胁迫诱导后酵母菌细胞生长未受影响。对比分析各组结果表明，在驯化中，随 Sr^{2+}浓度增大，细胞体积出现略微增大。在复壮后的细胞表面出现明显的芽孢痕迹，表明细胞生长状况良好(图 14-2)。

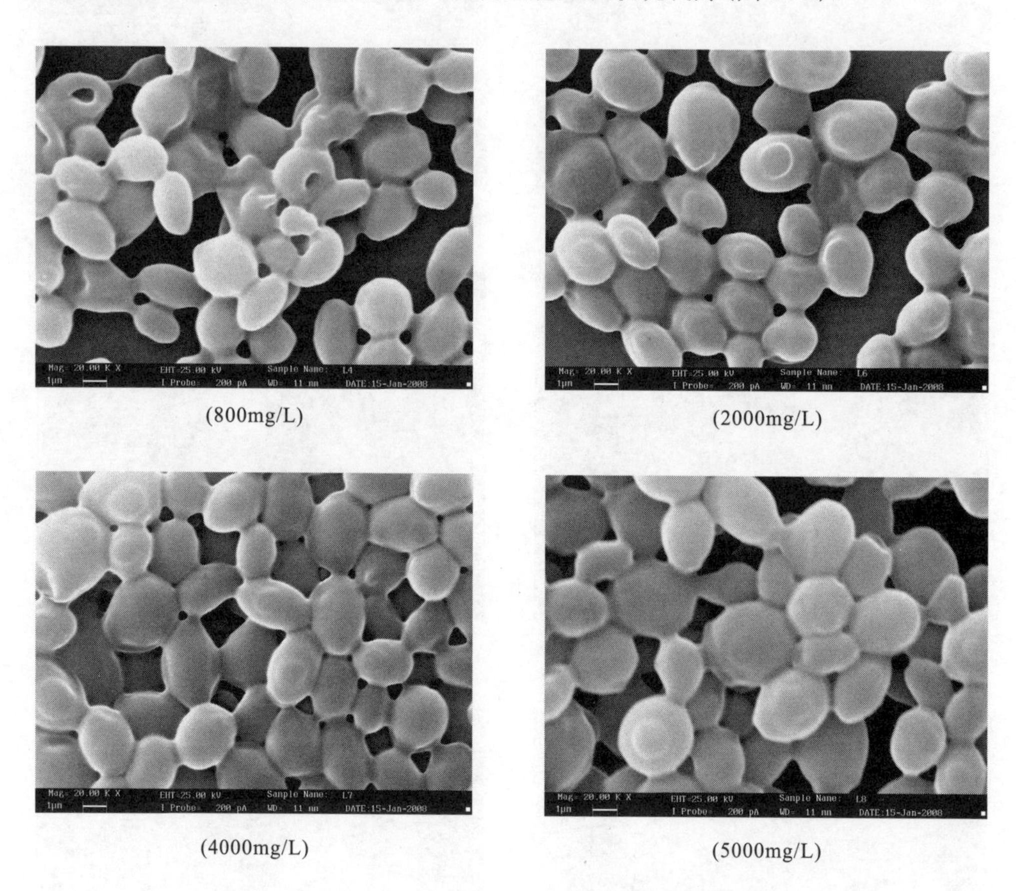

图 14-2 梯度胁迫诱导驯化复壮后的酵母菌 SEM 结果

胁迫 Sr^{2+}浓度分别为 800mg/L、2000mg/L、4000mg/L、5000mg/L

14.6.3 脉冲 X 射线辐照、梯度 Sr^{2+}胁迫诱导驯化后酵母菌红外特征分析

为了研究脉冲 X 射线辐照后酵母菌、梯度 Sr^{2+}胁迫诱导驯化后酵母菌与对照酵母菌的红外谱学特征，选择了未进行辐照的对照酵母菌细胞、辐照后的 Y8 酵母菌细胞和不同梯度 Sr^{2+}胁迫诱导驯化后酵母菌进行傅里叶红外光谱(FTIR)分析。结果表明，脉冲 X 射线对微生物结构产生了显著影响。

图 14-3 是梯度 Sr^{2+}胁迫诱导驯化复壮后的酵母菌 FTIR 结果，各组红外结果均具有酵母细胞的特征吸收峰。其中，位于 $3427cm^{-1}$ 附近的谱带源于蛋白质中氢键化的 N—H 基团的伸缩振动峰，$2921cm^{-1}$ 为脂类的—CH_2 非对称振动吸收峰，$2951cm^{-1}$ 为脂类的—CH_2 对称振动吸收峰，$1739cm^{-1}$ 为脂类分子的 $v_{c=o}$ 振动吸收峰，$1631cm^{-1}$ 为酰胺 I 带、$1531cm^{-1}$

为酰胺 II 带特征吸收峰，1461cm^{-1} 归属于核酸分子中脱氧核糖的—CH_2 的弯曲振动谱带，1400cm^{-1} 为核酸—CH_3 的对称弯曲振动谱带，1378cm^{-1} 为羧基的对称伸缩振动吸收峰，1241cm^{-1} 为核酸的磷酸二酯键基团的反对称伸缩振动，1092cm^{-1} 为核酸的磷酸二酯键基团的对称伸缩振动，1042cm^{-1} 为 $\nu_{s\text{-}C\text{-}O(H)}$ 谱带，900～500cm^{-1} 为碳水化合物的糖环伸缩振动吸收峰。

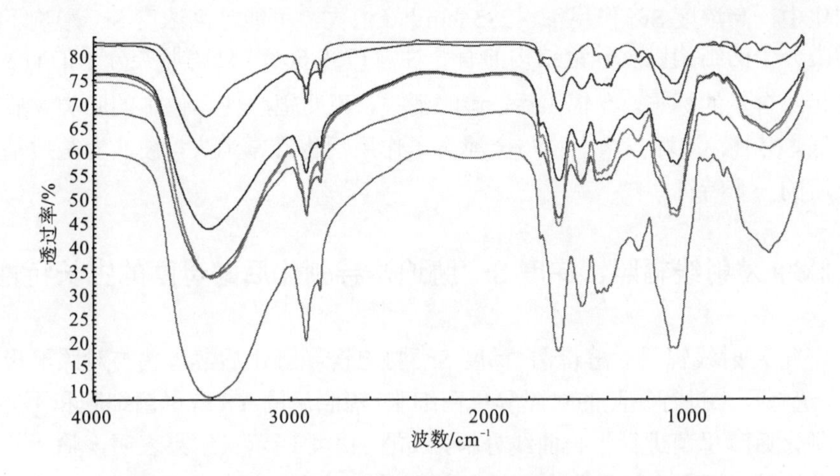

图 14-3　梯度 Sr^{2+}胁迫诱导驯化复壮后的酵母菌 FTIR 结果

从上到下依次为未辐照对照酵母菌、辐照未驯化酵母菌，以及在 200mg/L、400mg/L、800mg/L、2000mg/L、4000mg/L Sr^{2+}浓度下驯化实验结果

辐照前后酵母菌红外光谱吸收峰发生了一定的变化，其中归属于核酸和脂类分子的特征峰和蛋白质的特征峰都有一定的变化。同时在不同 Sr^{2+}的胁迫诱导下，特征峰也有一定的变化。辐照后，酰胺 I、II 带增强，其中酰胺 II 带随胁迫诱导的 Sr^{2+}浓度增加而出现蓝移，在 800mg/L 时波数移动最多，表明辐照影响了蛋白质的结构。在 Sr^{2+}作用下，蛋白质肽链上的羰基氧与 Sr^{2+}形成配位键减弱，但过高的 Sr^{2+}浓度又会降低配位效果。位于 3427cm^{-1} 附近的谱带源于蛋白质中氢键化的 N—H 基团的伸缩振动模式。当辐照后，该谱带红移约 28cm^{-1}，说明辐照后酵母细胞中蛋白质的 N—H 基团的氢键化程度加强，可能是 X 线照射能够提供给 N—H 基团一定的能量从而形成氢键，致使该基团的氢键化加强；随着在不同 Sr^{2+}中的诱导驯化，该谱带又慢慢蓝移，在 4000mg/L Sr^{2+}作用时，该谱带又回到 3429.1cm^{-1}，说明 Sr^{2+}对细胞蛋白质的氢键有削弱作用。$\nu_{s\text{-}C\text{-}O(H)}$ 谱带在 1042cm^{-1} 附近呈现，当辐照后该谱带位移到 1047～1055cm^{-1}，说明被辐照后，原先参与氢键作用的蛋白质的 C—O 键减少，氨基酸残基 C—OH 基团的结合氢键遭到破坏，谱带向高波数位移。

核酸的磷酸二酯键基团的对称伸缩振动 $\nu_{s\text{-}PO_2}$ 呈现在 1092.6cm^{-1} 附近。对照组与驯化组比较，辐照后该峰消失，说明辐照影响了酵母细胞的 DNA 结构，这与 SEM 观察到的表面形态影响一致。反对称呈现在 1241cm^{-1} 附近，辐照后蓝移，表明结构受到影响，在不同 Sr^{2+}诱导后，特别是在高浓度下该峰消失，表现为高浓度 Sr^{2+}对核酸复制的抑制。1461cm^{-1} 归属于核酸分子中脱氧核糖的—CH_2 的弯曲振动谱带。辐照后，该谱带红移约

7cm^{-1}，原因可能是—CH_2连接了不饱和基团或电负性基团致使其构象发生变化。1400cm^{-1}源于DNA胸腺嘧啶中—CH_3的对称弯曲振动谱带，在辐照后该峰消失，可能是辐照的X射线照射损伤了DNA中胸腺嘧啶的某些碱基对的构象。

辐照后的酵母菌与未辐照的对照菌相比，ν_{CH_2}两谱带(2851cm^{-1}、2921cm^{-1})发生了蓝移，表明辐照对细胞脂质产生了影响，其波数增加反映出膜脂碳氢链旁式构型增多。在胁迫诱导驯化中，高浓度Sr^{2+}作用下，2854cm^{-1}峰消失，可能是高浓度Sr^{2+}影响了细胞膜的磷脂等脂类分子的结构以及碳链结构的有序性。1739.6cm^{-1}处为脂类分子的$\nu_{c=o}$，可作为细胞脂类相对含量的标志。在辐照后，该峰消失，说明辐照使小包中的脂类物质受到影响或含量降低。另外，该峰在微生物与金属离子作用后也经常消失，被认为是羧基氧与金属离子配位后的一个特征。

14.6.4 脉冲X射线辐照、梯度Sr^{2+}胁迫诱导驯化后酵母菌的生长特性分析

为了研究X射线辐照后酵母菌、梯度Sr^{2+}胁迫诱导驯化后酵母菌与对照酵母菌的生理特征变化，选择了未进行辐照的对照酵母菌细胞、辐照后的Y8酵母菌细胞和不同梯度Sr^{2+}胁迫诱导驯化后酵母菌进行生长曲线分析，如图14-4所示。结果表明，筛选的酵母菌与辐照酵母菌比较，辐照后酵母菌在同等条件下受到一定的抑制，而该酵母菌经驯化后，在不同Sr^{2+}浓度胁迫下，酵母菌的生长表现出三种变化。在低浓度100mg/L以下Sr^{2+}对酵母菌的生长起促进作用，这与未辐照、未驯化酵母菌表现一致；Sr^{2+}浓度为200～500mg/L阶段也表现出一定的生长促进作用，尤其是Sr^{2+}浓度在400mg/L时促进作用更明显，表明经过驯化筛选的酵母菌对Sr^{2+}具有一定的耐受能力；当Sr^{2+}浓度超过500mg/L时，Sr^{2+}对酵母菌的生长起一定的抑制作用，但酵母菌的生长并未终止，与对照相比，生长速度减缓。与前面的FTIR结果综合分析，表明辐照对微生物产生了一定的影响，但微生物在驯化过程中逐步修复了辐射损伤，并获得一定的Sr^{2+}耐受能力。

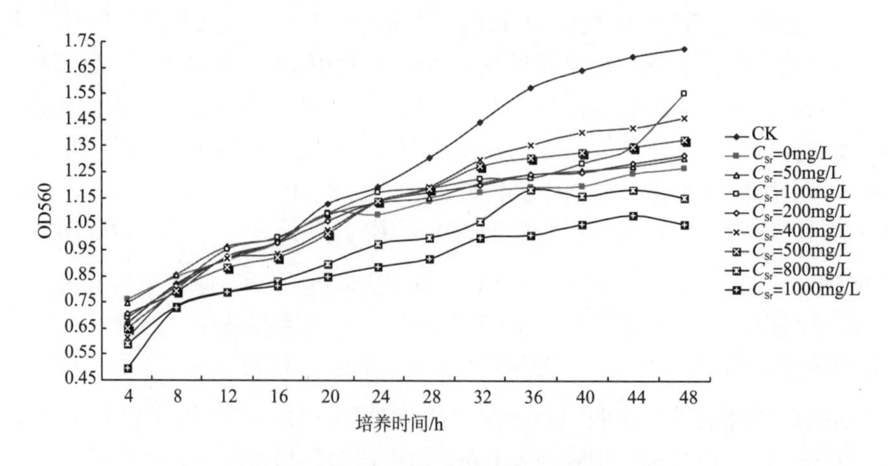

图14-4 酵母菌在不同Sr^{2+}胁迫下的生长曲线

CK为未辐照酵母菌细胞，0mg/L为辐照后酵母菌Y8出发菌株筛选出的耐Sr酵母菌L8空白对照，50～1000mg/L为不同Sr^{2+}浓度胁迫下L8的生长曲线

参 考 文 献

白玉书，黄绮龙，关树荣，等，1998. 快中子对 X 和 γ 射线诱发淋巴细胞微核效应的比较研究[J]. 中华放射医学与防护杂志，18(4)：259-262.

包建忠，刘春贵，孙叶，等，2006. 观赏向日葵辐射诱变育种研究初报[J]. 江苏农业科学，(4)：73-74.

包建忠，陈秀兰，孙叶，等，2010a. 电离辐射对君子兰生物学性状影响的研究[J]. 江西农业学报，22(9)：60-61.

包建忠，孙叶，刘春贵，等，2010b. 兰辐照诱变新种质选育研究初报[J]. 江苏农业科学，(6)：269-270.

包建忠，李风童，孙叶，等，2013a. ^{60}Co-γ 射线辐照大花君子兰种子对其萌发特性其开花性状的影响[J]. 核农学报，27(11)：1681-1685.

包建忠，刘春贵，孙叶，等，2013b. 芍药辐射诱变选育技术研究初报[J]. 江苏农业科学，41(4)：162-163.

曹雪芸，施巾帼，唐掌雄，等，2000. 同步辐射(软 X 射线)对冬小麦的诱变效应及机理研究 I ——同步辐射的辐射生物学效应[J]. 核农学报，14(4)：193-199.

曾宪贤，毛拉库尔班，王燕飞，等，1998. 离子注入甜菜种子生物效应研究初报[J]. 中国糖料，(3)：16-19.

陈发棣，滕年军，房伟民，等，2003. 三个菊花品种花器官愈伤组织辐射效应的研究[J]. 中南林学院学报，23(5)：49-52.

陈慧选，余增亮，陈慧平，1998. 浅谈离子束在生物品种改良上的应用[J]. 山西农业科学，26(1)：83-84.

陈剑，刘芬菊，2004. γ 射线对抗辐射菌抗氧化酶活性的影响[J]. 苏州大学学报：医学版，24(1)：15-17.

陈乐真，张杰，1999. 荧光原位杂交技术及其应用[J]. 细胞生物学杂志，21(4)：177-180.

陈莉，2007. 麝香百合和仙客来转 Mn-SOD 基因植株的获得及其耐热性鉴定[D]. 咸阳：西北农林科技大学.

陈睿，鲜小林，万斌，等，2015. ^{60}Co-γ 辐射对两个杜鹃品种主要性状的影响[J]. 北方园艺，(2)：46-50.

陈晓明，谭碧生，张建国，等，2007a. 快中子辐照对枯草芽孢杆菌的灭菌效果研究[J]. 辐射研究与辐射工艺学报，25(3)：166-170.

陈晓明，谭碧生，郑春，等，2007b. 快中子辐照对枯草芽孢杆菌 DNA 损伤研究[J]. 高能物理与核物理，31(10)：972-977.

陈晓明，魏宝丽，张建国，2008a. 短小芽孢杆菌 E601 传代和中子辐照后的菌落形态变化[J]. 核农学报，22(3)：291-295.

陈晓明，张良，张建国，等，2008b. 枯草芽孢杆菌淀粉酶高产菌株的辐射诱变研究[J]. 辐射研究与辐射工艺学报，26(3)：177-182.

陈晓明，张建国，柳芳，等，2009. 中子和 γ 射线辐射灭菌后残留菌的生物安全性初步研究[J]. 安全与环境学报，9(5)：1-4.

陈晓明，柳芳，郑春，等，2011. γ 辐照对枯草芽孢杆菌营养体的损伤[J]. 原子能科学技术，45 (7)：875-879.

陈秀兰，包建忠，刘春贵，等，2004. 观赏荷花辐射诱变育种初报[J]. 核农学报，18(3)：201-203.

陈秀兰，孙叶，包建忠，等，2006. 君子兰辐射诱变育种研究初报[J]. 江苏农业科学，(6)：226-228.

陈臻，徐秉良，蒲崇建，等，2013. $^{12}C^{6+}$重离子辐射下彩色马蹄莲生理生化和抗病性的变化及 ISSR 多态性分析[J]. 核农学报，27(5)：552-556.

陈正武，2005. 诱变茶树品种中儿茶素的分析[J]. 贵州农业科学，27(1)：66-67.

陈宗瑜，强继业，2004. ^{60}Co-γ 射线辐照处理对一串红、紫罗兰种子发芽率及幼苗的影响[J]. 种子，23(10)：7-9.

程金水，2000. 园林植物遗传育种学[M]. 北京：中国林业出版社.

单成钢，周柱华，许方佐，等，1997. γ射线与微波复合处理对玉米诱变效果的研究[J]. 核农学通报，18(3)：106-107，114.

邓红，刘绍德，1987. 美人燕辐照突变育种的研究[J]. 华亩农业大学学报，8(8)：6-10.

丁厚本，王乃彦，1984. 中子源物理[M]. 北京：科学出版社.

丁金玲，温永琴，强继业，等，2004. ^{60}Co-γ射线辐射处理对球根海棠M_3代生理活性变化的影响[J]. 云南农业大学学报，19(4)：436-439.

冯惠茹，田嘉禾，丁为民，等，2004. 低剂量率^{32}P β射线与高剂量率^{60}Co γ射线对肿瘤细胞杀伤效应对比研究[J]. 辐射研究与辐射工艺学报，22(3)：182-185.

伏毅，黄敏，陈浩，等，2015. 高剂量^{60}Co-γ射线辐照对紫花苜蓿种子的诱变及致死效应[J]. 湖北农业科学，54(15)：3708-3711.

傅雪琳，张志胜，何平，等，2000. ^{60}Co γ射线辐照对墨兰根状茎生长和分化的效应研究[J]. 核农学报，14(6)：333-336.

傅玉兰，1998. 寒菊新品种花粉形态特征的研究[J]. 北京林业大学学报，20(2)：110-113.

高健，2000. 钴-60 Gamma射线辐照中国水仙的诱变效应和机理研究[D]. 北京：中国林业科学研究院.

高健，彭镇华，2006. ^{60}Co γ射线辐射中国水仙的细胞学诱变效应[J]. 激光生物学报，15(2)：179-183.

葛维亚，陈林，杨树华，等，2008. 切花菊辐射诱变育种研究初报[C]. 中国园艺学会观赏园艺专业委员会2008年学术年会.

耿彦生，袁洽劻，李涛，等，1999. 短小芽胞杆菌E601抗电离辐射性的研究[J]. 中华流行病学杂志，20(6)：334-337.

古今，陈宗瑜，訾先能，等，2006. 植物酶系统对UV-B辐射的响应机制[J]. 生态学杂志，25(10)：1269-1274.

顾佳清，张智奇，周音，等，2005. EMS诱导水稻中花11突变体的筛选和鉴定[J]. 上海农业学报，21(1)：7-11.

顾月华，王圣兵，罗建平，等，2000. 低能重离子束注入小麦种子诱导根尖细胞有丝分裂畸变的研究[J]. 核技术，23(8)：587-592.

郭安熙，范家霖，杨保安，等，1997. 菊花花色辐射诱变研究[J]. 核农学报，11(2)：65-73.

郭安熙，杨保安，范家霖，等，1991. 金光四射等六个菊花新品种的辐射选育[J]. 核农学通报，(2)：73-75.

郝丽珍，侯喜林，2002. 激光在农业领域应用研究进展[J]. 激光生物学报，11(2)：149-154.

何金环，李存法，宋纯鹏，2004. 拟南芥活性氧不敏感型突变体的筛选方法建立[J]. 河南农业科学，(6)：30-34.

洪亚辉，朱兆海，黄璜，等，2003. 菊花组织培养与辐射诱变的研究[J]. 湖南农业大学学报：自然科学版，29(6)：113-117.

胡超，洪亚辉，黄丽华，等，2003. 菊花辐射后代生理生化特性的研究[J]. 湖南农业大学学报：自然科学版，29(6)：471-473.

黄海涛，王丹，周丽娟，等，2008a. ^{60}Co-γ射线辐照对东方百合不定芽POD同工酶的影响[J]. 北方园艺，(7)：162-164.

黄海涛，王丹，周丽娟，等，2008b. ^{60}Co-γ射线辐照对东方百合不定芽生长和生理特性影响的初步研究[J]. 辐射研究与辐射工艺学报，26(1)：23-27.

黄海涛，王丹，陈楠，2011. X射线慢性辐照对东方百合不定芽脂质过氧化及酶活性的影响[J]. 西北农业学报，20(2)：178-181.

黄建昌，肖艳，2003. ^{60}Co-γ射线与GA3复合处理对番木瓜的遗传诱变效应研究[J]. 核农学报，17(5)：332-335.

黄善武，葛红，1994. 辐射诱发瓜叶菊雄性不育系及其利用研究[J]. 核农学报，(3)：180-184.

黄训端，何家庆，周立人，等，2005. ^{60}Co γ射线辐照对花魔芋同工酶与品质的影响[J]. 激光生物学报，14(3)：213-217.

计量测试技术手册编辑委员会，1997. 计量测试技术手册(第12卷)[M]. 北京：中国计量出版社.

贾建航，李传友，金德敏，等，1999. 香菇空间诱变突变体的分子生物学鉴定研究[J]. 菌物学报，18(1)：20-24.

贾林贵，辜义芳，李达祥，等，1999. γ辐照与赤霉素复合处理育成小麦新品种西辐九号[J]. 核农学报，13(2)：65-69.

贾月慧，张克中，赵祥云，等，2005. 辐射亚洲百合‘Pollyanna’雄性不育突变体的RAPD分析[J]. 核农学报，19(1)：29-32.

江波，2005. 早熟染色体凝集技术作为生物剂量计的研究[J]. 国外医学放射医学核医学分册，29(6)：286-289.

姜长阳，宁淑香，杨文新，等，2002. 愈伤组织辐射诱变选育玉兰新品系[J]. 园艺学报，29(5)：473-476

蒋甲福，陈发棣，管志勇，等，2002. 小菊自交种子辐射生物学效应的研究[J]. 核农学报，18(6)：431-434.

蒋丽娟，周朴华，李培旺，等，2003. 绿玉树试管苗物理化学诱变及其抗寒突变体的筛选[J]. 植物遗传资源学报，4(4)：321-325.

蒋彧，何俊蓉，刘菲，等，2013. ^{60}Co-γ 辐射兰花春剑隆昌素根状茎分化苗的 ISSR 分析[J]. 核农学报，27(9)：1247-1252.

景士西，2000. 园艺植物育种学总论[M]. 北京：中国农业出版社.

琚淑敏，巩振辉，李大伟，2003. γ 射线与 HNO_2 复合处理对辣椒 M_1 代的诱变效应[J]. 西北农林科技大学学报：自然科学版，31(5)：47-50.

孔福全，赵葵，展永，等，2005. 随机断裂模型对 ^{7}Li 离子致 DNA 链断裂碎片长度分布的分析[J]. 科学通报，25(10)：25-29.

李成佐，潘天春，季建华，1999. N_2 与 He-Ne 激光诱变小麦后代的生物学效应探讨[J]. 四川农业大学学报，17(1)：17-22.

李宏彬，黄建昌，廖海坤，2002. 菊花辐射育种研究初报[J]. 广东园林，(1)：35-36.

李惠芬，陈尚平，李倩中，等，1997. 月季的辐照育种及其新品种霞晖[J]. 江苏农业科学，(3)：50-51.

李奎，郑宝强，王雁，等，2010. ^{60}Co-γ 射线辐照对黄牡丹种子萌发及幼苗生长的影响[J]. 云南农业大学学报，25(6)：840-843.

李黎，2010. 月季组培苗对 ^{60}Co-γ 射线辐射敏感性研究[J]. 林业科技，35(2)：58-58.

李黎，曲彦婷，陈菲，2014. 紫萼玉簪组培苗的辐射育种研究[J]. 林业科技，39(5)：7-8.

李玲，2014. ^{60}Co-γ 射线对牡丹种子萌发特性、染色体结构及幼苗生长的影响[D]. 泰安：山东农业大学.

李梦，于少华，于海，等，2010. 咖啡因、苯甲酰胺与 ^{137}Cs γ 射线复合处理提高大豆突变频率的研究[J]. 核农学报，13(3)：152-158.

李淑华，袁增玉，1989. 辐射处理唐菖蒲种球当代获得有益变异的研究[J]. 核农学通报，(4)：177-179.

李树发，张颢，邱显钦，等，2011. 切花月季 ^{60}Co-γ 辐照诱变育种初报[J]. 核农学报，25(4)：713-718.

李晓林，郭诚，梁国鲁，等，2005. ^{60}Co-γ 辐射对小苍兰生长发育及酯酶同工酶的影响[J]. 西南大学学报：自然科学版，27(6)：840-843.

李秀芬，朱建军，王一涵，等，2010. ^{60}Co-γ 辐射对锦葵科 3 个树种发芽及幼苗生长的影响[J]. 上海农业学报，26(2)：66-69.

李雨，郑秀龙，罗成基，等，1998. 恒场电泳检测 DNA 双链断裂及其应用[J]. 辐射研究与辐射工艺学报，16(4)：234-237.

李振芳，2007. 除虫菊种子辐射效应及其组织培养研究[D]. 武汉：华中农业大学.

李洲，2014. 理化诱变八宝景天(*Sedum spectabile* Bareau)及后代变异的研究[D]. 哈尔滨：东北农业大学.

廖映芬，简涌，1996. He-Ne 激光照射烟草种子的生物学效应[J]. 四川教育学院学报，13(3)：109-112.

林兵，钟淮钦，黄敏玲，等，2010. ^{60}Co-γ 射线对荷兰鸢尾的辐照效应[J]. 核农学报，24(1)：50-54.

林芬，邓国础，1997. 春兰人工诱变的研究[J]. 湖南农业大学学报，23(4)：336-340.

林仙淋，2015. ^{60}Co-γ 辐射对多花野牡丹幼苗生长发育的影响[D]. 福州：福建农林大学.

林祖军，孙纪霞，崔广琴，等，2000. 电子束辐射菊花组培苗诱变育种研究[J]. 山东农业科学，(5)：10-11.

林祖军，孙纪霞，迮福惠，2002. 电子束在花卉诱变育种上的应用[J]. 核农学报，16(6)：351-354.

刘福霞，曹墨菊，荣廷昭，等，2005. 用微卫星标记定位太空诱变玉米核不育基因[J]. 遗传学报，32(7)：753-757.

刘海生，储黄伟，李晖，等，2005. 水稻雄性不育突变体 OsMS-L 的遗传与定位分析[J]. 科学通报，50(1)：38-41.

刘丽强，刘军丽，张杰，等，2010. ^{60}Co-γ 辐射对观赏海棠组培苗的诱变效应[J]. 中国农业科学，43(20)：4255-4264.

刘璐璐，柴明良，徐晓薇，等，2008. γ 射线辐照对春兰根状茎生长及抗氧化酶活性的影响[J]. 核农学报，22(1)：23-27.

刘瑞媛，王朴，李文建，等，2014. $^{12}C^{6+}$离子束与电子束辐照对薰衣草当代诱变效应的比较[J]. 原子核物理评论，(1)：106-111.

刘晓，赵玉芳，凌备备，2000. 核分离-滤膜洗脱技术同时检测植物 DNA SSB 与 DSB[J]. 环境科学，21(6)：42-45.

刘晓青，李畅，苏家乐，等，2014. ^{60}Co-γ 射线对鹿角杜鹃种子活力及幼苗生长的影响[J]. 江苏农业学报，30(2)：458-460.

刘志高，张斌，童再康，等，2013. 钛离子注入对 3 种石蒜属植物种子生物化学特性的影响[J]. 核农学报，27(2)：146-151.

陆波，郑玉红，陈默，等，2014. ^{60}Co-γ 射线对彩色马蹄莲 Parfait 的辐照效应及其在高温高湿胁迫下的生理响应[J]. 核农学报，28(8)：1353-1357.

陆长旬，黄善武，梁励，等，2002. 辐射亚洲百合磷茎(M_1)染色体畸变研究[J]. 核农学报，16(3)：148-151.

罗海燕，吕长平，李政泽，等，2013. ^{60}Co-γ 辐射对非洲菊愈伤组织、茎尖和组培苗的辐射效应[J]. 湖南农业科学，(6)：14-15.

罗以贵，强继业，强影影，2007. ^{60}Co-γ 射线辐照对日日春种子发芽率及幼苗生长的影响[J]. 种子，26(2)：72-74.

吕晓会，2010. 荷兰水仙的组培快繁与 ^{60}Co-γ 辐射种球对生长的影响研究[D]. 上海：上海交通大学.

马光恕，廉华，秦志伟，2001. 核技术在园艺作物上的应用[J]. 莱阳农学院学报，18(3)：202-205.

马洪丽，张书标，卢勤，等，2004. 水稻长穗颈高秆突变体协青早 eB1 的遗传分析及其 *eui1(t)* 定位[J]. 生物技术学报，12(1)：43-47.

马丽娅，2011. 蝴蝶兰 ^{60}Co-γ 射线辐照植株组织培养及性状遗传的研究[D]. 合肥：安徽农业大学.

马琳，李啸峰，王冠军，2006. 不同剂量电离辐射对大肠癌细胞株 HCT-8 的多柔比星敏感性的研究[J]. 实用肿瘤杂志，21(3)：234–236.

马燕，程金水，1987. 豆瓣绿组织培养辐射诱变效果的初步研究[J]. 北京林业大学学报，(3)：325-331.

毛培宏，郝微丽，金湘，等，2003. 离子注入某些花卉种子的生物效应毛培宏[J]. 北方园艺，(5)：56-57.

秘彩莉，沈银柱，黄占景，等，1999. 小麦耐盐突变体的分子生物学鉴定[J]. 遗传，21(6)：32-36.

闵锐，倪瑾，2006. H2AX 活化与 DNA 双链断裂及辐射剂量的关系[J]. 生命的化学，5：30-35.

牛传堂，何道一，李雅志，1995. 辐射诱发梅花(*Prunus mume* Sieb et. Zucc)突变体的研究[J]. 核农学报，9(3)：144-148.

牛传堂，李雅志，1988. 美人蕉的辐射诱发突变[J]. 核农学报，2(1)：33-39.

庞伯良，万贤国，1998. γ 射线与激光复合处理对水稻的诱变效果及其应用[J]. 核农学报，12(1)：12-15.

彭绿春，黄丽萍，余朝秀，等，2007. 四种兰花辐射育种研究初报[J]. 云南农业大学学报，22(3)：332-336.

强继业，陈宗瑜，李佛琳，等，2004. ^{60}Co-γ 射线辐照对球根海棠、蝴蝶兰生长及 SOD 和 CAT 活性影响[J]. 种子，23(4)：8-11.

乔勇，张显，韩尚雯，2008. ^{60}Co-γ 照射对唐菖蒲“豪华”M_2 代生物学特性及观赏性状的影响[J]. 西北农业学报，17(6)：164-169.

秦华，2005. γ 射线辐射水仙花鳞茎对植株生长与开花的影响[J]. 核农学报，19(5)：360-362.

丘冠英，2002. DNA 辐射损伤研究：热点与新进展[J]. 国际放射医学核医学杂志，26(4)：145-147.

邱庆树，李正超，申馥玉，等，1999. 花生激光和 γ 射线不同诱变处理的育种效果研究[J]. 花生科技，116-118.

屈云慧，熊丽，陈卫民，等，2004. 百合育种研究进展[J]. 西南农业学报，17(S1)：471-478.

瞿素萍，唐开学，王继华，等，2009. 切花月季无性系 ^{60}Co-γ 射线离体诱变研究[J]. 核农学报，23(2)：239-243.

曲延英，王燕飞，高文伟，等，2005. 甜菜离子注入诱变早熟突变体的 RAPD 分子标记筛选[J]. 新疆农业科学，42(4)：287-289.

曲颖，李文建，周利斌，等，2009. 电子束辐照紫花苜蓿愈伤组织后再生苗的 RAPD 分析[J]. 生物物理学报，(S1)：470-471.

任少雄，王丹，李卫锋，等，2006. ^{60}Co-γ 射线辐射唐菖蒲鳞茎诱变育种试验[J]. 福建林业科技，33(2)：34-36.

任羽，潘丙成，陆顺教，等，2016. ^{60}Co-γ 辐射石斛兰组培苗的 SRAP 分析[J]. 中国农学通报，32(31)：85-89.

芮静宜，金加兰，马新生，等，1995. 电子束对大麦的诱变效应研究Ⅰ：对 M_1 和 M_2 的效应[J]. 辐射研究与辐射工艺学报，13(1)：33-37.

施江，董普辉，张淑玲，等，2010. ^{60}Co-γ 射线对牡丹、芍药种子辐射剂量的影响[J]. 河南科技大学学报：自然科学版，31(4)：72-74.

史燕山，骆建霞，赵国防，等，2003. 晚香玉 ^{60}Co-γ 射线辐射诱变适宜剂量的研究[J]. 园艺学报，30(6)：748-750.

苏重娣，1995. 月季辐射诱变育种研究[J]. 激光生物学报，(4)：748-750.

孙光祖，李忠杰，李希臣，等，1999. 小麦抗赤霉病突变体的选育及 RAPD 分子验证[J]. 核农学报，13(4)：202-205.

孙纪霞，林祖军，崔广琴，2001. 唐菖蒲辐射诱变育种研究[J]. 莱阳农学院学报，18(1)：37-40.

孙利娜，2009. ^{60}Co-γ 射线辐照百合诱变育种的研究[D]. 南京：南京林业大学.

孙利娜，施季森，2011. ^{60}Co-γ 射线对百合鳞片辐射效应的研究[J]. 安徽农业科学，39(13)：7593-7595.

孙振雷，1999. 观赏植物育种学[M]. 北京：民族出版社.

唐灿明，杨清华，王洋，等，2005. γ 射线辐射和低温储藏对陆地棉花粉活力的影响[J]. 江苏农业科学，(4)：15-17.

田兵，高冠军，徐步进，等，2004. 辐射对耐辐射球菌(*Deinococcus radiodurans*)抗氧化酶活性提高的影响[J]. 核农学报，18(3)：221-224.

田云，卢向阳，易克，等，2004. 单细胞凝胶电泳技术[J]. 生命的化学，24(1)：77-78.

王柏楠，2007. γ 射线对菊花的诱变效应[J]. 河南科学，25(5)：758-760.

王彩莲，陈秋方，金卫，1999. 同步辐射等对水稻的细胞学效应[J]. 中国核科技报告，1-11.

王彩莲，陈秋方，慎玫，等，2000. 几种新的诱变因素对水稻的诱变效应[J]. 中国核科技报告，15(5)：268-273.

王彩莲，慎玫，陈秋方，1998. 质子对水稻的辐射生物学效应研究[J]. 核农学报，12(3)：129-134.

王丹，任少雄，苏军，等，2004. 核技术在观赏植物诱变育种上的应用 [J]. 核农学报，18(6)：443-447.

王海燕，何小弟，黄永高，2003. 菊花组织培养技术在育种上的应用研究[J]. 江苏林业科技，30(4)：25-26.

王洪春，1985. 植物抗逆性与生物膜结构功能研究的进展[J]. 植物生理学报，(1)：31，62-68.

王欢欢，郭春景，张兴，等，2010. 辐射八宝景天 ISSR 遗传多样性分析[J]. 北方园艺，(9)：149-151.

王慧娟，孟月娥，赵秀山，等，2009. ^{60}Co-γ 射线辐射万寿菊对发芽率及生长的影响[J]. 中国农学通报，25(19)：161-163.

王晶，刘录祥，赵世荣，等，2006. ^{60}Co-γ 射线对菊花组培苗的诱变效应[J]. 农业生物技术学报，14(2)：241-244.

王晶，刘录祥，赵世荣，等，2003. ^{7}Li 离子束诱变紫松果菊的生物效应研究初报[J]. 核农学报，17(6)：405-408.

王磊，2007. 丰花月季组培苗辐射诱变研究及遗传变异研究[D]. 哈尔滨：东北农业大学.

王彭伟，李鸿渐，张效平，1996. 切花菊单细胞突变育种研究[J]. 园艺学报，23(3)：285-288.

王卫东，闻捷，苏明杰，等，2005. 低能离子注入后小麦苗期损伤效应研究[J]. 华北农学报，20(2)：80-83.

王阳，李邱华，李松林，等，2013. 电子束辐照百合鳞茎后对生长发育的影响及 RAPD 分析[J]. 西北农业学报，22(3)：140-147.

王永胜，王景，段静雅，等，2002. 水稻极度分蘖突变体的分离和遗传学初步研究[J]. 作物学报，28(2)：235-239.

王勇，李成林，张文福，等，2003. 电子束对短小杆菌 E601 和炭疽杆菌芽孢杀灭性能研究[J]. 辐射防护通讯，23(4)：32-34.

王玉萍，刘庆昌，翟红，2005. 离子束对甘薯胚性悬浮细胞团的辐射诱变效应[J]. 作物学报，31(4)：519 -522.

王长泉，宋恒，2003. 杜鹃抗盐突变体的筛选[J]. 核农学报，17(3)：179-183.

王者玲，Maeda N，Ohshima T，等，2003. 伴放线放线杆菌菌落生长形态变化的观察[J]. 中华口腔医学杂志，38(1)：52-55.

魏国，王雯雯，项艳，2009. 晚香玉 γ 射线辐照的生物学效应[J]. 核农学报，23(5)：799-804.

魏良明，姜鸿勋，2000. 植物诱变新技术及其在玉米育种上的应用[J]. 玉米科学，8(1)：19-20.

温岚，龚友才，陈基权，等，2014. EMS 和 ^{60}Co-γ 射线辐照复合诱变黄麻突变体苗期生理生化特性研究[J]. 中国麻业科学，36(5)：224-228，257.

吴楚彬，周碧燕，1997. 绿帝王和花叶芋 γ 射线辐射诱变试验[J]. 广东农业科学，(5)：23-24.

吴大利，2008. $^{12}C^{6+}$重离子辐照一串红和胡麻的生物学效应及诱变效应研究[D]. 兰州：兰州大学.

吴关庭，胡张华，陈笑芸，等，2004. 高羊茅辐射敏感性和辐照处理对其成熟种子愈伤诱导的影响[J]. 核农学报，18(2)：104-106.

吴关庭，金卫，2000. 空间诱变和 γ 射线辐照与离体培养相结合对水稻生物学效应的研究[J]. 核农学报，14(6)：347-352.

吴关庭，吕慧能，陈锦清，等，1997. 空间诱变及其与离体辐照相结合对水稻种子出愈和愈伤组织分化影响的初步研究[J]. 浙江农业学报，9(5)：275-276.

吴光升，强继业，陈立，2005. ^{60}Co-γ 射线辐射对美女樱 · 菠萝菊根长 · 芽长及出芽率的影响[J]. 安徽农业科学，33(6)：

1032-1033.
吴雷，王路，李倩中，1996. ^{60}Co-γ射线处理宜兴百合的保鲜研究[J]. 核农学通报，(3)：145-147.
谢克强，张香莲，杨良波，等，2004. 太空搭载结合离子注入进行白莲诱变育种的研究[J]. 核农学报，18(4)：303-306.
熊大胜，朱金桃，张自亮，等，2001. 三叶木通理化诱变技术及其成熟期变异研究[J]. 湖南文理学院学报：自然科学版，12(4)：79-80.
徐德钦，强继业，吴敏，等，2005. ^{60}Co-γ射线辐射对风铃花・勿忘我发芽率及幼苗生长的影响[J]. 安徽农业科学，33(8)：1414-1415.
徐刚，2001. 植物离体诱变育种技术在日本的研究[J]. 中国花卉园艺，24：24-26.
徐海斌，柳学余，1998. 理化复合诱变对M_2代生理损伤的研究[J]. 江苏农学院学报，19(1)：51-54.
徐家萍，刘明辉，汪泰初，2002. 离子束诱变桑品种与亲本的同工酶和RAPD比较分析[J]. 安徽农业大学学报，29(3)：286-288.
许肇梅，赵光，谷德祥，等，1986. "彩叶明星"等月季新品种的辐射选育[J]. 河南科学，(Z1)：163-167.
闫芳芳，强继业，2006. ^{60}Co-γ射线辐射对红掌几种酶活性及MDA含量的影响[J]. 云南农业大学学报，21(5)：690-692.
闫茂林，安祖花，2011. 杂交育种与基于组织培养的辐射诱变研究[D]. 内蒙古：内蒙古农业大学.
阎洁坤，雷籽耘，1990. 小剂量电离辐射对向日葵愈伤组织生长及分化的影响[J]. 吉林农业大学：青年学刊，(2)：16-16.
杨保安，范家霖，张建伟，等，1996. 辐射与组培复合育成"霞光"等14个菊花新品种[J]. 河南科学，(1)：57-60.
杨国华，李滨，刘建中，等，2002. 应用基因组原位杂交鉴定蓝粒小麦及其诱变后代穆素梅[J]. 遗传学报，29(3)：255-259.
杨敬敏，黄苏珍，杨永恒，2013. ^{60}Co-γ和离子束注入对甜菊杂交后代种子萌发和幼苗生长的影响[J]. 植物资源与环境学报，22(2)：52-58.
杨利平，刘桂芳，张彦妮，2003. 百合抗性品系的培育[J]. 东北林业大学学报，31(6)：33-35.
杨茹冰，张月学，徐香玲，等，2007. ^{60}Co γ射线辐照紫花苜蓿种子的细胞生物学效应[J]. 核农学报，21(2)：136-140.
叶春海，丰锋，吕庆芳，等，2000. 香蕉^{60}Co辐射诱变效应的研究[J]. 西南农业大学学报，22(4)：301-303.
于虹漫，陈宗瑜，强继业，2003. ^{60}Co-γ射线辐照对仙客来生长及叶片光合特性的影响[J]. 北方园艺，(5)：45-46.
于天江，李集临，徐香玲，1995. 利用辐射诱发的染色体畸变选育大豆易位系的初探[J]. 东北农业大学学报，26(4)：324-335.
余丽霞，李文建，董喜存，等，2008. 碳离子辐射大丽花矮化突变体的RAPD分析[J]. 核技术，31(11)：830-833.
余庆波，江华，米华玲，等，2005. 水稻白化突变体alb21生理特性和基因定位[J]. 上海师范大学学报：自然科学版，34(1)：70-75.
臧黎慧，魏志勇，李明，等，2005. 用脉冲电场凝胶电泳研究γ射线诱导的DNA双链断裂[J]. 中国血液流变学杂志，15(2)：193-196.
张成演，马晓红，史益敏，2010. ^{60}Co-γ射线辐射对风信子(*Hyacinthus orientalis*)生长与部分生理指标的影响研究[J]. 上海交通大学学报：农业科学版，28(4)：344-348.
张冬雪，王丹，张志伟，2007. 离体培养条件对百合鳞片辐射敏感性的影响[J]. 核农学报，21(3)：224-228.
张福翠，熊作明，胡艺春，等，2011. 大花美人蕉辐射诱变育种研究[J]. 安徽农业科学，39(1)：56-58.
张建伟，杨保安，范家霖，等，2002. 河南省植物诱变育种的研究概况[J]. 核农学报，16(4)：252-256.
张克中，赵祥云，黄善武，等，2003. 辐射百合鳞片扦插诱生的不定芽植株变异研究[J]. 核农学报，17(3)：215-220.
张立富，王学慧，2001. ^{60}Co-γ射线对唐菖蒲染色体的影响[J]. 生物技术，11(4)：11-13.
张启明，周瑜，李佳，等，2015. 电子束辐照对睡莲植株的诱变效应及RAPD分析[J]. 世界科技研究与发展，37(3)：281-285.
张巧生，汪志平，潘剑用，等，2009. ^{60}Co γ辐照对番红花球茎发芽的影响及耐热突变体ZF893的筛选[J]. 核农学报，23(1)：60-64.

张相锋，2007. 蝴蝶兰原球茎诱导及辐射对原球茎增殖和分化的影响[D]. 长春：东北师范大学.

张颖，刘玉富，王丽梅，1998. 中子辐射杀灭嗜热脂肪杆菌芽孢的研究[J]. 辽宁工学院学报，18(3)：15.

张再君，1997. *L*-抗坏血酸对辐照小麦的保护作用[J]. 核农学通报，18(2)：13-16.

张志伟，王丹，2008. 电子束处理对唐菖蒲 M_1 代植株生长发育的影响[J]. 东北林业大学学报，36(1)：26-27.

章宁，苏明华，刘福平，等，2005. 蝴蝶兰 ^{60}Co γ 射线诱变育种研究(简报)[J]. 亚热带植物科学，34(2)：63-63.

赵进红，王玉山，冯殿齐，等，2009. 钴 60 辐照对仙客来种子发芽及幼苗生长发育的影响[J]. 山东农业大学学报：自然科学版，40(1)：12-16.

赵孔南，1990. 植物辐射遗传育种研究进展[M]. 北京：原子能出版社.

赵兴华，黄善武，梁励，等，2002. 辐射亚洲百合鳞茎(M_1)染色体畸变研究[J]. 核农学报，16(3)：148-151.

赵兴华，杨佳明，吴海红，等，2015. ^{60}Co-γ 射线辐照百合鳞茎诱变育种研究[J]. 北方园艺，30(10)：174-176.

赵燕，汤泽生，杨军，等，2004. 航天诱变凤仙花小孢子母细胞减数分裂的研究[J]. 生物学杂志，21(6)：32-34.

郑春，李建胜，吴建华，2001. CFBR-Ⅱ堆中子注量测量[J]. 核电子学与探测技术，(4)：307-309.

郑春，吴建华，李建胜，等，2004. 活化法测量 CFBR-Ⅱ堆中子注量和中子能谱[J]. 核动力工程，25(1)：93-96.

郑维鹏，王志洁，赖喜荣，等，1999. 口红花离体培养与细胞诱变试验效果[J]. 福建林业科技，26(4)：18-21.

郑秀芳，2000. 离体诱变技术在花卉育种中的应用[J]. 西南园艺，28(2)：37-38.

周迪英，王炎君，沈守江，1991. 月季的辐射诱发突变[J]. 核农学通报，(6)：265-267.

周迪英，王炎君，沈守江，1992. ^{60}Co-γ 射线对水仙株型矮化和花期调节效应的研究[J]. 浙江农业学报，4(增刊)：35-39.

周光明，卫增泉，李文建，等，1998. 碳离子诱导的 DNA 双链断裂[J]. 生物物理学报，14(1)：145-148.

周光明，李文建，王菊芳，等，2000. 电离辐射诱导的 DNA 双链断裂[J]. 生物物理学报，16(1)：139-144.

周光明，李文建，王菊芳，等，2001a. DNA 和细胞对重离子辐照诱导 DNA 双链断裂的敏感性比较[J]. 安徽农业大学学报，28(3)：331-333.

周光明，李文建，王菊芳，等，2001b. 重离子辐照诱导 DNA 双链断裂的剂量率效应[J]. 辐射研究与辐射工艺学报，19(4)：289-292.

周光明，李文建，高清祥，等，2003. DNA 双链断裂产额的新算法[J]. 原子核物理评论，20(1)：52-54.

周利斌，李文建，曲颖，等，2008. 重离子束辐照育种研究进展及发展趋势[J]. 原子核物理评论，25(2)：165-170.

周莉薇，陈晓明，张建国，等，2008. 电离辐射致 DNA 双链断裂研究方法及统计模型[J]. 辐射研究与辐射工艺学报，26(6)：321-325.

周士新，顾健，徐燕，2001. 灭菌生物指示器材的研究进展[J]. 中国消毒学杂志，18(4)：231-233.

周斯建，穆鼎，义鸣放，2005. 辐射百合对其鳞片扦插幼苗耐热生理反应的影响[J]. 核农学报，19(6)：412-424.

周小梅，赵运林，蒋建雄，等，2005. 几种冷季型草坪草辐射敏感性及其辐射育种半致死剂量的确定[J]. 湘潭师范学院学报(自然科学版)，27(1)：75-78.

周永增，1995. 剂量和剂量率对辐射随机性效应的影响—剂量和剂量率效能因子[J]. 辐射防护，15(5)：357-364.

周振春，强继业，朱程青，2006. ^{60}Co-γ 射线对孔雀草种子的发芽率及幼苗生长的影响[J]. 安徽农业科学，34(18)：4691-4692.

周柱华，王秀梅，胡世昌，等，1995. 10 个玉米突变系的性状鉴定[J]. 核农学报，16(1)：5-8.

朱乾浩，俞碧霞，季道藩，1998. ^{137}Cs γ 射线对陆地棉花粉及其 M_1 的辐射效应[J]. 核农学报，12(2)：71-77.

朱蕊蕊，杨姗姗，王宇钢，等，2009. H 离子注入耧斗菜干种子对萌发率的影响[J]. 北方园艺，(10)：88-90.

朱校奇，周佳民，黄艳宁，等，2012. 卷丹百合辐射诱变的生物学效应及变异研究初报[J]. 南方农业学报，43(11)：1638-1641.

纵方，项艳，王雯雯，2008. ^{60}Co-γ射线辐照孤挺花诱变效应研究[J]. 激光生物学报，17(3)：299-305.

邹伟权，王声斌，余让才，等，2002. ^{60}Co γ辐射处理对水仙株型及开花的影响[J]. 广东农业科学，(6)：26-27.

左志锐，2005. 百合耐盐机理及其遗传多样性研究[D]. 北京：中国农业大学.

Abraham V，Desai B M，1976. Radiation induced mutants in tuberose[J]. Indian Journal of Genetics and Plant Breeding，36(3)：328-331.

Akpa T C，Weber K J，Schneider E，et al.，1992. Heavy ion-induced DNA double-strand breaks in yeast[J]. International Journal of Radiation Biology，62：279-287.

Aloowaila B S，Maluszynski M，2001. Induced mutations—A new paradigm in plant breeding[J]. Euphytica，118(2)：167-173.

Anderson A W，HordanH C，Cain R F，et al.，1956. Studies on a radio resistant micrococcus：isolation，morphology，cultural characteristics，and resistance to gamma radiation[J]. Food Technology，10：575-578.

Arumugam S，Reddy V R K，Asir R，et al.，1997. Induced mutagenesis in barley[J]. Advances in Plant Sciences，10(1)：103-106.

Arun K，Haidar Z A，Kumar A，1998. Mutagenic sensitivity of *Brassica juncea* L. to gamma-rays，EMS alone and in combination[J]. Journal of Nuclear Agriculture and Biology，27(4)：275-279.

Banerji B K，Datta S K，1991. Inducitón of somatic mutation in chrysanthemum culitvar "Anupan"[J]. Journal of Nuclear Agriculture and Biology，19(4)：252-256.

Bazzocchi R，Rossi F，Bassi R，1980. Plant responses to laser light[J]. Atti della Fondazione Giorgio Ronchi，35(3)：23-27.

Bhatnagar C P，Handa D K，Alka M，1988. Kabuli chickpea mutants resistant to root-knot nematode，*Meloidogyne javanica*[J]. International Chickpea Newsletter，19：16-17.

Bhattacharjee R，Saxena M，Tyagi B R，1998. Mutagenic effectiveness and efficiency of gamma-rays，ethyl methane-sulphonate and nitroso-methyl urea in periwinkle *Catharanthus roseus*[J]. Journal of Nuclear Agriculture and Biology，27(1)：61-64.

Binnig G，Quate C F，Gerber C，1986. Atomic force microscope[J]. Physical Review Letters，56(9)：930-933.

Binnig G，Rohrer H，1987. Scanning tunneling microscopy—from birth to adolescence[J]. Reviews of Modern Physics，59(3)：615-625.

Birren B，Lai E，1990. Methods：A Companion to Methods of Enzymology[M]. San Diego：Academic Press.

Broertjes C，1976. Mutation breeding of autotetraploid *Achimenes*，cultivars[J]. Euphytica，25(1)：297-304.

Broteijes C，Roet S，Bokelman G S，1976. Mutation breeding of *Chrysanthemum morifolium* ram using invitro culture adventitious bud techniques[J]. Euphytica，25：11-19.

Cantor M，Pop I，Körösföy S，2003. Studies concerning the effect of gamma radiation and magnetic field exposure on *Gladiolus*[J]. Journal of Central European Agriculture，3(4)：277-284.

Cedervall B，Wong R，Albright N，et al.，1995. Methods for the quantification of DNA double-strand breaks determined from the distribution of DNA fragment sizes measured by pulsed-field gel electrophoresis[J]. Radiation Research，143(1)：8-16.

Chen U C，Shiau Y J，Tsay H S，et al.，1999. Induction of morphological variants from stem node explants of *Philodendron* after treatment with gamma-rays[J]. Journal of Agricultural Research of China，48(4)：32-41.

Chen X M，Ren Z L，Zhang J G，et al.，2009. Fast neutron radiation efiects on *Bacillus subtilis*[J]. Plasma Science and Technology，11(3)：368-373.

Chen X M，Tan B，Zhang J，et al.，2007. Studies on *Bacillus substilis* DNA lesions induced by fast neutron radiation[J]. High Energy Physics & Nuclear Physics，31(10)：972-977.

Chen X M，Zhang E，Fang L，et al.，2013. Repair effects of exogenous SOD on *Bacillus subtilis*，against gamma radiation exposure[J].

Journal of Environmental Radioactivity，126(4)：259-263.

Choi J D, Byun M S, Kim K W, 2000. Regulation of organogenic ability in *Gladiolus* callus by 2,4-D optimum concentration selection system in vitro[J]. Han'guk Wonye Hakhoechi，41(2)：197-200.

Chu Y，Hu T，Tsai Y C，et al.，2000. Effects of gamma-rays irradiation and leaf blade culture on mutations in *Caladiums*[J]. Journal of the Chinese Society for Horticultural Science，46(4)：381-388.

Cook V E，Mortimer R A，1991. Quantitative model of DNA fragments generated by ionzing radiation and possible experimental applications[J]. Radiation Research，125(11)：102-106.

Dahm-Daphi J，Dikomey E，1994. Non-reparable DNA strand breaks and cell killing studied in CHO cells after X-irradiation at different passage numbers[J]. International Journal of Radiation Biology and Related Studies in Physics Chemistry and Medicine，66(5)：553-555.

Datta S K，Chakrabarty D，Mandal A K A，2001. Gamma ray-induced genetic manipulate-ions in flower colour and shape in *Dendranthema grandiflorum* and their management through tissue culture[J]. Plant-Breeding，120(1)：91-92.

Deskmukh L D，Ansingkar A S，Bhatade S S，2000. Effect of induced mutations on interrelationship of important fibre characters of diploid cotton（*Gossypium arboreum*）[J]. Indian Journal of Agricultural Sciences，70(4)：223-225.

Dishler V Y，Kavats G E，Eizenberga V T，1971. Effect of ATP and cysteine on induced genotypic variability in quantitative characters of barley[J]. Modifik Effekta Ioniziruyushch Radiatsii u Rast，93-106.

Dwivedi A K，Banerji B K，Debasis Chakrabarty，et al.，2000. Gamma ray induced new flower colour chimera and its management through tissue culture[J]. Indian Journal of Agricultural Sciences，70(12)：853-855.

Eum S J，Choi J D，Kim K W，2001. Improvement of multiplication rate through organ-callus mixture culture in *Gladiolus* "Topaz" [J]. Han'guk Wonye Hakhoechi，42(2)：210-214.

Gallone A, Hunter A, Douglas G C, 2012. Radiosensitivity of *Hebe*, 'Oratia Beauty' and 'Wiri Mist' irradiated in vitro, with γ-rays from ^{60}Co[J]. Scientia Horticulturae，138(2)：36-42.

Gautam A S，Mittal R K，1998. Induced mutations in blackgram（*Vigna mungo*（L.）Hepper）[J]. Crop Research Hisar，16(3)：344-348.

Geetha K，Vaidyanathan P，1998. Studies on induction of mutations in soybean（*Glycine max* L. Merill）through physical and chemical mutagens[J]. Agricultural Science Digest Karnal，18(1)：27-30.

Gupta S D，Datta S，2003. Antioxidant enzyme activities during in vitro，morphogenesis of *Gladiolus* and the effect of spplication of sntioxidants on plant regeneration[J]. Biologia Plantarum，47(2)：179-183.

Hasman H，Schembri M A，Klemm P，2000. Antigen 43 and type 1 fimbriae determine colony morphology of *Escherichia coli* K-12[J]. Journal of Bacteriology，182(4)：1089-1095.

Hayashi T，Kikuchi O K，Dohino T，1998. Electron beam disinfestation of cut flowers and their radiation tolerance[J]. Radiation Physics and Chemistry，51(2)：175-179.

Jackson J F，1987. Radiation-induced charomosome aberration[J]. Mutation Research，181：17-29.

Johnson R T，Rao P N，1970. Mammalian cell fusion：induction of premature chromosome condensation in interphase nuclei[J]. Nature，226 (23)：717-722.

Kak S N，Bhan M K，Rekha K，et al.，2000. Development of improved clones of Jamrosa [*Cymbopogon nardus*（L.）Rendle var. *confertiflorus*（Steud.）Bor. x *C. jwarancusa*（Jones）Schult.] through induced mutations[J]. Journal of Essential Oil Research，12(1)：108-110.

Kasumi M, Takatsu Y, Manabe T, et al., 2001. The effects of irradiating *Gladiolus* (*Gladiolus* × *grandiflora* hort.) cormels with gamma rays on callus formation, somatic embryogenesis and flower color variations in the regenerated plants[J]. Journal of the Japanese Society for Horticultural Science, 70(1): 126-128.

Kazuhiko S, Inoue M, Shikaozon N, et al., 2001. Effect of fracitoanted exposure to carbon ions on the frequency of chromosome aberrations in tobacco root cells[J]. Radiation and Enviromental BioPhyics, 40(3): 221-225.

Kharkwal M C, 1998. Induced mutations in chickpea (*Cicerarietinum* L.) II. frequency and spectrum of chlorophyll mutations[J].Indian Journal of Genetics and Plant Breeding, 58(4): 465-474.

Koli N R, 2002. Estimation of genetic parameters in M_2 generation of fenugreek (*Trigonella foenum-graecum* L.)[J]. Annals of Biology, 18(2): 211-212.

Koufen P, Brdicakad, Stark G, 2000. Inverse dose-rate effects at the level of proteins observed in the presence of lipids[J]. International Journal of Radiation Biology, 76(5): 625-631.

Kuliev A M, Sarkhanbeili Yu I, Sarkhanbeili M Z, 1981. Combined effect of fast neutrons and chemical mutagens on variation in cotton varieties of *Gossypium hirsutum* and *G. barbadense* in the M_1[J]. Izv. AN AzSSR. Ser. Biol., (4): 51-53.

Kumar A, Palni L M S, Sood A, 2002. Heat-shock induced somatic embryogenesis in calluscultures of *Gladiolus* in the presence of high sucrose[J]. Journal of Horticultural Science & Biotechnology, 77(1): 73-78.

Kumari R, Srivastava S. 1996. Induced alterations in seed quality of faba bean (*Vicia faba* L.)[J]. Indian Journal of Pulses Research, 9(1): 1-5.

Lal R K, Sharma J R, 2000. Effects of gamma irradiation (^{60}Co) on economic traits in isabgol (*Plantago ovata*)[J]. Journal of Medicinal and Aromatic Plant Sciences, 22(2-3): 251-255.

Lal R K, Sharma J R, Misra H O, 1998. Effects of gamma radiation on economic traits in citronella java[J]. Journal of Medicinal and Aromatic Plant Sciences, 20(3): 717-721.

Lamseejan S, Jompuk P, Wongpiyasatid A, et al., 2000. Gamma-rays induced morphological changes in *Chrysanthemum* (*Chrysanthemum morifolium*)[J]. The Kasetsart Journal (Natural-Sciences), 34(3): 417-422.

Ledney G D, Knudson G B, Harding R A, et al., 1997. Neutron and gamma-ray radiation killing of bacillus species spores: dosimetry, quantitation, and validation techniques[R]. Armed Forces Radiobiology Research Institute.

Liu C Z, Wang Y C, Bi J X, et al., 1998. Adventitious bud propagation of *Gladiolus hortalans*[J]. Engineering Chemistry & Metallury, 19(3): 249-253.

Löbrich M, Cooper P K, Rydberg B, 1996. Non-random distribution of DNA double-strand breaks induced by particle irradiation[J]. International Journal of Radiation Biology, 70(5): 493-503.

Lowy R J, Vavrina G A, Labarre D D, 2001. Comparison of γ and neutron radiation inactivation of influenza a virus[J]. Antiviral Research, 52: 261-273.

Mandal A K A, Chakrabarty D, Datta S K, 2000. Application of in vitro techniques in mutation breeding of *Chrysanthemum*[J]. Plant Cell Tissue and Organ Culture, 60(1): 33-38.

Markandey Maurya, Chauhan Y S, Kumar K et al., 2000. Effect of gamma rays and EMS on incidence of *Alternaria* blight and white rust in M_2 generation of Indian mustard (*Brassica juncea* L.Czern & Coss.)[J]. Cruciferae Newsletter, 22: 59-60.

Mehandjiev A, Kosturkova G, Mihov M, 2001. Richment of *Pisum sativum* gene resources through combined use of physical and chemical mutagens[J]. Israel Journal of Plant Sciences, 49(4): 279-284.

Michael M, Vilenchik, Knudson A G, 2000. Inverse radiation dose-rate effects on somatic and germ-line mutations and DNA damage rates[J]. Radiation Research，97(10)：5383-5391.

Misra R L，1998. Radiation induced variability in gladioli[J]. The Inidan Jouranl of Genetics & plantbreeding，58(2)：237-239.

Mittal H K，Gautam A S，Panwar K S，et al.，2000. Synergistic effects of combined combined treatments of gamma-irradiation and edhyl methane sulphonate in buckwheat（*Fagopyrum tatarlcum*）[J]. Indian Journal of Agricultural Research，34(3)：191-193.

Montalvan R，Ando A，1998. Effect of gamma-radiation and sodium azide on quantitative characters in rice（*Oryza sativa* L.）[J]. Genetics and Molecular Biology，21(1)：81-85.

Muszynski S，Muszynski S，1988. Mutants of winter rye（*Secale cereale* L.）following treatment with fast neutrons and N-ethyl-N-nitrosourea[J]. Simp poselektsii rzhi，(4-9)：35，84.

Nagaraju V，Bhowmik G，Parthasarathy V A，2002. Effect of paclobutrazol and sucrose on in vitro cormel formation in *Gladiolus*[J]. Acta Botanica Croatica，61(1)：27-33.

Nhut D T，Teixeira da Silva J A，Huyen P X，2004. The importance of explant source on regeneration and micropropagation of *Gladiolus* by liquid shake culture[J]. Scientia Horticulturae，102(4)：407-414.

Park I S，Choi J D，Byun M S，2001. Effects of liquid shaking culture and growth retardants on cormlet formation of *Gladiolus* "Spic & Span" in vitro[J]. Han'guk Wonye Hakhoechi，42(2)：215-218.

Patra N K，Chauhan S P，Singh H P，et al.，1998. Utagenic effectiveness and efficiency of single and combined doses of gamma rays and EMS in relation to genetic improvement in opium poppy[J]. Crop Improvement，25(1)：66-75.

Pinto M，Prise K M，Michael B D，2002. Quantification of radiation induced DNA double-strand breaks in human fibroblasts by PFGE：testing the applicability of random breakage models[J]. International Journal of Radiation Biology，78(5)：375-388.

Prise K M，Newman H C，Folkard M，et al.，1997. A study of DNA fragmentation patterns in cells irradiated with charged particles：evidence for non-random distributions[J]. Physica Medica，14(S1)：20-23.

Radulescu I，Elmroth K，Stenerlow B，2004. Chromatin organization contributes to non-randomly distributed double-strand breaks after exposure to high-LET radiation[J]. Radiation Research，161(1)：1-8.

Rao H K S，Fujii T，1973. Biological effect of high LET radiations after post-irradiation storage or with low and high LET combination treatments in rice[J]. Japanese Journal of Breeding，23(3)：121-124.

Rathod D R，Maheshwari J J，Sable N H，et al.，2002. Variability studies in M_2 generation of soybean [*Glycine max*（L.）Merrill][J]. Journal of Soils and Crops，12(2)：231-235.

Reddy V R K，2001. Mutation breeding in hexaploid triticales desirable mutants[J]. Advances in Plant Sciences，14(1)：255-257.

Rogakou E P，Pilchd R，Orr A H，et al.，1998. DNA double-stranded breaks induce histone H2AX phosphorylation on serine 139[J]. The Journal of Biological Chemistry，273(10)：5858-5868.

Ruifrok A C C，Kleiboer B J，van der Kogel A J. 1992. Reirradiation tolerance of the immature rat spinal cord[J]. Radiotherapy and Oncology，23(4)：249.

Rydberg B，Cooper B，Cooper P K，2005. Dose-dependent misrejoining of radiation-induced DNA double-strand breaks in human fibroblasts：experimental and theoretical study for high- and low-LET radiation[J]. Radiation Research，163(5)：526-534.

Saber M M，Hussein M H，1998. Induced mutations for resistance to rust disease in cowpea（*Vigna sinensis*）[J]. Bulletin of Faculty of Agriculture，University of Cairo，49(1)：47-68.

Sarma A，Talukdar P，1999. Sensitivity of green gram（*Vigna radiata* L.Wilczek）to physical and chemical mutagen[J]. Journal of Interacademicia，3(1)：11-18.

Setlow P，2006. Spores of *Bacillus subtilis*：their resistance to and killing by radiation，heat and chemicals[J]. Journal of Applied

Microbiology，101(3)：514-525.

Shintani H, 2006. Importance of considering injured microorganisms in sterilization validation[J]. Biocontrol Science, 11(3)：91-106.

Shunji U，Takashige K，Nobuyuki S，et al.，2007. Assessment of DNA damage in multiple organs of mice after whole body X-irradiation using the comet assay[J]. Mutation Research，634(1-2)：135-145.

Singh K P，Choudhary M L，Kumar P A，et al.，2002. Characterization of in-vitro induced mutants of carnation by means of electrophoretic protein analysis[J]. Division of Floriculture and Landscaping, (4)：427-430.

Singh K P，Singh B，Raghava S P S，et al.，1999. In vitro induction of mutation in carnation through gamma irradiation[J]. Journal of Ornamental Horticulture，2(2)：107-110.

Singh S P，Cohen D，Dytlewski N，et al.，1990. Neutron and γ-irradiation bateriophage M_{13} DNA：use of standard neutron facility (SNIF)[J]. Journal of Radiation Research，31(4)：340-353.

Sutherland B M, Bennett P V, Sidorkina O, et al., 2000. Clustered DNA damages induced in isolated DNA and in human cells by low doses of ionizing radiation[J]. PNAS，97(1)：105-111.

Sutherland B M，Bennett P V，Sutherland J C，1996. Double strand bresks induced by low doses of γ rays or heavy ions：quantitation in nonradioactive human DNA[J]. Analytical Biochemistry，239(1)：53-60.

Valkova N，Mehandjiev A，2000. Reaction of the cotton towards chemical mutagenes and combination with gamma rays[J]. Rasteniev' dni Nauki (Bulgaria)，37(9)：701-704.

Venkataehalam P，Jaybalan N，1997. Effeet of Gamma rays on some qualitative characters in *Zinnia elegans* Jacq.[J]. The Indian Jounral of Genetics and plant breeding，57(3)：255-261.

Venkataehalam P，laybalam N，1991. Induciton of mutants in *Zinnia elegans* Jacq.[J]. Mutaiton Breed Newsletter，28：10.

Vizir I Y，Anderson M L，Wilson Z A，et al.，1994. Isolation of deficiencies in the *Arabidopsis* genome by gamma-irradiation of pollen[J]. Genetics，137：1111-1119.

Wang C Q，Song H，Wang X F，2001. Selection of salt-tolerant variants from China pink[J]. Acta Horticulturae Sinica，28(5)：469-471.

Wongpiyasatid A，Chotechuen S，Hormchan P，et al.，1998. Mutantmung bean lines from radiation and chemical induction[J]. Kasetsart Journal Natural Sciences，32(2)：203-212.

Ziv M，Lilien-Kipnis H，2000. Bud regeneration from inflorescence explants for rapid propagation of geophytes in vitro[J]. Plant Cell Reports，19(9)：845-850.

附　图

图 6-1　N 离子注入 N^{+}(4-1)-1 变异株

CK　　1′　　2′

图 6-3　对照(CK)、变异株 M1′和变异株 M2′

1′：变异株 M1′；2′：变异株 M2′